高等职业教育"十四五"规划教材

种子生产与经营"双高"专业群系列教材

农产品贮藏与加工技术

崔艳莉　殷慧龄　主编

中国农业大学出版社
·北京·

内容简介

本教材根据农产品加工与质量检测专业特点，结合学生职业能力培养要求，重点针对果蔬产品设计了果蔬贮藏保鲜技术和果蔬加工技术两部分内容，以工作需求为目标，充分结合实际工作，选取果蔬贮藏与加工基础知识，果蔬贮藏技术，果蔬罐藏、干制、汁制、糖制、酿造、腌制加工技术等内容。以贮藏技术和加工工艺为重点，工作原理力求简单明了，使教材内容与生产实际密切结合，整个教材突出实用性和职业性，强化对学生职业岗位能力的培养。本教材适合高等职业院校农产品加工与质量检测专业、食品专业、园艺专业，以及其他相关专业教学使用。

图书在版编目(CIP)数据

农产品贮藏与加工技术/崔艳莉，殷慧龄主编. --北京：中国农业大学出版社，2024.4（2025.8 重印）

ISBN 978-7-5655-3192-7

Ⅰ.①农…　Ⅱ.①崔…②殷…　Ⅲ.①农产品-贮藏-高等职业教育-教材②农产品加工-高等职业教育-教材　Ⅳ.①S37

中国国家版本馆 CIP 数据核字(2024)第 054790 号

书　名　农产品贮藏与加工技术

作　者　崔艳莉　殷慧龄　主编

策划编辑　郭建鑫　　**责任编辑**　郭建鑫

封面设计　郑　川　李尘工作室

出版发行　中国农业大学出版社

社　址　北京市海淀区圆明园西路 2 号　　**邮政编码**　100193

电　话　发行部 010-62733489，1190　　读者服务部 010-62732336

编辑部 010-62732617，2618　　出　版　部 010-62733440

网　址　http://www.caupress.cn　　**E-mail** cbsszs@cau.edu.cn

经　销　新华书店

印　刷　北京溢漾印刷有限公司

版　次　2024 年 4 月第 1 版　　2025 年 8 月第 3 次印刷

规　格　185 mm×260 mm　16 开本　13.75 印张　343 千字

定　价　42.00 元

编 写 人 员

主　编　崔艳莉（新疆农业职业技术学院）

　　　　　殷慧龄（新疆昌吉市农产品质量安全检验检测中心）

副主编　王金玲（新疆农业职业技术学院）

参　编　戴志新（新疆农业职业技术学院）

　　　　　梁海清（新疆农业职业技术学院）

　　　　　李海薇（新疆农业职业技术学院）

前　言

党的二十大报告提出“发展乡村特色产业，拓宽农民增收致富渠道”。实践证明，延长果蔬贮藏与加工的特色产业链条，是促进乡村振兴、增加农民收入的重要路径。

本教材根据农产品加工与质量检测专业特点，结合学生职业能力培养要求，重点针对果蔬产品设计了果蔬贮藏保鲜技术和果蔬加工技术两部分内容，以工作需求为目标，充分结合实际工作，选取果蔬贮藏与加工基础知识，果蔬贮藏技术，果蔬罐藏、干制、汁制、糖制、酿造、腌制加工技术等内容，设计了十一个项目，各项目以典型产品的贮藏技术和加工技术为主线，以工作过程为导向设计任务。在内容组织上，以贮藏技术和加工工艺为重点，工作原理力求简单明了，特别是将果蔬贮藏与加工技术相关标准、产品质量标准及近年来生产中的新技术、新工艺渗透到教材之中，使教材内容与生产实际密切结合，整个教材突出实用性和职业性，强化对学生职业岗位能力的培养。

本教材中每个项目设置有学习目标、工作任务及要求、岗位技术知识、工作任务、知识拓展等单元，帮助学生梳理该项目知识内容，更好地理解和掌握相关技能。教材内容力求深入浅出、易教易学，呈现良好的教学效果，符合人才培养的需要。

本教材适合高等职业院校农产品加工与质量检测专业、食品专业、园艺专业，以及其他相关专业教学使用。

本教材由崔艳莉、殷慧龄主编，王金玲副主编，戴志新、梁海清、李海薇参编。由于作者水平所限，加之编写时间仓促，书中难免有疏漏和不足之处，敬请广大读者批评指正。

编　者

2024 年 1 月

目　　录

第一部分　果蔬贮藏保鲜技术

第二部分　果蔬加工技术

第一部分

果蔬贮藏保鲜技术

项目一

采前因素与果蔬质量的关系

学习目标

1. 了解采前因素对果蔬产品质量的影响。
2. 理解采后生理活动对果蔬产品贮运的影响。
3. 能测定不同果蔬产品的呼吸强度、可溶性固形物含量、冰点。

工作任务及要求

1. 果蔬产品贮藏环境条件的测定与控制。
2. 果蔬产品低温伤害、冻害的观察与识别。

岗位技术知识

果蔬贮藏是根据果蔬的采前及采后生理特性，采取物理和化学方法，使果蔬在贮藏中最大限度地保持其良好的品质和新鲜状态，并尽可能地延长其贮藏时间。

果蔬的贮藏效果，虽然在很大程度上取决于采收后的处理措施、贮藏环境条件及管理水平，但是，仅仅依靠在采收后采取措施是难以达到预期目标的。因为果蔬产品的质量、生理性状及其耐贮性等是在田间生长发育条件下形成的。果蔬产品的品质与耐贮性是在采收之前形成的生物学特性，它受到生物、生态、农业技术等因素的影响。选择品质优良的耐贮品种是基础，再加上果蔬产品采后处理、运输、贮藏设施与管理技术等，才能做好果蔬的贮藏保鲜。

知识点一　采前因素与果蔬质量的关系

采前因素与果蔬产品质量及其耐贮性有密切关系。影响果蔬产品质量及其耐贮性的采前因素主要有生物因素、生态因素和农业技术因素(图 1-1)。选择生长发育良好、品质优良的果蔬产品作为贮藏原料，是搞好贮藏的重要基础。

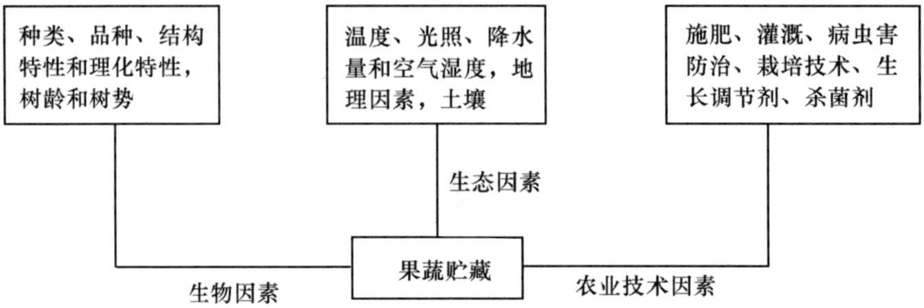

图 1-1 采前因素对果蔬贮藏性状的影响

(一)生物因素

1. 种类和品种

果蔬种类繁多，就其供食用部分来看，可分根、茎、叶、花、果实、种子等，各有不同的组织结构，各种类品种间的贮藏差异性较大。

(1)起源地与耐贮性的关系　不同水果蔬菜的起源地不同，表现出不同的耐贮性。一般原产温带地区的果蔬比原产热带、亚热带地区的果蔬耐贮性强。

起源于热带、亚热带地区的水果有柑橘、香蕉、荔枝、枇杷等；蔬菜有番茄、茄子、辣椒、黄瓜、冬瓜、菜豆等。这些果蔬要求温暖湿润的气候条件，不耐低温，具有一定的耐高温能力。在温带地区栽培时，其生长季节与采收时的气候条件基本相似，产品器官生命活动旺盛，一般不耐长期贮藏，但在深秋季节成熟的柑橘、南瓜、冬瓜等，耐贮性相对较强。

起源于温带地区的水果有苹果、梨、桃、杏等；蔬菜有白菜、甘蓝、萝卜、胡萝卜、大葱、洋葱、大蒜等。它们要求温和湿润的气候条件，果蔬器官的形成在深秋凉爽之时，有些果蔬采收后即进入休眠期，生命活动非常缓慢，耐贮性较强。但在夏季成熟的苹果，大部分的桃、杏等不耐贮藏。蔬菜中凡是在春季栽培的秋菜，成熟期在高温季节，耐贮性差。

(2)种类与耐贮性的关系　果蔬种类不同，耐贮性显著不同。果品中仁果类如苹果、梨、海棠、山楂等，大多耐贮藏。核果类如桃、杏、李等不耐贮藏。浆果类(如草莓、无花果)不耐贮藏，但在深秋成熟的葡萄、猕猴桃较耐贮藏。中国柑橘类果品种类较多，其耐贮性表现为：柚、柠檬最强，甜橙、柑次之，宽皮柑橘类的耐贮性较差。

蔬菜类的可食器官多种多样，耐贮性不一致。绿叶菜类如菠菜、莴苣、芹菜、芫荽、不结球白菜等，可食器官生命活动极为旺盛，耐贮性极差；二年生及多年生蔬菜，如结球白菜、马铃薯、洋葱、大蒜、萝卜、胡萝卜耐贮性较强；果菜类如黄瓜、丝瓜、番茄、菜豆不耐贮藏，而冬瓜、南瓜耐贮性较强。

(3)品种与耐贮性的关系　在同一种类果蔬中，不同品种之间耐贮性差异也很大。仁果类较耐贮藏，但苹果中的黄魁、祝光、伏锦等早熟品种耐贮性差；梨中的巴梨、茄梨、鸭广梨等不宜长期贮藏。柑橘中的红橘、早橘不耐贮藏。核果类不耐贮藏，但晚熟品种的耐贮性较强。

大白菜品种类型较多。一般中、晚熟品种比早熟品种耐贮藏，直筒型比圆球型的耐贮藏，青帮比白帮的耐贮藏。

2. 果蔬器官的组织结构和理化特性

(1)组织结构与耐贮性的关系　果蔬器官的组织结构包括形状、大小、外皮组织、表皮附着物及肉质质地等。例如，直筒型白菜比圆球型的耐贮藏，扁圆型洋葱比椭圆型的耐贮藏，尖叶型菠菜比圆叶型的耐贮藏；一般中型果比大型或小型果耐贮藏，据实验，国光苹果中果型大的比小的发生虎皮病的机会多；果蔬器官的完整、致密、坚固的外皮组织纤维较多，有一定的硬度和弹性，有利于产品的贮藏；发育好的表面保护层如蜡质层、蜡粉和茸毛等均有助于贮藏，凡是蜡层、果粉较厚的果蔬，如苹果、梨、葡萄、南瓜、冬瓜等都比较耐贮藏。

(2)理化特性与耐贮性的关系　新鲜果蔬的生命活动所产生的一系列生理生化变化，都将影响其耐贮性。植物的叶片是新陈代谢最活跃的营养器官，不耐贮藏，但叶球类植物的叶片已成为养分的贮藏器官，比较耐贮。花和果实是繁殖器官，以幼嫩的果实为食用部分以及早熟品种大多难以贮藏，老熟的果实就较耐贮。块茎、球茎、根菜类蔬菜，以及需要后熟方可食用的果品，多数能进入生理休眠或强制休眠状态，这些果蔬最耐贮藏。

3. 树龄和树势

树龄和树势不同的果树，不仅果实的产量和品质不同，而且产品耐贮性也有差异。一般来说，幼龄树和老龄树不如中龄树(结果时处于盛果期的树)结的果实耐贮。这是因为幼龄树营养生长旺盛，结果少，果实大小不一，组织疏松，含钙少，氮和蔗糖含量高，贮藏期间呼吸旺盛，失水较多，品质变化快，易感染微生物病害和发生生理病害；而老龄树营养生长缓慢，衰老退化严重，根部吸收营养物质能力减弱，地上部光合同化能力降低，所结果实偏小，干物质含量少，着色差，其耐贮性和抗病性均减弱。

(二)生态因素

1. 温度

气温差异会使果蔬产品特性发生变化，果蔬生长期的平均温度，采收前4～6周的气温和昼夜温差与果蔬的品质、耐贮性密切相关。温度高，生长快，果蔬产品组织柔嫩，可溶性固形物含量低；昼夜温差大，生长发育良好，果蔬产品可溶性固形物含量高；同一种类或品种的果蔬，秋季收获的耐贮性优于夏季收获的，如秋末收获的番茄、苹果等都较夏季收获的耐贮藏。不同种类果蔬生长所需的温度条件也有差异，柑橘类、瓜类和茄果类喜欢温暖气候，白菜类、根菜类及仁果类果品喜欢冷凉的环境。

2. 光照

光照的时间、强度和光质与果蔬的品质与耐贮性也密切相关。适宜的光照时间，果蔬生长发育快，营养状况良好，耐贮性增强。光照充足时，果蔬的干物质含量明显增加，但过强的光照会使番茄等普遍发生日灼，严重影响耐贮性。除了光照时间和强度外，光质也有一定影响，在强光下，一般短波和紫外线对果实着色和耐贮性有利。

3. 降水量和空气湿度

降水量关系着土壤水分、土壤pH及土壤可溶性盐类的含量，从而影响果蔬的化学组成、组织结构与耐贮性。高湿多雨，会使番茄干物质含量减少，特别是接近采收季节阴凉多雨时，常使果实的含糖量低，酸味重，味淡，颜色及香味差，不耐贮藏。在阳光充足又有适宜降水量的年份，生产的果蔬耐贮性好。

4. 地理因素

同一种类的果蔬，生长在不同的纬度和海拔高度，其质量和耐贮性有明显的差异。山地或高原地区，海拔高、日照强，特别是紫外线增多，昼夜温差大，有利于红色苹果花青素的形成和糖的积累，果蔬中的糖、色素、维生素C、蛋白质等都比平原地区有明显的增高，表面保护组织也较发达，这不仅影响品质，而且对贮藏有利。而纬度较高的河北、辽宁，同一品种果实硬度通常大于西北地区的果实。一般河南、山东一带生长的多数苹果品种，耐贮性远不如辽宁、山西和陕西生长的果实。在高纬度地区生长的蔬菜，其保护组织比较发达，体内有适应低温的酶存在，适宜在较低的温度下贮藏。

5. 土壤

土壤类型不同，理化性质及厚度也不同，这直接影响根细分布深浅、果蔬产量、果蔬产品的成分和结构，进而影响果蔬品质的好坏与耐贮藏的能力。不同种类、品种的果蔬，对土壤有不同的要求。苹果适宜在质地疏松、通气良好、富含有机质的中性到酸性土壤上生长。柑橘要求疏松的土壤，以沙质壤土、黏质壤土、壤土较好，pH以5.5～6.5为宜，土壤中空气含氧量为3%～8%，如低于1.5%，常造成烂根，果实品质差，也不耐贮藏。甘蓝在黑钙土中生长，蛋白质含量高，在沙土中则纤维素和抗坏血酸含量高，因而耐贮藏。轻沙土大大加强了西瓜果皮的坚固性，使它的耐贮性和耐运输能力增强。土壤含硫量高，洋葱的香精油含量高，这样的洋葱较耐贮藏。所以，因“地”制宜种植果蔬，是提高果蔬产量、增进果蔬品质、增强果蔬耐贮性的经济且有效的措施。

(三)农业技术因素

1. 施肥

肥料是影响果蔬发育的重要因素，最终将影响果蔬的化学成分、产量、品质和耐贮性。氮肥是果蔬生长和保证产量不可缺少的营养元素，但使用量和时间必须根据果蔬营养生长的需要和土壤肥力来决定。过量施用氮肥，产品耐贮性明显降低，产品氮含量高，降低果实的硬度及含酸量，提高贮藏过程中乙烯含量，促使果实软化加快。含钙量高，则可抵消这些不良影响。大量施氮时，增施有机肥或同磷、钾肥混合施用，产品保鲜效果好。

增施钾肥，能明显促使苹果产生鲜红的颜色和芳香。缺钾时，苹果颜色发暗，成熟度差，含酸量低，贮藏中易萎蔫皱缩；过多施用钾肥，又会使果肉变松，产生苦陷症和果心褐变等生理病害。同时，苹果、柑橘等吸收磷的量虽然比氮和钾少得多，却是一种重要的营养元素。它在呼吸作用、光合作用以及生殖器官如果实、种子的形成中都具有必不可少的重要作用。土壤中缺磷时，果实色泽不鲜艳，果肉带绿色，含糖量降低，在贮藏中易发生果肉褐变和烂果等生理病害。

施肥过量或者在某些地区的土壤条件下施入肥料的比例不恰当，对果蔬产品耐贮性有不良影响。同样，土壤中植物所必需的营养元素含量不足，产品发育不良，也会降低果蔬耐贮性。施用有机肥料，土壤中微量元素缺乏的现象较少，所以应重视有机肥的应用。在果蔬贮藏中，因生理失调导致的贮藏损失最为严重，其主要原因是矿质营养的不适宜，如Ca、N、P、K、Mg和B的含量及其比例不当。因此，应特别注意施肥管理与果蔬贮藏密切结合，运用科学的施肥技术增进果蔬的耐贮藏能力。

2. 灌溉

土壤水分供给状况是影响果蔬的生长及产品的大小、品质、耐贮性的重要因素之一。增加灌水量可以提高果蔬产品的产量，产品的个头大，含水量增高，含糖量降低，不耐贮藏。灌水量少的果蔬产品产量较低，但产品风味浓，糖分高，耐贮藏。要根据果蔬的特性和贮藏要求掌握灌水时间与灌水量。如对需贮藏的叶菜，注意控制生长期灌水，避免水分过多引起徒长、植株柔嫩、含水量高而不耐贮藏。对于供贮藏后食用的大白菜、洋葱等，都应严格控制，在采收前一周内不浇水。大白菜蹲苗期，土壤若干旱缺水，土壤溶液浓度高，阻碍了钙的吸收，发生干烧心病。桃在采收前几周内对水分要求特别敏感，此时干旱，桃的个头小，品质也差。如果供水太多，又会延长果实的生长期，果实大而颜色差，不耐贮藏。

果蔬在生长期中，如雨水不足，灌溉是必要的，但灌溉应适当。灌水过多对果蔬的品质有一定的影响，尤其是采收前灌溉会降低果蔬的耐贮性。

3. 栽培技术措施

修剪、果蔬人工授粉、疏花疏果、套袋、摘叶转果、铺反光膜等技术措施，能提高果蔬产品的质量，使果实形状端正、果个均匀、着色艳丽、可溶性固形物含量高、农药残留减少，果蔬抗逆性增强，增强果蔬的耐贮性，改善商品性。

4. 病虫害防治

田间病虫害不仅可以造成果蔬减产，而且对果蔬品质与耐贮性也有不良影响。许多病害在田间侵染，采后衰老时才表现症状或扩大发展，造成贮藏中大量腐烂。甜椒和黄瓜的大多数病害与采后病害是一致的。番茄抗病性强的品种，在贮藏期发病就轻。因此，控制田间病害的发生是保证果蔬产品高产优质、延长果蔬贮藏期的重要措施。

在防治病虫害时，使用药剂的种类、浓度和配方均影响果蔬的品质。尤其是随着“无公害食品”“绿色食品”“有机食品”生产成为世界食品生产的主流，必须注意使用药剂对果蔬产品安全性的影响，以免污染果蔬产品，造成不良后果。

5. 植物生长调节剂和杀菌剂

使用植物生长调节剂和杀菌剂，在提高果蔬产量、品质，以及在果蔬贮藏中保鲜、保色、保味上都有明显的效果。

萘乙酸和 2,4-D(2,4-二氯苯氧乙酸)能防止苹果、葡萄和柑橘的采前落果，推迟果实的成熟期，还能防止国光苹果的裂果；矮壮素可增加果实含糖量，减少裂果；赤霉素有防止柑橘果蒂脱落，延迟衰老的作用；青鲜素能抑制马铃薯、洋葱、大蒜、胡萝卜等萌芽。使用含氨基酸多糖生长调节剂 CT 80 倍液浸果 10 min，贮藏 40 d 时，金冠苹果的好果率比对照提高 30%～53.5%，可溶性固形物含量比对照提高 1.70%～2.54%，硬度比对照提高 1.27～5.71 kg/cm^2。

果蔬贮藏中，广泛应用的杀菌剂有多菌灵、甲基或乙基硫菌灵、苯菌灵和过氧乙酸等，对于防治采后果蔬生霉腐烂均有明显效果。

知识点二　果蔬的化学组成

果蔬中所含的化学成分可分为两部分：水分和干物质。干物质中的化学物质又可分为水溶性物质和非水溶性物质。作为鲜活食品的果蔬，还普遍含有多种酶(图 1-2)。

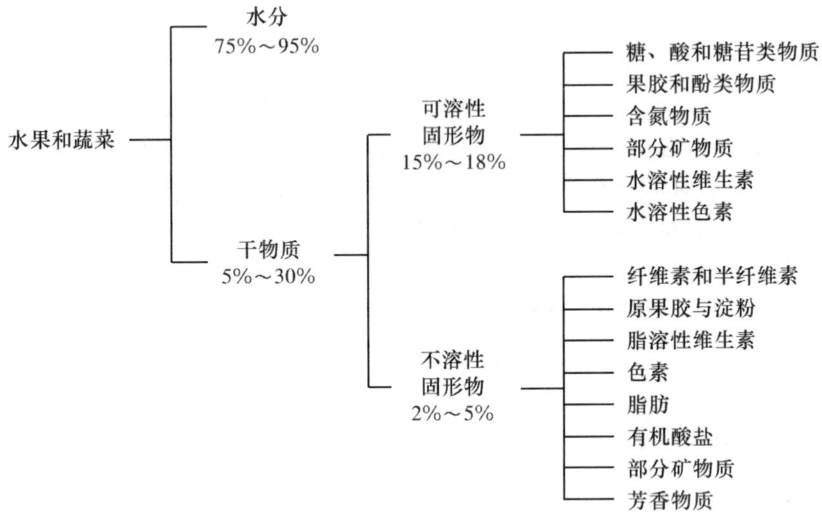

图 1-2　果蔬中所含化学成分

(一)水分

水分是果蔬中含量最丰富的化学成分。一般果品含水量为 70%～90%,蔬菜含水量为 75%～95%(表 1-1)。

表 1-1　几种果蔬的水分含量　　%

名称	水分含量	名称	水分含量
苹果	84.60	辣椒	92.40
梨	89.30	冬笋	88.10
桃	87.50	萝卜	91.70
梅	91.10	白菜	95.00
杏	85.00	洋葱	88.30
葡萄	87.90	甘蓝	93.00
柿	82.40	姜	87.00
荔枝	84.80	芥菜	92.00
龙眼	81.40	马铃薯	79.90
无花果	83.60	蘑菇	93.30

果蔬中所含的水分,据其存在形式可分为游离水和结合水两种,游离水以毛细管凝聚状态存在于细胞和液泡中,占水分总量的 70%～80%,其中溶解有多种水溶性成分,并具有稀溶液的一般性质,可以自由流动,容易蒸发散失。结合水与果蔬组织中的蛋白质、多糖类等胶体微粒结合在一起,或包围在胶体微粒周围形成水膜,它的性质与普通水不同,如具有较低的冰点,不能作为溶剂,不能自由流动,不能被微生物所利用等。

水分的存在是植物完成全部生命活动过程的必要条件;同时,水分又是维持果蔬的外观品质、色泽、风味、营养价值及质地的重要化学成分。水分通过维持果蔬的膨胀力或刚性,赋予其饱满、新鲜而富有光泽的外观;水分也是维持采后果蔬生命活动的限制因素,水分散失即导致果蔬萎蔫;同时,水分为微生物与酶的活动创造了有利条件,也就是说,新鲜的水果蔬菜易腐烂变质。所以，进行果蔬贮藏时，必须考虑水分的存在和影响，加以必要的控制。

（二）碳水化合物

碳水化合物是果蔬干物质中的主要成分，有糖、淀粉、纤维素、果胶等。

1. 糖

糖是决定果蔬营养和风味的主要成分，主要是葡萄糖、果糖和蔗糖，其次是阿拉伯糖、甘露糖以及山梨醇、甘露醇等（表 1-2）。果糖和葡萄糖是还原糖，蔗糖是双糖，水解产物称作转化糖。果蔬的含糖量反映了果蔬的品质，根据果实成熟期主要糖类成分，可将果蔬分成三种类型：

（1）蔗糖型，如桃、香蕉、柑橘、甜瓜、胡萝卜等。

（2）葡萄糖型，如樱桃、梅子、甘蓝、番茄。

（3）果糖型，如苹果、梨、西瓜。

果蔬甜味的浓淡既与含糖总量有关，也与含糖种类有关，同时还受其他物质如有机酸、单宁的影响，在评定果蔬风味时，常用糖酸比值（糖/酸）来表示。

表 1-2　主要果蔬含糖种类和含量　　%

果蔬种类	果糖	葡萄糖	蔗糖	总糖
苹果	6.5～11.8	2.5～5.5	1.0～5.3	8.6～14.6
桃	2.3～4.4	3.3～6.9	3.3～10.7	8.9～12.4
葡萄	6.3～12.0	4.5～13.0	0～1.5	12.5～25.0
樱桃	1.7	4.8	0.5	7.7
甜橙	1.9	1.2	4.2	7.5
番茄				1.5～4.2
甘蓝				2.0～5.7
西瓜				5.5～9.8
甜瓜				4.0～11.9

2. 淀粉

淀粉又称多糖，是 α-葡萄糖聚合物。果蔬中的香蕉（26%）、马铃薯（14%～25%）、藕（12.8%）、荸荠、芋头等淀粉含量较高，其次是豌豆（6%）、苹果（1%～1.5%），其他果蔬中含量较少。

未成熟的果实含淀粉较多，在后熟时，淀粉转化为糖，含量逐渐降低，使甜味增加，如香蕉在成熟过程中淀粉由 26%降至 1%，而糖由 1%增至 19.5%。凡是以淀粉形态作为贮存物质的种类大多能保持休眠状态而有利于贮藏。

3. 纤维素和半纤维素

纤维素和半纤维素是植物细胞骨架细胞壁的主要成分，对组织起着支撑作用。纤维素在果蔬皮层中含量较多，在幼嫩时期是一种含水纤维素，在成熟过程中逐渐木质化和角质化，变得坚硬、粗糙，不堪食用。半纤维素在植物体内有支持组织和贮存的双重功能。从果蔬品质来说，纤维素和半纤维素含量越少越好，但纤维素、半纤维素和果胶物质形成的复合纤维素对果蔬有保护作用，增强耐贮性。

果品中纤维素含量为 0.2%～4.1%，半纤维素含量为 0.7%～2.7%；蔬菜中纤维素的含量为 0.3%～2.3%，半纤维素含量为 0.2%～3.1%。

4. 果胶

果胶沉积在细胞初生壁和中胶层中，起着黏结细胞个体的作用，是果蔬中普遍存在的高分子化合物(表 1-3)。果胶主要存在于果实、块茎、块根等植物器官中，果蔬的种类不同，果胶的含量和性质也不相同。水果中的果胶一般是高甲氧基果胶，蔬菜中的果胶为低甲氧基果胶。

果胶以原果胶、果胶、果胶酸三种形式存在于果蔬组织中。原果胶多存在于未成熟果蔬的细胞壁的中胶层中，不溶于水，常和纤维素结合，使细胞彼此黏结，果实呈脆硬的质地。随着果蔬的成熟，在果胶酶作用下，原果胶分解为果胶，果胶溶于水，黏结作用下降，使细胞间的结合力减弱，果实质地变软。成熟的果蔬向过熟期变化时，在果胶酶的作用下，果胶转变为果胶酸，失去黏结性，使果蔬呈软烂状态。

表 1-3 几种果蔬的果胶含量 %

果品类	果胶含量	蔬菜类	果胶含量
山楂	6.40	胡萝卜	8.0～10.0
柑橘(白皮层)	1.5～3.00	成熟番茄	2.0～2.9
苹果	1.0～1.91	甜瓜	1.7～5.0
梨	0.50～1.40	甘蓝	5.0～7.5
桃	0.56～1.25	甜菜	3.8
杏	0.50～1.20	南瓜	7.0～17.0
李	0.20～1.50	马铃薯	0.20～1.50
草莓	0.70	芜菁	11.9

(三)有机酸

果蔬含有多种有机酸，主要有柠檬酸、苹果酸、酒石酸和草酸。柑橘类、番茄类含柠檬酸较多；苹果、梨、桃、杏、樱桃、莴苣等含苹果酸较多；葡萄含酒石酸较多；蔬菜的含酸量较少，除番茄外，大都感觉不到酸味的存在，但有些蔬菜如菠菜、茭白、苋菜、竹笋含有较多的草酸(表 1-4)。

表 1-4 常见果蔬中主要有机酸种类

种类	主要有机酸	种类	主要有机酸
苹果	苹果酸、少量柠檬酸	桃	苹果酸、柠檬酸、奎宁酸
洋梨	柠檬酸、苹果酸	梨	苹果酸、果心含柠檬酸
葡萄	酒石酸、苹果酸	樱桃	苹果酸
杏	苹果酸、柠檬酸	梅	柠檬酸、苹果酸、草酸
温州蜜橘	柠檬酸、苹果酸	夏橙	柠檬酸、苹果酸、琥珀酸
柠檬	柠檬酸、苹果酸	菠萝	柠檬酸、苹果酸、酒石酸
甜瓜	柠檬酸	番茄	柠檬酸、苹果酸
菠菜	草酸、苹果酸、柠檬酸	莴苣	苹果酸、柠檬酸、草酸

(四)单宁

单宁是几种多酚类化合物的总称，在果实中普遍存在，在蔬菜中含量很少。单宁具有涩味，引起涩味的机制是味觉细胞的蛋白质遇到单宁后凝固而产生的一种收敛感。单宁与糖和酸的比例适当时，能表现良好的风味。在未成熟的果蔬中含水溶性单宁较多，会降低甜味，并引起涩味，如番茄、柿子等。经自然成熟或人工催熟以后，水溶性单宁发生凝固，成为不溶性单宁，即可脱涩而适于食用。

单宁物质在多酚氧化酶的作用下易发生氧化褐变，生成暗红色的根皮鞣红，影响果蔬的外观色泽，降低果蔬的商品品质。

（五）含氮物质

果蔬中的含氮物质种类很多，主要是蛋白质和氨基酸，此外还有酰胺、铵盐、硝酸盐及亚硝酸盐等。果品中含氮物质含量一般在 0.2%～1.2%，蔬菜中含氮物质比果品多，含量在 0.6%～9%。果蔬中含氮物质虽少，但其对果蔬及其制品的风味有着重要的影响，其中影响最深的是氨基酸。

（六）色素物质

果蔬的色泽是其感官评价质量的一个重要指标。果蔬呈现的各种色泽，是由多种色素混合组成的。果蔬中所含色素依其溶解性能及在植物体中的存在状态分为两类（图 1-3）。

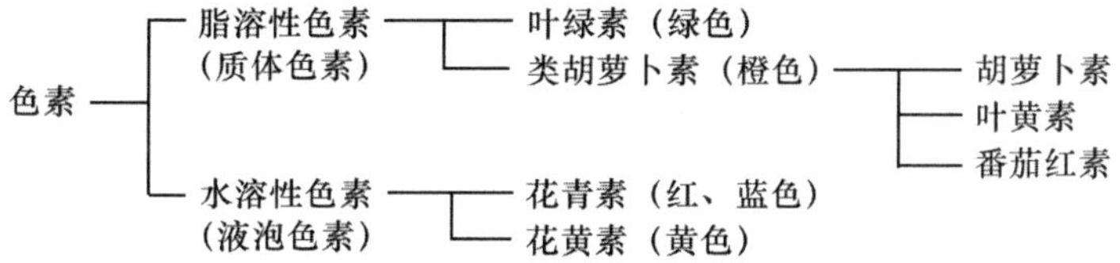

图 1-3　果蔬中所含色素

1. 叶绿素

果蔬的绿色是由叶绿素产生的。叶绿素不溶于水，易溶于乙醇、乙醚等有机溶剂，不耐光、不耐热。叶绿素主要存在于绿色蔬菜中，在未成熟的果实中也含有较多的叶绿素。随着果实成熟，叶绿素在酶的作用下水解生成叶绿醇等溶于水的物质，绿色逐渐消退，而显现其他色素的黄色或橙色。

2. 类胡萝卜素

在果蔬中，杏、黄桃、番茄、胡萝卜表现的橙黄色，呈色物质是类胡萝卜素。类胡萝卜素是一大类脂溶性的黄橙色素，表现为黄、橙黄、橙红色，主要由胡萝卜素、番茄红素及叶黄素组成。类胡萝卜素对热、酸、碱等都具有稳定性，光和氧能引起类胡萝卜素的分解，使果蔬褪色。胡萝卜素在胡萝卜中含量丰富，在动物体内转化为维生素 A，也称为维生素 A 原。

3. 花青素

花青素又称花色素，普遍存在于果蔬中，通常以花青苷的形式存在于果、花或其他器官的组织细胞液中，是形成果蔬中红、蓝、紫等颜色的色素。苹果、葡萄、樱桃、草莓、杨梅、李子、桃和某些品种的萝卜在成熟时呈现的红紫色，都是由花青素所致。花青素是维生素 PP 的组成成分。

花青素是一种感光色素，它的形成必须有阳光，在遮阴处生长的果蔬，色彩的呈现就不够充分。但在贮藏中，光照则不利，能加快其变为褐色。花青素对某些细菌有毒害作用，能抑制其活动。

（七）维生素

维生素是人和动物维持正常的生理机能所必需的一类微量化学物质。果蔬所含的维生素及其前体很多，是人体所需维生素的基本来源。其中以维生素A原(胡萝卜素)、维生素C(抗坏血酸)为最重要(表1-5)。

表1-5 几种果蔬中维生素的含量 10 mg/kg

名称	胡萝卜素	硫胺素	抗坏血酸	名称	胡萝卜素	硫胺素	抗坏血酸
苹果	0.08	0.01	5	枣	0.01	0.06	380
杏	1.79	0.02	7	番茄	0.31	0.03	11
山楂	0.82	0.02	89	青椒	1.56	0.04	105
葡萄	0.04	0.04	4	芦笋	0.73	17	21
柑橘	0.55	0.08	30	青豌豆	0.15	0.54	14

1.维生素A

维生素A是植物体中胡萝卜素在动物体内的转化产物，果蔬中富含胡萝卜素。维生素A不溶于水，碱性条件下稳定，在无氧条件下，于120 ℃下经12 h加热无损失。贮存时应注意避光，减少与空气接触。胡萝卜素含量较多的果蔬有柑橘、枇杷、杧果、柿子、黄桃、胡萝卜、南瓜等。

2.维生素C

维生素C在体内主要参与氧化还原反应，在物质代谢中起电子传递的作用，可促进造血作用和抗体的形成。维生素C还具有促进胶原蛋白合成的作用，可防止毛细血管通透性、脆性的增加和维生素C缺乏病的发生，故又称抗坏血酸。

维生素C易溶于水，很不稳定。在酸性条件下比在碱性条件下稳定，贮藏中，注意避光，保持低温、低氧环境，以减缓维生素C的氧化损失。

维生素C在人体内无累积作用，因此人们需要每天从膳食中摄取大量的维生素C，果蔬是人体获取维生素C的主要来源。不同果蔬维生素C含量差异较大，含量较高的果品有鲜枣、山楂、猕猴桃、草莓及柑橘类，蔬菜中辣椒、绿叶蔬菜、花椰菜、番茄等含有较多的维生素C。

(八)芳香物质

果蔬的香味来源于果蔬中各种不同的芳香物质，是决定果蔬品质的重要因素之一。芳香物质是成分繁多而含量极微的油状挥发性混合物，其中包括醇、酯、酸、酮、烷、烯、萜等有机物质。各种果蔬的芳香物质组成成分不同，因此表现出各自特有的芳香(表1-6)。

表1-6 果蔬中芳香物质的主要成分

名称	芳香物质主要成分	名称	芳香物质主要成分
苹果	乙酸异戊酯	梨	甲酸异戊酯
香蕉	乙酸戊酯、异戊酸异戊酯	杏	丁酸戊酯
桃	乙酸乙酯、γ-癸酸内酯	柑橘	甲酸、乙醛、乙醇及其甲酯和乙酯
葡萄	γ-癸酸内酯	萝卜	甲硫醇、异硫氰酸烯丙酯
草莓	己醇为主，萜类衍生物	叶菜	叶醇
大蒜	乙醛、乙酸酯、丁酸酯	花椒	天竺葵醇、香茅醇
番茄	顺-3-己烯-1-醇、二硫化二丙烯酯	蘑菇	辛烯-1-醇

在同一种果蔬中，不同部分芳香物质含量不同。核果类果实种子中含量较多，其他果实芳

香物质主要存在于果皮中，果肉中极少。在蔬菜中，分别存在于根（萝卜）、茎（大蒜）、叶（芫荽）、种子（芥菜）中。

多数芳香物质具有抗菌杀菌作用，能刺激食欲。在果蔬贮藏过程中，芳香物质具有催熟作用，应及时通风换气，把果蔬释放的香气脱除，可延缓果蔬衰老。

（九）矿物质

人体所需的矿物质主要来源于果蔬。矿物质是保持人体正常生理机能必不可少的物质。矿物质在果蔬中分布广泛，占果蔬干重的1%～5%，一些叶菜类的矿物质含量高达10%～15%。通常将机体内含量在0.01%以上的称为常量元素，如钙、磷、镁、钾、钠等；低于0.01%的称为微量元素，如铁、铜、锌、硒、碘等。

矿物质对果蔬的品质有重要的影响，必需元素的缺乏会导致果蔬品质变劣，甚至影响其采后贮藏效果。金属元素通过与有机成分的结合能显著影响果蔬的颜色；微量元素是控制采后产品代谢活性的酶的辅基的组分，因而能显著影响果蔬品质。如在苹果中，钙和钾具有提高果实硬脆度、降低果实贮藏期的软化程度和失重率，以及维持良好肉质和风味的作用。在不同果蔬品种中，果实的钙、钾含量高时，硬脆度高，果肉密度大，果肉致密，细胞间隙率低，贮藏期软化进度慢，肉质好，耐贮藏；果实中锰、铜含量低时，韧性较强；锌含量对果实的风味、肉质和耐贮性的影响较小，但优质品种含锌量相对较低。

（十）酶

酶是由生物的活细胞产生的具有催化能力的蛋白质。它决定着有机体新陈代谢进行的强度和方向，是引起果蔬品质变劣和营养成分损失的重要因素之一。

果蔬中的酶是多种多样的，主要有两大类：一类是氧化酶类，如多酚氧化酶、抗坏血酸氧化酶、过氧化物酶等；另一类是水解酶类，如果胶酶、淀粉酶、蛋白酶等。在果蔬贮藏过程中主要通过抑制这些酶的活性，减少营养成分的氧化、水解，延长果蔬的贮藏期。

知识点三　采后生理对果蔬质量的影响

果蔬从生长到成熟，经过完熟到衰老，是一个完整的生命周期。果蔬采收之前，靠发达的根系从土壤吸收水分和无机成分，利用叶片的光合作用积累并贮藏营养，从而使果蔬具有优良的品质。采收之后，果蔬失去了水分和无机物的供应，同化作用基本停止，但仍然是一个“活”的、有生理机能的有机体，在贮运中继续进行一系列的复杂生理活动。其中最主要的有呼吸生理、蒸发生理、成熟衰老生理、休眠生理和低温伤害生理，这些生理活动影响着果蔬的耐贮性和抗病性，必须进行有效调控。

（一）呼吸生理

呼吸作用是基本的生命现象，也是生命活动的标志。呼吸生理是果蔬贮藏中最重要的生理活动，也是果蔬采后最主要的代谢过程，它制约和影响着其他生理过程。利用和控制呼吸作用这一生理过程，对于果蔬采后贮藏至关重要。

1. 呼吸代谢类型

呼吸作用是果蔬的生活细胞，在一系列酶的参与下，经过许多中间反应环节进行的生物氧化还原过程，将体内复杂的有机物分解成为简单物质，同时释放出能量的过程。果蔬的呼吸代谢分为有氧呼吸和无氧呼吸两种类型。

(1)有氧呼吸　有氧呼吸是主要的呼吸方式，它是在有氧气参与的条件下，将本身复杂的有机物(如糖类、有机酸、蛋白质、脂肪等)彻底氧化成二氧化碳和水，同时释放能量的过程。果蔬在呼吸作用下，糖类是最常利用的呼吸底物，典型的反应式如下：

$$C_6H_{12}O_6+6O_2 \longrightarrow 6CO_2+6H_2O+2\ 870.2\ kJ$$

上述反应式说明，当葡萄糖直接作为呼吸底物时，能量是逐步释放的，一部分转移到ATP和NADH分子中，成为可利用的贮备能，另一部分则以热的形式放出。

(2)无氧呼吸　无氧呼吸是在缺氧条件下，呼吸底物不能彻底氧化，产生乙醇、乙醛、乳酸等产物，同时释放出少量能量的过程。其典型反应式如下：

$$C_6H_{12}O_6 \longrightarrow 2C_2H_5OH+2CO_2+100.4\ kJ$$

有氧呼吸产生的能量是无氧呼吸的32倍，为了获得维持生理活动所需的足够的能量，无氧呼吸就必须分解更多的呼吸基质，也就是消耗更多的营养成分。同时无氧呼吸产生的乙醇、乙醛、乳酸等在果蔬体内过多积累，对细胞有毒害作用，使之产生生理机能障碍，果蔬质量恶化，影响贮藏寿命。因此，长时间的无氧呼吸对于果蔬长期贮藏是不利的。

采取有氧呼吸或无氧呼吸取决于环境中氧的浓度，一般阈值在1%～5%，高于这个浓度进行有氧呼吸，低于这个浓度进行无氧呼吸。无论何种原因引起的无氧呼吸的加强，都被认为是对果蔬正常代谢的干扰、破坏，对贮藏都是不利的。

2.与呼吸生理有关的基本概念

(1)呼吸强度　呼吸强度是指在一定温度下，单位时间内、单位重量的果蔬呼吸所吸入的氧或放出的二氧化碳的量，常用单位为mg/(kg•h)或mL/(kg•h)。呼吸强度是衡量呼吸作用强弱的指标。呼吸强度大，呼吸作用旺盛，营养物质消耗快，贮藏寿命短。但是呼吸强度只能反映呼吸作用的量，而不能反映呼吸作用的性质。

(2)呼吸商　呼吸商是指果蔬在一定时间内呼吸释放的二氧化碳同所吸收的氧气的量的比值，用RQ表示。

呼吸商在一定程度上可以用来估计呼吸的性质和底物的种类。各种呼吸底物有着不同的RQ值，以葡萄糖为底物的有氧呼吸，RQ=1.0；以有机酸(苹果酸)为底物时，RQ=1.3>1.0；以脂肪为呼吸底物时，RQ=0.69<1.0。从呼吸商的值可以判断呼吸的底物，呼吸作用中呼吸消耗的氧越多，氧化时释放的能量越多。

(3)呼吸热　呼吸热是呼吸过程中产生的、除了维持生命活动以外散发到环境中的那部分热量。以葡萄糖为底物进行正常有氧呼吸时，每释放1 mg二氧化碳相应释放近似0.68 kJ的热量。果蔬贮藏运输时，常采用测定呼吸热的方法间接计算它们的呼吸强度。在果蔬贮藏运输过程中，如果通风散热条件差，呼吸热无法散出，会使果蔬产品自身温度升高，进而又刺激了呼吸，放出更多的呼吸热，加速产品腐败变质。因此，贮藏过程中必须随时排出果蔬释放的呼吸热，才能保持贮藏库内恒定的温度。

(4)田间热　果蔬从田间带到贮藏库的潜热，是随着果蔬温度的下降而散发出来的热量。田间热虽然不是果蔬呼吸释放的热量，但在果蔬贮藏初期也会增加贮藏场所的温度，影响贮藏效果。贮藏的果蔬在凉爽的早晨采收、贮藏前进行预冷，这都是减少田间热导致贮藏场所温度升高的重要措施。

(5)呼吸温度系数　在生理温度范围内(0～35 ℃)，温度升高 10 ℃时呼吸强度与原来温度下呼吸强度的比值即呼吸温度系数，用 Q_{10} 来表示。它能反映呼吸强度随温度而变化的程度，如 Q_{10}=2.0～2.5 时，表示呼吸强度增加了 1.0～1.5 倍；该值越高，说明产品呼吸受温度影响越大。研究表明，农产品的 Q_{10} 在低温下较大，因此，在贮藏中应严格控制温度，即维持适宜而稳定的低温是做好贮藏的前提。

(6)呼吸跃变　在果实的发育过程中，呼吸强度随发育阶段的不同而不同。根据果实呼吸曲线的变化模式，可将果实分成两类，其中一类果实，在其幼嫩阶段呼吸旺盛，随着果实细胞的膨大，呼吸强度逐渐下降，达到一个最低值，开始成熟时，呼吸上升，达到一个高峰后，呼吸下降，直至衰老死亡，这现象被称为呼吸跃变，这类果实称为跃变型果实。如苹果、梨、猕猴桃、杏、香蕉、番茄、柿、杧果、甜瓜、无花果等。呼吸跃变是果实生命中的一个临界期，它标志着果实从成熟到衰老的转折。另一类果实在发育过程中没有呼吸高峰，采收后，呼吸强度持续缓慢下降，这类果实称为非跃变型果实。如柑橘、葡萄、菠萝、樱桃、柠檬、荔枝、草莓、枣、黄瓜、茄子、辣椒、葫芦等(图 1-4)。

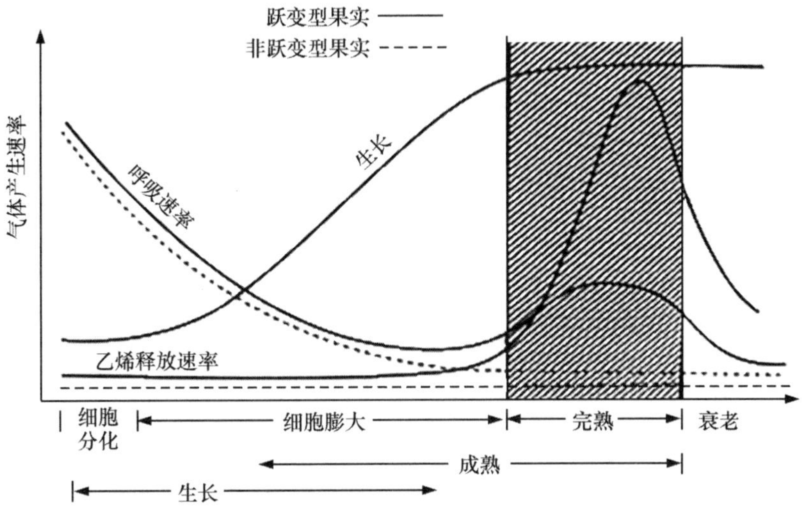

图 1-4　跃变型、非跃变型果实呼吸曲线

3.影响呼吸强度的因素

(1)温度　呼吸作用是一系列酶促生物化学反应过程，在一定温度范围内，随温度的升高而增强。一般在 0 ℃左右时，酶的活性极低，呼吸很弱，跃变型果实的呼吸高峰得以推迟，甚至不出现呼吸峰；在 0～35 ℃，如果不发生冷害，多数产品温度每升高 10 ℃，呼吸强度增大 1.0～1.5 倍(Q_{10}=2.0～2.5)；高于 35 ℃时，呼吸作用的各种酶的活性受到抑制或破坏，呼吸经初期的上升之后就大幅度下降。

降低贮藏温度可以减弱呼吸强度，减少物质消耗，延长贮藏时间。因此，贮藏的普遍措施就是尽可能维持较低的温度，将果蔬的呼吸作用抑制到最低限度。但贮藏温度并不是越低越好，温度过低，糖酵解过程和细胞线粒体呼吸的速度相对加快，呼吸强度反而增大。另外，温度的稳定性也十分重要，贮藏环境的温度波动会刺激水解酶的活性，呼吸强度增大，增加物质消耗。

(2)贮藏环境气体成分　适当降低贮藏环境的氧气浓度和提高二氧化碳浓度,可抑制果蔬的呼吸作用,从而抑制其成熟和衰老过程。

氧气是果蔬呼吸的必需条件,是生物氧化不可缺少的条件。当氧气浓度低于10%时,呼吸强度明显降低,但氧气浓度并不是越低越好,氧气浓度过低,就会产生无氧呼吸,大量积累乙醇、乙醛等有害物质,造成缺氧伤害。无氧呼吸消失点的氧气浓度一般为1%～5%,不同种类的果蔬有差异。

同样,提高二氧化碳浓度可以抑制呼吸,但是二氧化碳浓度并不是越高越好,二氧化碳浓度过高,反而会刺激呼吸作用和引起无氧呼吸,产生二氧化碳中毒,这种伤害甚至比缺氧伤害更加严重,其伤害程度决定于贮藏产品周围的氧气和二氧化碳浓度、温度和持续的时间。不同种类、品种的产品对二氧化碳的忍耐能力是有差异的,大多数果蔬适宜的二氧化碳浓度是1%～5%,二氧化碳伤害可因提高氧气浓度而有所减轻,在较低的氧气浓度中,二氧化碳伤害则更重。

O_2 能极大地促进水果、蔬菜的呼吸,很快地使其发生变质。贮藏库中 CO_2 浓度的变化对呼吸作用的影响比 O_2 的浓度更为显著,如苹果,适当地增加 CO_2 的浓度,则呼吸作用会受到抑制,贮藏期延长。果蔬在贮藏时,既增加 CO_2 又减少 O_2,并调整这两种气体的适当比例,比单纯控制 CO_2 或 O_2 的含量,对抑制果蔬的呼吸作用效果更好。气调贮藏就是利用这个原理发展起来的。

乙烯是一种植物激素,有加强呼吸、促进果蔬成熟的作用。贮藏环境中的乙烯虽然很少,但对呼吸作用的刺激是巨大的,贮藏环境中应尽量除去乙烯。

(3)湿度　湿度直接影响气孔的开启或闭合。一般湿度低可抑制呼吸作用,湿度高可促进呼吸作用。但贮藏环境的湿度过低,会增强果蔬内部水解酶活性,使呼吸底物增加,刺激呼吸作用增强;相对湿度过高,会诱导微生物病害发生和加重。

(4)机械损伤和病虫害　果蔬在采收、运输、贮藏过程中常会因挤压、碰撞、刺扎等产生损伤。果蔬受伤后,造成开放性伤口,可利用的氧气浓度增加,呼吸强度增加,因而大大缩短贮藏时间,加快果蔬成熟和衰老。损伤引起呼吸增强的原因有:损伤刺激了乙烯的生成;损伤破坏了细胞结构,增加了底物与酶的接触,同时加速了组织内外的气体交换;损伤刺激引起果蔬组织内的愈伤和修复反应。

果蔬表皮上的伤口,容易被病菌侵染而引起腐烂。贮藏中应避免损伤,这也是保障贮藏质量的重要前提。

(5)果蔬的种类与品种　在相同的温度条件下,不同种类、品种的果蔬呼吸强度差异很大,这是由它们本身的结构所决定的,一般来说夏季成熟的果蔬比秋季成熟的果蔬呼吸强度大,南方生长的比北方生长的呼吸强度大,早熟品种的呼吸强度大于晚熟品种。贮藏器官,如块根和块茎的呼吸强度较小;营养器官,如叶和分生组织的呼吸强度较大。果菜类的呼吸强度介于根菜类和叶菜类之间。浆果类果实呼吸强度大于柑橘类和仁果类(表1-7)。

表 1-7　几种蔬菜的呼吸强度(以 CO_2 计)　　mg/(kg·h)

种类	呼吸强度	种类	呼吸强度
菠菜	269.8	番茄	48.1
结球莴笋	154.6	菜豆	202.0
甘蓝	91.5	马铃薯	13.9
黄瓜	128.1	洋葱	24.9
茄子	138.0	胡萝卜	100.5

注:在商品成熟时采收,收后 2 d,在 25 ℃下测定。

(6)成熟度　在果蔬的个体发育过程中,幼嫩组织处于细胞分裂和生长代谢旺盛阶段,且保护组织尚未发育完善,便于气体交换而使组织内部供氧充足,呼吸强度较高,随着生长发育,呼吸强度逐渐下降。成熟产品表皮保护组织如蜡质、角质加厚,使新陈代谢缓慢,呼吸较弱。跃变型果实在成熟时呼吸强度升高,达到呼吸高峰后又下降;非跃变型果实成熟衰老时,呼吸作用一直缓慢减弱,直到死亡。块茎、鳞茎类蔬菜田间生长期间呼吸强度一直下降,采后进入休眠期,呼吸强度降到最低,休眠期后重新上升。

4. 呼吸作用与果蔬保鲜的关系

(1)呼吸作用对果蔬保鲜的积极作用

①提供代谢所需能量。果蔬采后仍然是一个活体,进行一系列的代谢活动,活动所需能量来自呼吸作用。

②对果蔬具有保护作用。通过呼吸可以增强果蔬对病虫害的抵抗能力。果蔬遭到伤害(机械伤害、二氧化硫伤害)呼吸作用加强,这一部分呼吸叫作伤呼吸。伤呼吸是果蔬的自卫反应,通过磷酸戊糖途径产生抗生素,如绿原酸、咖啡酸、花青素,可杀死或抑制病原微生物。

(2)呼吸作用对果蔬保鲜的不利影响

①风味变淡。呼吸作用导致有机物质分解消耗,使果蔬的甜度和酸度下降。

②贮藏环境温度上升。在有氧呼吸中,每消耗 1 mol 的葡萄糖产生 1.27×10^6 J 能量并以热的形式释放,称为呼吸热。呼吸热引起果蔬贮运温度上升,对果蔬保鲜与运输不利。

(二)蒸发生理

水分是生命活动必不可少的,是影响果蔬新鲜度的重要物质。在田间生长的果蔬水分蒸发后可通过土壤得到补充,而采后的果蔬断绝了水分供应,在贮藏中失水,将造成果蔬的失重、失鲜等,对贮藏极为不利,因此,控制果蔬采后水分的蒸发,对贮藏具有重要意义。

1. 水分蒸发对果蔬贮藏的影响

(1)失重、失鲜　果蔬含水量很高,大多在 65%～95%,这使得鲜活果蔬的表面具有光泽并有弹性,组织呈现坚挺脆嫩状态,外观新鲜。贮运中水分的蒸发散失造成失重和失鲜。失重即自然损耗,包括水分和干物质的损失,其中主要是失水,这是贮运中数量方面的损失。如苹果在低温冷藏时,每周由水分蒸发造成的失重约为果品重的 0.5%,而呼吸作用使苹果失重 0.05%;柑橘贮藏期失重的 75%由失水引起,25%是呼吸消耗干物质所致。

失鲜是质量方面的损失,一般失水达 5%时,就引起失鲜。表面光泽消失、形态萎蔫,失去外观饱满、新鲜和脆嫩的质地,甚至失去商品价值。不同产品失鲜的具体表现有所不同,如叶菜失水易萎蔫、变色、失去光泽；萝卜失水易造成糠心；苹果、梨失水后，表现为光泽变差、果肉变沙、表皮皱缩等。

(2)导致正常代谢紊乱　果蔬贮藏中水分蒸发不仅造成失重、失鲜，而且失水严重时还会造成代谢失调。萎蔫时，原生质脱水，会使水解酶活性增加，加速水解，一方面使呼吸基质增多，促进呼吸作用，加速营养物质的消耗，削弱组织耐贮性和抗病性；另一方面营养物质的增加也为微生物活动提供方便，加速腐烂。失水严重还会破坏原生质胶体结构，干扰正常代谢，产生一些有毒物质；同时，细胞液浓缩，某些物质和离子(如 NH_4^+、H^+)浓度增高，也能使细胞中毒；过度缺水还会使脱落酸(ABA)含量急剧上升，加速衰老。

(3)降低耐贮性和抗病性　失水萎蔫破坏了正常的生理代谢，通常导致耐贮性和抗病性下降，缩短贮藏期，但某些果蔬采后适度失水可抑制代谢，并延长贮藏期。如洋葱、大蒜在贮藏前必须经过适当晾晒，加速最外层鳞片干燥，减少腐烂，也可抑制呼吸；大白菜、甘蓝经过晾晒，外轮叶片轻度失水，耐低温能力增强，且组织柔软，韧性增强，有利于减少机械伤；柑橘贮藏前果皮轻度失水，能减少贮藏中枯水病的发生。

2. 影响水分蒸发的因素

(1)内在因素

①果蔬的比表面积　比表面积是指果蔬器官的表面积与其质量或体积之比。因为水分是从产品表面蒸发的，比表面积越大，蒸发就越强。小果、根或块茎比大果的比表面积大，蒸发失水快。

②表面保护结构　水分在产品表面的蒸发途径有两个：一是通过气孔、皮孔等自然孔道；二是通过表皮层。气孔的蒸发速度远大于表皮层。表皮层的蒸发因表面保护层结构和成分的不同差别很大。角质层不发达，保护组织差，则极易失水；角质层加厚，结构完整，有蜡质、果粉，则有利于保持水分。表面保护结构及完整性与果蔬的种类、品种及成熟度有密切关系。

③细胞的保水力　原生质的亲水胶体和可溶性物质含量高，使细胞具有较高的渗透压，可阻止水分向细胞壁和细胞间隙渗透，有利于细胞保水，降低水分蒸发。此外，细胞间隙大，水分移动的阻力小，会加速失水。

④新陈代谢　呼吸强度高，代谢旺盛的组织失水较快。

(2)环境因素

①温度　温度的变化造成空气湿度发生改变从而影响水分蒸发的速度。温度升高，饱和湿度增大，在绝对湿度不变的情况下，空气的相对湿度变小，则产品中的水分易蒸发。所以，贮藏环境的低温有利于抑制水分的蒸发。温度稳定，相对湿度则随着绝对湿度的改变而成正相关变动，贮藏环境加湿，就是通过增加绝对湿度达到提高环境的相对湿度的目的。此外，温度升高，分子运动加快，产品的新陈代谢旺盛，蒸发也会加快。

②空气湿度　空气湿度是影响产品表面水分蒸发的直接因素。表示空气湿度的常见指标包括绝对湿度、饱和湿度、饱和差和相对湿度。绝对湿度是单位体积空气中所含水蒸气的量。饱和湿度是在一定温度下，单位体积空气中所能最多容纳的水蒸气量。若空气中水蒸气超过此量，就会凝结成水珠，温度越高，容纳的水蒸气越多，饱和湿度越大。饱和差是空气达到饱和尚需要的水蒸气量，即绝对湿度和饱和湿度的差值，直接影响产品水分的蒸发。贮藏中通常用空气的相对湿度(RH)来表示环境的湿度，相对湿度是绝对湿度与饱和湿度之比，反映空气和水分达到饱和的程度。在一定温度下，绝对湿度或相对湿度大时，达到饱和的程度高、饱和差

小，蒸发就慢。

③空气流动　贮藏环境中的空气流动会改变贮藏产品周围空气的相对湿度，从而影响水分蒸发。空气流动越快，水分蒸腾越强。

3. 控制果蔬水分蒸发的措施

控制果蔬产品蒸发失水速率的方法主要在于改善贮藏环境。

(1)严格控制果蔬采收成熟度，使保护层发育完全。

(2)增大贮藏环境的相对湿度。当库内湿度低于要求指标时，可在地面洒水，墙壁喷水，或库内安装自动加湿器，增加贮藏环境空气的含水量，抑制水分蒸发。

(3)稳定的低温贮藏。采用稳定的低温贮藏是防止失水的重要措施。一方面，低温抑制代谢，对减少失水起一定的作用；另一方面，低温下饱和湿度小，产品自身蒸发的水分能明显增加环境相对湿度，失水缓慢。

(4)果蔬表面打蜡、涂膜，增加商品价值，防止水分的蒸发。但是，涂膜不能过厚，否则会造成无氧呼吸，进而造成果蔬的腐烂。

(5)薄膜包装。将果蔬装入聚乙烯、聚氯乙烯等薄膜袋或帐内，可以有效防止果蔬失水。

4. 结露现象

果蔬贮运中其表面或包装容器内壁上出现凝结水珠现象，称之为结露，俗称“发汗”。结露时产品表面的水珠十分有利于微生物生长、繁殖，从而导致腐烂发生，对贮藏极为不利，所以在贮藏中应尽可能避免结露现象发生。

贮运中的产品产生结露现象是环境中温、湿度的变化引起的。大堆或大箱中贮藏的产品会因呼吸放热，堆、箱内不易通风散热，使其内部温度高于表面温度，形成温度差，温暖湿润的空气向表面移动时，就会在堆、箱表面遇到低温达到露点而结露；采用薄膜封闭贮藏时，会因封闭前果蔬产品预冷不透，内部产品的田间热和呼吸热使薄膜内的温度高于外部，这种冷热温差便会造成薄膜内结露；贮藏保鲜要求贮藏环境有较高的相对湿度，在这种环境条件下，库内温度的少量波动就会导致达到露点而在冷却品的表面结露。可见，温差是引起果蔬结露的根本原因，温差越大，凝结水珠也相对越大越多。

在贮藏中，可通过维持稳定的低温、适宜通风、控制堆放体积大小等措施控制结露的发生。

(三)成熟衰老生理

果蔬贮藏期间仍然继续生长、发育，最后衰老死亡，在这个过程中生理功能逐渐衰退，耐贮性和抗病性不断下降。

1. 成熟衰老概述

果实在开花受精后的发育过程中，完成了细胞、组织、器官分化发育的最后阶段，充分长成时，达到生理成熟(有的称为绿熟或初熟)，果实停止生长后还要进行一系列生物化学变化，逐渐形成本产品固有的色、香、味和质地特征，然后达到最佳的食用阶段，称为完熟。通常将生理成熟到完熟达到最佳食用品质的过程称为成熟(包括了生理成熟和完熟)。有些果实如巴梨、猕猴桃等虽然已完成发育达到生理成熟，但果实风味不佳，并未达到食用最佳阶段，而需要存放一段时间，完成完熟过程，一般将采后的完熟过程称为后熟。

衰老是植物器官或整体生命的最后阶段，开始发生一系列不可逆的变化，最终导致细胞崩溃及整个器官死亡。果实在最佳食用阶段以后的品质劣变或组织崩溃阶段称为衰老。

2.成熟和衰老期间的变化

果蔬在成熟和衰老期间从外观品质、质地、口感风味到呼吸生理等，会发生一系列变化。

(1)外观品质　产品外观变化最明显的是色泽。果实未成熟时叶绿素含量高，外观呈现绿色，成熟期间叶绿素下降，果实底色显现，同时色素(如花青素和胡萝卜素)积累，呈现本产品固有的特色(红、黄、橙、紫等)。

(2)质地　果肉硬度下降是许多果实成熟时的明显特征。此时一些能水解果胶物质和纤维素的酶类活性增加，水解作用使中胶层溶解，细胞壁发生明显变化，结构失去黏结性，造成果肉软化。

(3)口感风味　成熟阶段，淀粉水解，含糖量增加，果实变甜，含酸量最高，达到食用最佳阶段。随着成熟或贮藏期的延长，受呼吸消耗的影响，糖、酸含量逐渐下降，果实糖酸比增加，风味变淡。未成熟的果实细胞内含有单宁物质，使果实有涩味，成熟过程中单宁被氧化或凝结成不溶性物质，涩味消失。

(4)生理代谢　跃变型果实当达到完熟时呼吸急剧上升，出现跃变现象，果实进入完全成熟阶段，品质达到最佳可食状态。同时，果实内部乙烯含量急剧增加，促进成熟，衰老进程。

(5)细胞膜　产品采后劣变的重要原因是组织衰老过程中遭受环境胁迫时，细胞的膜结构和特性将发生改变，普遍特点是膜透性和黏度增加，流动性下降，膜的选择性和功能受损。膜的变化引起代谢失调，最终导致产品死亡。

3.成熟衰老机制

果蔬在生长、发育、成熟、衰老过程中，生长素(IAA)、赤霉素(GA)、细胞分裂素(CK)、脱落酸(ABA)、乙烯五大植物激素的含量有规律地增加和减少，保持一种自然平衡状态，控制园艺产品的成熟与衰老。成熟与衰老在很大程度上取决于抑制或促进成熟与衰老的两类激素的平衡。

生长素、赤霉素、细胞分裂素属生长激素，抑制果实的成熟与衰老，生长素无论是对跃变型果实，还是对非跃变型果实，都表现出阻止衰老的作用，并对脱落酸和乙烯催熟有抑制作用。赤霉素和细胞分裂素可以抑制果实组织乙烯的释放和衰老。植物或器官的幼龄阶段，这类激素含量较高，控制着细胞的分裂、伸长，并对乙烯的合成有抑制作用，进入成熟阶段，这类激素含量减少。

脱落酸和乙烯是衰老激素，促进果蔬的成熟与衰老。乙烯是最有效的催熟致衰剂，产品采后一系列成熟、衰老现象都与乙烯有关。脱落酸对完熟的调控在非跃变型果实中的表现比较突出，这些果实在完熟过程中脱落酸含量急剧增加而乙烯的生成量很少，葡萄、草莓等随着果实的成熟积累脱落酸，施用外源脱落酸能促进柑橘、葡萄、草莓等果实的完熟。跃变型果实在完熟中也有脱落酸积累，施用外源脱落酸也能促进这类果实的成熟。这类激素在植物幼龄阶段含量少，进入成熟期后含量高。

随着钙调素(CaM)的发现，钙不再被认为仅仅是植物生长发育所需的矿物质元素之一，而是有着重要生理功能的调节物质。钙在果实中主要有维持细胞壁、细胞膜结构与功能和作为细胞内外信息传递的第二信使等生理功能。完熟过程中果实的钙含量与呼吸速率呈负相关，并且钙能影响呼吸高峰出现的早晚和峰的大小；钙能抑制成熟进程中果实内源乙烯的释放，延缓果实的成熟与衰老；在逆境条件下，果实组织的胞内和胞外的钙系统受到破坏，细胞功能受到影响，从而使一些生理过程失调并加剧衰老；缺钙可以引起果蔬成熟与衰老中许多生理过程失调，如苹果苦陷症、樱桃裂果、柑橘枯水病等。

4. 乙烯对成熟和衰老的影响

(1)乙烯的生理作用

①促进果实成熟，尤其对跃变型果实来说，只要有少量乙烯存在就可以使整个果实成熟。不同种类的果实对乙烯的反应不同，并且在成熟时体内会合成乙烯。当乙烯浓度达到一定量时会促使果实成熟，随着果实成熟内源乙烯也在迅速增加。

②促进果蔬的呼吸作用。果实在成熟过程中随着乙烯的释效，果实的呼吸作用也相应提高。在跃变型和非跃变型两类不同果实中，乙烯对其呼吸作用的促进有着明显的差异。

(2)乙烯的作用机理

乙烯作为促进果蔬成熟和衰老的主要激素物质，其作用机理表现在以下几方面：

①增加细胞内膜的透性。乙烯是脂溶性的，而细胞内的许多种膜都是由蛋白质与脂质构成的，乙烯作用于膜必然引起膜的透性增大，物质的外渗率增高，底物与酶的接触增多，呼吸加强，从而促进果实成熟。

②促进酶活性的提高，促进果实内部物质的转化。

③能引起和促进 RNA 的合成，即乙烯能在蛋白质合成系统的转录阶段起调节作用，因而导致特定蛋白质的产生。

5. 成熟衰老的调控

在果蔬贮藏中，常采用控制贮藏条件、结合化学药剂处理等措施来控制其内部物质转化和乙烯合成，从而达到控制成熟与衰老的目的。

(1)温度　温度是影响果蔬成熟和衰老的最重要的环境因素。在 5～35 ℃，温度每上升 10 ℃，呼吸强度就增大 1.0～1.5 倍。因此低温贮藏可以降低果蔬的呼吸强度，减少果蔬的呼吸消耗。对呼吸跃变型的果蔬而言，降低温度，不但可降低其呼吸强度，还可延缓其呼吸高峰的出现。低温可减少果蔬乙烯的产生，而且在低温下，乙烯促进衰老的生理作用也受到强烈的抑制。同时低温可以抑制果蔬蒸发失水，低温还能抑制病原菌的生长。因此，应尽可能维持适宜的低温。

(2)湿度　控制贮藏环境适宜的相对湿度对于减轻果蔬产品失水，避免由于失水产生的不良生理效应，保持产品的耐贮性具有重要作用。一般果蔬产品损失原有重量 5%的水分时就明显呈现萎蔫，不仅降低其商品价值，而且还使正常的呼吸作用受到破坏，提高酶活性，加速水解过程，促进衰老。

(3)气体成分　环境的气体成分对果蔬产品贮藏寿命的影响是十分明显的，在低温条件下，适当降低氧气浓度和提高二氧化碳浓度比单纯降温对抑制果蔬产品的成熟与衰老更为有效，气调贮藏作为一种行之有效的果蔬贮藏保鲜方法在全世界得到了应用和推广。调节气体成分至少有以下几个方面的作用。

①抑制呼吸。正常空气中呼吸作用导致糖类消耗的平均速率比在 10%为氧气、其余为氮气的空气中快 1.2～1.4 倍。

②抑制叶绿素降解。

③减少乙烯的生成。

④保持果实的营养和食用价值。

⑤减少果实的失水率。

⑥延缓不溶性果胶的分解，保持果实硬度。

⑦抑制微生物活动，减少腐烂率。

但氧气浓度过低或二氧化碳浓度过高都会对产品产生伤害。

(4)化学药剂　化学药剂是控制成熟与衰老的重要辅助措施。细胞分裂素(CK)对叶绿素的降解有抑制作用；赤霉素(GA)可以降低呼吸强度，推迟呼吸高峰的出现，延迟变色；马来酰肼处理可以增加果蔬硬度，抑制呼吸，防止大蒜等蔬菜贮藏过程中的发芽；丁酰肼用于增加果实的着色和硬度，并能抑制乙烯的产生。

(5)钙处理　钙在延缓果蔬产品衰老、提高品质和控制生理病害方面有较好的效果。缺钙会加剧产品的成熟衰老、软化和生理病害。采后钙处理可减轻某些生理病害发生，如冷害、苹果苦陷症、柑橘浮皮病、油梨的褐变和冷害等。钙处理还可抑制呼吸作用和乙烯生成，从而延缓成熟和衰老。杧果、香蕉、阳桃、油梨、苹果、梨等，进行采后钙处理可降低呼吸强度，抑制乙烯释放，保持硬度。钙处理的方法有多种，如采前喷钙，采后用钙溶液喷涂、浸泡、减压或加压浸渗等，都可以增加组织的钙含量。目前生产上主要采用氯化钙溶液浸泡，使用浓度一般为2%～12%。

(四)休眠生理

休眠是植物在生长发育过程中为度过严冬、酷暑、干旱等不良环境条件，为了保护自己的生活能力而出现器官暂时停止生长的现象，它是植物在长期系统发育中形成的一种特性。

1.休眠的作用

休眠是植物生命周期中生长发育暂时停顿的阶段，此期新陈代谢降到最低水平，营养物质的消耗和水分蒸发都很少，一切生命活动进入相对静止状态，对不良环境条件的抵抗力增强，对贮藏是十分有利的。果蔬贮藏应充分利用休眠特点，创造条件延长休眠期，从而延长产品的贮藏寿命。一旦脱离休眠而发芽时，器官内贮存的营养物质迅速转移，消耗于芽的生长，产品本身则萎缩干空，品质急剧恶化，最终不堪食用。

2.休眠的类型

果蔬的休眠分为两种类型：生理休眠和强迫休眠。

(1)强迫休眠(他发性休眠)　强迫休眠是由外界环境条件不适如低温、干燥等所引起的，一旦遇到适宜的发芽条件即可发芽，是被动休眠。如结球白菜和萝卜的器官形成以后，外界气温开始下降，被迫进入休眠状态，但春播的结球白菜和萝卜不休眠。

(2)生理休眠(自发性休眠)　生理休眠是由内在原因引起的，主要特点是给收获后的产品提供其适宜的温度、水分、气体等条件，也不能启动其发芽生长。如洋葱、大蒜、马铃薯等，它们在休眠期内，即使有适宜的生长条件，也不能脱离休眠状态，暂时不会发芽。

3.休眠的阶段

具有生理休眠的蔬菜，其休眠可分为三个阶段。

第一个阶段称为休眠诱导期(休眠前期)，产品脱离植株后，代谢旺盛，呼吸强度大，处于休眠的准备阶段，体内的小分子物质向大分子转化，若环境条件适宜可迫使其不进入休眠。

第二个阶段叫深休眠期(生理休眠期)，这个时期内的产品新陈代谢下降到最低水平，产品外层保护组织完全形成，即使拥有适宜的环境条件，也不能停止休眠。

第三个阶段是休眠苏醒期（休眠后期），此期产品由休眠向生长过渡，体内的大分子物质向小分子转化，可利用的营养物质增加，若外界条件适宜生长，可终止休眠；若外界条件不适宜生长，则可延长休眠。

进入生理休眠期的细胞，先有原生质的脱水过程，同时积聚大量疏水胶体，这些物质聚积在原生质和液泡的界面上，阻止水和细胞液的透过，休眠期的细胞出现原生质与细胞壁分离，细胞间的胞间连丝消失，原生质几乎不能吸水膨胀，电解质也很难通过，这样就大大降低了细胞内外的物质交换，所以休眠期呼吸和其他代谢活动的水平都很低，器官内贮藏的各种养分如糖类、蛋白质、维生素 C 等变化都很小。脱离休眠后，细胞内的原生质又重新紧贴细胞壁，胞间连丝恢复，原生质中的疏水胶体减少，亲水胶体增多。

酶与休眠有直接关系，休眠是激素作用的结果。RNA 在休眠期中没有合成，打破休眠后才有合成；赤霉素可以打破休眠，促进各种水解酶、呼吸酶的合成和活化；脱落酸可以抑制 mRNA 合成，促进休眠。休眠实际是脱落酸和赤霉素维持一定平衡的结果。

4. 延长休眠的方法

为了延长果蔬的贮藏期，对具有休眠特性的果蔬需要进行休眠控制，防止其发芽。

（1）低温贮藏　控制休眠最有效的方法是低温贮藏。板栗、萝卜在 0 ℃能够长期处于休眠状态而不发芽，中断冷藏后才开始正常发芽。高温也可抑制萌芽，如洋葱、大蒜等蔬菜，当进入生理休眠以后，处于 30 ℃的高温干燥环境，不利于萌芽。低氧、高二氧化碳有利于抑制萌芽，延长休眠期，但对马铃薯的抑制发芽效果不明显。

（2）辐照处理　用钴-60 发生的 γ 射线辐照处理可以抑制果蔬发芽。辐照处理抑制发芽的效果关键是要掌握好辐照的时间和剂量。辐照的时间一般在休眠中期，辐照的剂量因产品种类而异。

（3）化学药剂处理　化学药剂有明显的抑芽效果。目前使用的主要有马来酰肼、萘乙酸甲酯（NNA）等。洋葱、大蒜在采收前用 0.25％的马来酰肼喷洒在植株叶子上，可抑制贮藏期的萌芽。马来酰肼应用时，必须在采前喷到叶子上，药剂吸收后渗透到鳞茎内的分生组织中转移到生长点，才能有效。喷药过晚，叶子干枯，没有吸收与运转马来酰肼的功能；喷药过早，鳞茎还处于生长阶段，影响产量，一般在采前 2 周使用较好。采收后的马铃薯用 0.003％的萘乙酸甲酯粉拌撒，也可抑制萌芽。

（五）低温伤害生理

果蔬在采收后贮藏时，采用低温可降低呼吸强度、抑制水分蒸发、延缓成熟和衰老，有利于贮藏保鲜。然而，不适宜的低温，则影响正常的生理代谢，使果蔬的耐贮藏性和抗病性下降。由温度不适引起的低温伤害有冷害和冻害。

1. 冷害

冷害是指在冰点以上的低温对果蔬造成的伤害。在低温情况下，原生质膜由液晶变为凝胶态，膜的透性增大，细胞质液由细胞内流入细胞间隙，发生生理失调。

（1）冷害症状　冷害的主要症状是出现凹陷、变色、成熟不均和产生异味。一些原产于热带、亚热带的果蔬，往往属于冷敏性，如香蕉、柑橘、杧果、菠萝、番茄、青椒、茄子、菜豆、黄瓜等，在低于冷害临界温度下，组织不能进行正常的代谢活动，耐贮性和抗病性下降，表现出局部表皮组织坏死、表面凹陷、颜色变深、水渍状斑点、果肉组织褐变、不能正常成熟、易被微生物侵染、腐烂等冷害症状(表 1-8)。

表 1-8 果蔬冷害的临界温度与症状

产品名称	临界温度/℃	症状
苹果	2～3	内部褐变、褐心、湿性崩溃、软烫伤
石榴	4.5	表面凹陷、内部褐变
香蕉	12～13	果皮有黑褐色、不能正常成熟、中轴胎座硬化
哈密瓜	2～5	表面凹陷斑、腐烂
西瓜	4.5	表面凹陷、有异味
甜椒	7	表面凹陷斑、种子变黑、萼上有斑
番茄(绿熟)	10～12	褐斑、不能正常成熟、果色不佳
茄子	7～9	表面呈烫伤状、种子变黑
黄瓜	13	表面水渍状斑、凹陷
菜豆	7	表面锈斑、凹陷
甘薯	13	表面凹陷、有异味、煮熟发硬

(2)影响冷害的因素

①果蔬的冷敏性　冷敏性因产品种类、品种、成熟度不同而异。热带、亚热带果蔬冷敏性较高,容易遭受冷害。同一种类不同品种也存在冷敏性差异,温暖地区栽培的产品比冷凉地区栽培的冷敏性高,夏季生长的比秋季生长的冷敏性高。成熟度也影响冷敏性,提高产品的成熟度可以降低冷敏性。一般不耐寒的植物线粒体膜中不饱和脂肪酸的含量低于耐寒的植物,冷敏性高。此外,果实大小、果皮厚薄和粗细对冷害发生的时间和程度都有影响。

②贮藏温度和时间　在导致发生冷害的温度下,一般温度越低,发生越快;温度越高,越不容易出现冷害。但也有特殊情况,如葡萄柚在 0 ℃或 10 ℃下贮藏 4～6 周极少出现冷害,而中间温度则导致严重冷害发生。贮藏温度和时间是冷害发生与否及程度轻重的决定因素,某些中间温度出现严重冷害症状,只是局限于一定的时间,长期贮藏后,冷害的程度与贮藏温度是呈负相关的,如果将遭受冷害的产品放到常温下,会迅速表现冷害症状和腐烂。

(3)防止和减轻冷害的措施

①低温预贮调节　采后在稍高于临界温度的条件下放置几天,增加耐寒性,可缓解冷害。

②低温锻炼　贮藏初期,贮藏温度从高温到低温,采取逐步降温的方法,使之适应低温环境,减少冷害。这种方法只对呼吸跃变型果实有效,对非跃变型果实则无效。

③间歇升温　低温贮藏期间,在产品还未发生不可逆伤害之前,将产品温度升到冷害临界温度以上,使其代谢恢复正常,可以避免冷害发生,但应注意升温太频繁会加速代谢,反而不利于贮藏。

④提高成熟度　提高成熟度可减少果蔬冷害的发生。粉红期的番茄在 0 ℃下放置 6 d 后,在 22 ℃下完全后熟而无冷害;绿熟期的番茄 0 ℃贮藏 12 d,大量发生冷害,果实变味。

⑤高湿贮藏　接近 10%的相对湿度可以减轻冷害症状,相对湿度过低则会加重冷害状。采用塑料薄膜包装,可以保持贮藏环境的相对湿度,减少冷害。

⑥采用气调贮藏　二氧化碳浓度从 1.7%～7.5%都能够影响冷害的发生,贮藏中适当提高二氧化碳浓度,降低氧气浓度可减轻冷害。对防止冷害来说 7%是最适宜的氧气浓度。

⑦化学物质处理　氯化钙、乙氧基喹啉、苯甲酸钠等化学物质，通过降低水分的损失，可以修饰细胞膜脂类的化学组成和增加抗氧化物的活性，减轻冷害。

2. 冻害

冻害是果蔬在组织冰点以下的低温下，细胞间隙内水分结冰的现象。

(1)冻害症状　果蔬遭受冻害后，最初症状通常是呈水浸状，然后受冻组织变为透明或半透明水煮状，并由于代谢失调而有异味，色素降解，颜色变深、变暗，表面组织产生褐变，出库升温后，会很快腐烂变质。

(2)冻害的机制　果蔬产品处于其冰点环境时，组织的温度直线下降，达到一个最低点，虽然此时温度比冰点低，但组织内并不结冰，物理学上称过度冷却现象。随后组织温度骤然回升到冰点，细胞间隙内水分开始结冰，冰晶体首先是由纯水形成的，体积很小，在缓慢冻结的情况下，水分不断从原生质和细胞液中渗出，细胞内水分外渗到细胞间隙内结冰，冰晶体体积不断增大，细胞脱水程度不断加大，严重脱水时会造成细胞质壁分离。

(3)冻害对果蔬产品贮藏的影响　冻害的发生需要一定时间，如果贮藏温度只是稍低于果蔬产品冰点或时间很短，冻结只限于细胞间隙内水分结冰，细胞膜没有受到机械损伤，原生质没有变性，这种轻微冻害危害不大，采用适当的解冻技术，细胞间隙内的冰又逐渐融化，被细胞重新吸收，细胞可以恢复正常。但是，如果细胞内水分外渗到细胞间隙内结冰，损伤了细胞膜，原生质发生不可逆凝固(变性)，加上冰晶体机械伤害，即使产品外表不表现冻害症状，产品也会很快败坏。解冻以后不能恢复原来的新鲜状态，风味也遭受影响。

(4)冻害预防　防止冻害的关键是掌握果蔬最适宜的贮藏温度，避免果蔬产品长时间处于冰点温度下。如果管理不善，发生轻微冻害，在解冻前切忌随意搬动，已经冻结的产品非常容易遭受机械损伤，可采用缓慢解冻技术恢复正常，在 4～5 ℃下解冻为好。温度过低，附着于细胞壁的原生质吸水较慢，冰晶体在组织内保留时间过长会伤害组织。温度过高，解冻过快，融化的水来不及被细胞吸收，细胞壁有被撕裂的危险。

工作任务

任务一　果蔬呼吸强度测定(静置法)

呼吸作用是果蔬被采收后进行的重要生理活动，是影响贮运效果的重要因素。测定呼吸强度可衡量呼吸作用的强弱，了解果蔬采后生理状态，为低温和气调贮运以及呼吸热计算提供必要的数据。因此，在研究或处理果蔬贮藏问题时，测定呼吸强度是经常采用的手段。

呼吸强度的测定通常是采用定量碱液吸收果蔬在一定时间内呼吸所释放出来的 CO_2，再用酸滴定剩余的碱，即可计算出呼吸所释放出的 CO_2 量，求出其呼吸强度。呼吸强度单位为 mg/(kg·h)。滴定反应如下：

$$2NaOH + CO_2 \longrightarrow Na_2CO_3 + H_2O$$

$$Na_2CO_3 + BaCl_2 \longrightarrow BaCO_3\downarrow + 2NaCl$$

$$2NaOH + H_2C_2O_4 \longrightarrow Na_2C_2O_4 + 2H_2O$$

(一)材料与用具

原料:番茄、苹果。

试剂:0.2 mol/L 氢氧化钠溶液、0.05 mol/L 草酸溶液、饱和氯化钡溶液、酚酞指示剂。

器材:干燥器、滴定管架、铁夹、25 mL 滴定管、150 mL 三角瓶、500 mL 烧杯、Φ 8 cm 培养皿、小漏斗、10 mL 移液量管、洗耳球、100 mL 容量瓶、称量纸、天平。

(二)操作步骤

(1)将装有 0.4 mol/L NaOH 溶液的培养皿置于玻璃干燥器底部(图 1-5),放置隔板,放入水果,封盖,静置 1 h 左右(每千克水果需 40 mL NaOH 溶液)。

(2)取出培养皿,把 NaOH 溶液移入试剂瓶中(冲洗 3～5 次),每组吸取 10 mL 至锥形瓶中,加饱和 $BaCl_2$ 溶液 2.5 mL 和酚酞指示剂 1 滴,用 0.3 mol/L 草酸溶液滴定,记录消耗的草酸溶液体积(V_1)。每组 2 次。

(3)另吸取 0.4 mol/L NaOH 溶液 10 mL 至锥形瓶中,加饱和 $BaCl_2$ 溶液 2.5 mL 和酚酞指示剂 1 滴,做空白滴定,记录消耗的草酸体积(V_0)。

图 1-5 玻璃干燥器

(三)结果与计算

(1)计算公式如下:

$$呼吸强度=\frac{(V_1-V_2)\times c\times 44}{W\times t}$$

式中,c——$H_2C_2O_4$ 的物质的量浓度,mol/L;

W——样品质量,kg;

t——测定时间,h;

44——CO_2 的摩尔质量,g/mol。

(2)将测定的数据填入表 1-9 中。

表 1-9 呼吸强度测定结果

样品质量/kg	测定时间/h	NaOH 溶液体积/mL	草酸溶液用量/mL		滴定差(V_1-V_0)/mL	呼吸强度/[mg/(kg·h)]
			空白(V_0)	测定(V_1)		

任务二 果蔬中可溶性固形物含量的测定

果蔬中除水分以外的物质统称干物质,而干物质有水溶性和非水溶性两类。可溶性固形物就是果蔬体内水溶性的干物质,主要是糖、有机酸、单宁等,以及少量的矿物质、色素和维生素。可溶性固形物含量是检测果蔬品质和贮藏效果的重要指标。

利用手持式折光仪测定果蔬中的总可溶性固形物含量,可大致表示果蔬的含糖量。

光线从一种介质进入另一种介质时会产生折射现象，且入射角正弦恒为定值，称为折光率。果蔬汁液中可溶性固形物含量与折光率在一定条件下(同一温度、压力)成正比，故测定果蔬汁液的折光率，可求出果蔬汁液的浓度(含糖量的多少)。由于果蔬汁液中除糖以外，有机酸含量也很可观，并且含有果胶、单宁、无机盐等可溶性物质，故用手持糖度计测定的其实是可溶性固形物的含量。通过测定果蔬可溶性固形物含量(含糖量)，可了解果蔬的品质，估计果实的成熟度。

常用仪器是手持式折光仪，也称糖镜、手持式糖度计，该仪器的构造和工作原理如图 1-6、图 1-7 所示。

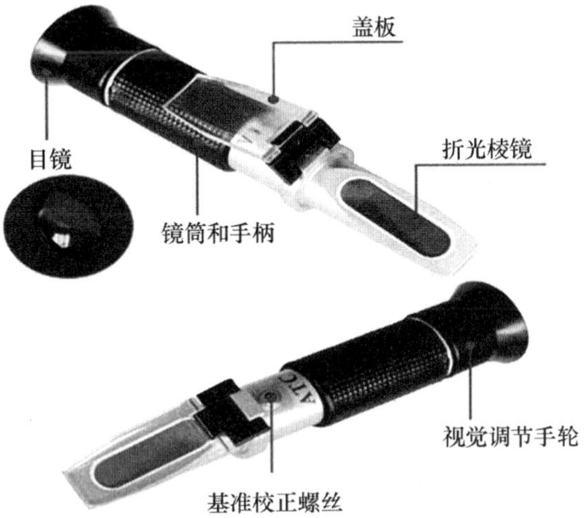

图 1-6 手持式折光仪的构造

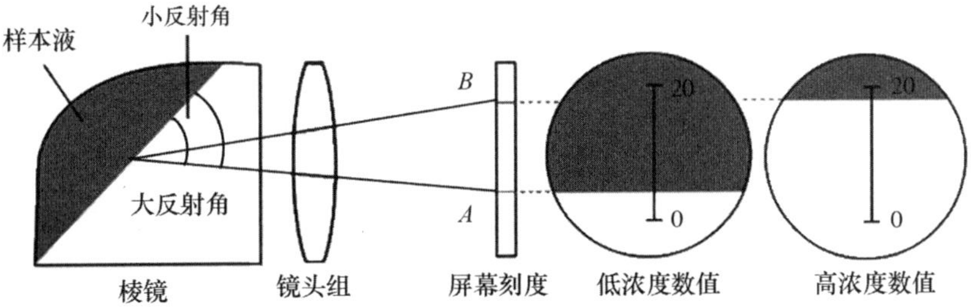

图 1-7 手持式折光仪的光路图(单位:%)

(一)材料与用具

果蔬、蒸馏水、烧杯、滴管、卷纸、手持式折光仪。

(二)操作步骤

1. 调零

使用时掀开照明棱镜盖板，用柔软的绒布仔细将折光棱镜拭净，取蒸馏水数滴，置于折光棱镜的镜面上，合上照明棱镜盖板，使蒸馏水遍布于折光棱镜的表面。将仪器进光窗对向光源或明亮处，调节视度圈，使视野内分划刻度清晰可见，并观察视野中明暗分界线是否对准刻度 0，若有偏离，可旋动校正螺丝，使分界线指示于 0 处(图 1-8)。最后把蒸馏水拭净，进行试样测定。

2. 测量

打开盖板，用纱布或纸将水擦干，然后如上法在棱镜玻璃面上滴 2 滴果蔬汁，进行观测，读取视野中明暗交界线上的刻度，即为果蔬汁中可溶性固形物含量，重复 3 次。

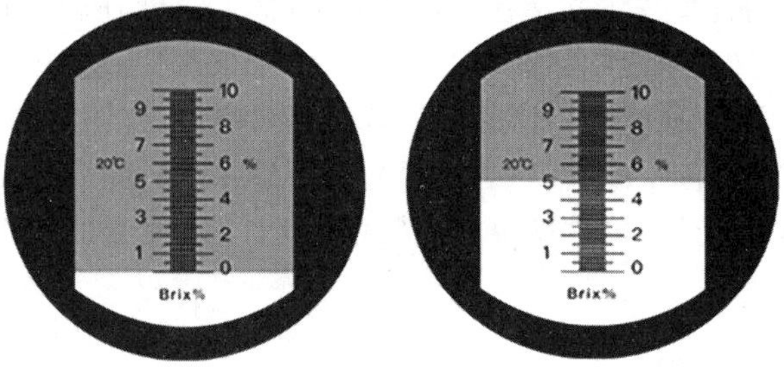

图 1-8 手持式折光仪的测量界面

(三)结果与计算

将测定结果填入表 1-10。

表 1-10 可溶性固形物测定结果

果蔬种类	总可溶性固形物含量/%			平均值/%
	读数 1	读数 2	读数 3	

任务三 果蔬汁冰点的测定

冰点是果蔬重要的物理性状之一，对于许多果蔬来说，测定冰点有助于确定其适宜的贮运温度及冻结温度。

液体在低温条件下，温度随时间下降，当降至该液体的冰点时，由于液体内放热的物理效应，温度不随时间下降，过了该液体的冰点，温度又随时间下降。据此，测定液体温度与时间的关系曲线，其中温度不随时间下降的一段所对应的温度，即为该液体的冰点。

测定时有过冷现象，即液体温度降至冰点时仍不结冰。可用搅拌待测样品的方法防止过冷。

(一)材料与用具

苹果、梨、葡萄、猕猴桃、蒜薹、花椰菜等新鲜果蔬。标准温度计（测定范围－10～10 ℃），冰盐水（－6 ℃以下，适量）、手持榨汁器、烧杯、玻璃棒、纱布、计时器。

(二)操作步骤

取适量待测样品在捣碎器中捣碎，榨取汁液，两层纱布过滤，滤液盛于小烧杯中，滤液要足够浸没温度计的水银球部，将烧杯置于冰盐水中，插入温度计，温度计的水银球必须浸入汁液中(图 1-9)。不断搅拌汁液，当汁液温度降至 2 ℃时，开始记录温度随时间变化的数值，每 30 s

记一次。

温度随时间不断下降，降至冰点以下时，由于液体结冰发生相变释放潜热的物理效应，汁液仍不结冰，出现过冷现象。随后温度突然上升至某一点，并出现相对稳定，持续几分钟。此后汁液温度再次缓慢下降，直到汁液大部分结冰。

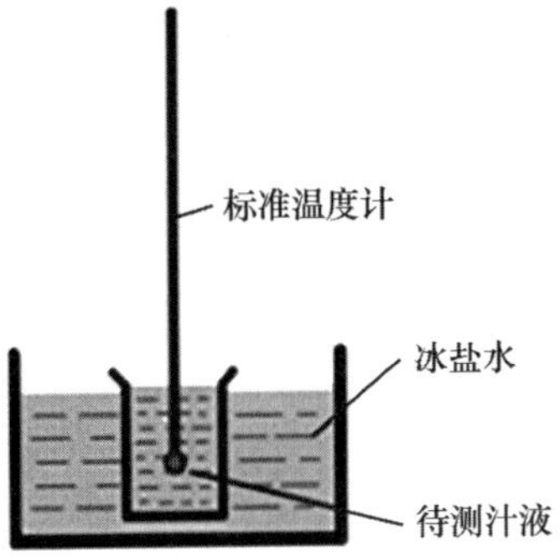

图 1-9　果蔬汁液冰点测定

(三)结果与计算

画出温度-时间曲线，曲线平缓处相对应的温度即为汁液的冰点温度。冰点之前曲线最低点为过冷点，过冷点因冰盐水的温度不同而有差异。

复习思考题

1. 简述有氧呼吸、无氧呼吸与果蔬产品贮藏的关系。
2. 影响呼吸强度的因素有哪些？如何利用这一原理延长农产品的贮藏寿命？
3. 影响果蔬产品水分蒸发的因素有哪些？如何控制果蔬产品贮藏中失水？
4. 简述控制果蔬产品成熟、衰老的措施。
5. 何为冷害？其症状有哪些？如何避免冷害的发生？
6. 何为冻害？冻害对果蔬产品贮藏有哪些影响？
7. 什么是休眠？如何控制和利用休眠？

项目二
果蔬采收和商品化处理

学习目标

1. 了解果蔬采收的定义、原则。
2. 掌握果蔬成熟度的判断标准及不同采收方法对产品质量的影响。
3. 理解果蔬产品采后商品化处理的主要流程及要点。

工作任务及要求

1. 合理采收不同的果蔬产品。
2. 运用分级、预冷技术处理不同的果蔬产品。
3. 运用愈伤、催熟、脱涩、涂膜等技术处理不同的果蔬产品。

岗位技术知识

采收是果蔬产品生产的最后一个环节，也是商品化处理和贮藏加工的最初环节。果蔬产品种类繁多，大小、形状差异较大，成熟特性又不相同，采后用途也不一样，采收时期和方法是否恰当合理，在很大程度上影响果蔬产品的产量、品质及贮运性能。

知识点一　果蔬采收时间与产品成熟度判断

果蔬产品采收的原则是适时与无伤。采收过早，不仅果蔬产品的大小和重量达不到标准而影响产量，而且色、香、味欠佳，品质也不好，贮藏中易失水，易发生生理病害。采收过晚，产品已经成熟衰老，不耐贮藏和运输。果蔬产品的采收适期，主要决定于采收成熟度，同时应充分考虑采后用途、运输距离远近、贮藏和销售时间的长短以及产品的生理特点等。一般就地销售和短距离运输的产品，可以适当晚采，而长期贮藏和远距离运输的产品，应该适当早采，有呼吸高峰的果实应在呼吸跃变到来之前采收。

判断果蔬产品成熟度的方法主要有以下几种。

(一)色泽

果实在成熟前多为绿色,成熟时则显示它们特有的色泽。因此,果皮颜色可作为判断果实成熟度的重要标志之一。甜橙果实在成熟时呈现胡萝卜素的颜色,血橙呈现花青素的颜色;苹果、桃等的红色来自花青素。一些果菜类的蔬菜也常用色泽变化来判断成熟度。如远距离运输或贮藏的番茄应在绿熟阶段(果顶呈奶油色)采收,就地销售的番茄应在着色期(果顶呈粉红色或红色)采收。

虽然表面色泽能反映果蔬产品的成熟度,但颜色的变化经常受到气候特别是光照条件的影响,有些果实在成熟前会显色,有的果实已成熟但未显色。所以判断成熟度不能完全依靠表面色泽。

(二)硬度

果实的硬度是指果肉的抗压力,抗压力越强,果实的硬度就越大。果肉的硬度与细胞之间果胶含量成正相关,一般未成熟的果实硬度较大,随着果实成熟度的提高,不溶性的原果胶逐渐分解为可溶性的果胶酸,硬度会逐渐下降。因此,根据果实的硬度,可判断果实的成熟度。

采收的目的不同,对采收的硬度要求也不一样。果实硬度的测定,通常用手持硬度压力测定计在果实阴面中部去皮测定,其硬度大小以 kg/cm^2 表示。红星苹果采收时,适宜的硬度在 7.7 kg/cm^2 以上,富士、国光为 9.1 kg/cm^2,酥梨为 7.2～7.7 kg/cm^2,桃、李、杏的成熟度与硬度的关系也十分密切。

一般蔬菜不测定硬度,而是用坚实度来表示其发育状况。有一些蔬菜的坚实度大,表示发育良好、充分成熟和达到采收的标准,如甘蓝的叶球和花椰菜的花球都应该在充实坚硬、致密紧实时采收,品质好,耐贮藏。但也有一些蔬菜的坚实度高表示品质下降,如莴苣、荠菜应在叶变得坚硬前采收,黄瓜、茄子、豌豆、甜玉米等都应在幼嫩时采收。

(三)主要化学物质含量

果蔬产品器官内某些化学物质如糖、淀粉、有机酸、可溶性物质含量可以作为衡量品质和成熟度的标志。可溶性固形物中主要是糖分,其含量高标志着成熟度高。如红富士在含糖量达到 14%～17%时采收。生产和科学试验中常用可溶性固形物含量的高低来判定成熟度,或以可溶性固形物与总酸之比(糖酸比)作为采收果实的依据。如四川甜橙采收时的糖酸比不低于 10∶1,苹果和梨在糖酸比 30∶1时采收,风味、品质好。淀粉含量也可以作为衡量成熟度的标志,苹果成熟过程中,淀粉含量下降,含糖量上升;马铃薯、芋头在淀粉含量高时采收,耐贮性好。

(四)生长期

不同果蔬从开花到成熟有一定的时间,如苹果早熟品种一般为 100 d,中熟品种为 100～140 d,晚熟品种为 140～175 d。应用生长期判断成熟度,有一定的地区差异,要根据树势、各地气候年变化和管理等进行判断(表 2-1)。

表 2-1 不同树种果实开花到成熟所需的时间 d

种类	品种	时间	种类	品种	时间
苹果	红富士	180～190	柑橘	温州蜜柑	195
	嘎啦	100		伏令夏橙	392～427
	红星	180	葡萄	玫瑰露	76
梨	二十世纪	170		白玫瑰香	118
	黄金梨	180	柿	平核无	162

(五)果梗脱离的难易度

核仁类和仁果类果实成熟时,果柄和果枝间形成离层,稍加震动,果实就会脱落,此类果实离层的产生也是其成熟的标志之一。但柑橘类的萼片与果实之间离层的形成比成熟期迟,不宜将果梗脱离的难易度作为其成熟的标志。

在判断果蔬产品成熟度时,不能单纯依靠上述方法中的一个,应根据其特性综合考虑各种因素,抓住主要方面,判断其最适的采收期。

知识点二 果蔬产品采后商品化处理

(一)分级

1.分级的目的

分级可以使果蔬产品商品化。通过挑选分级,剔除有病虫害和机械伤的产品,减少贮藏中的损失,减轻病虫害的传播,并可将剔除的残次品及时加工处理,降低成本和减少浪费。分级是保证果蔬产品品质的质量控制过程,使产品更符合市场的要求,获得更高的经济效益。

2.分级标准

目前我国水果分级标准的做法是,在果形、新鲜度、颜色、品质、病虫害和机械伤等方面已符合要求的基础上,再按大小进行分级,即根据果实横切的最大部分直径,分为若干等级。苹果、梨、柑橘等大多按横切直径大小,每相差 5 mm 为一个等级,共分为 3～4 个等级。

蔬菜由于食用部分不同,成熟标准不一致,所以很难有一个固定统一的分级标准,只能按照不同蔬菜品种的要求制定个别的标准。蔬菜分级通常根据坚实度、清洁度、大小、重量、颜色、形状、鲜嫩度以及病虫感染和机械伤等分级,一般分为三个等级,即特级、一级和二级。特级品质最好,具有本品种的典型形状、色泽,不存在影响组织和风味的内部缺点,大小一致,产品在包装内排列整齐,在数量或重量上允许有 5%的误差。一级产品与特级产品有同样的品质,允许在色泽上、形状上稍有缺点,外表稍有斑点,但不影响外观和品质,产品不需要整齐地排列在包装箱内,可允许有 10%的误差。二级产品可以呈现某些内部和外部缺点,价格低廉,采后适合就地销售或短距离运输。

3.分级方法

果蔬产品的分级方法有人工分级和机械分级两种,人工分级主要是通过目测或借助分级板,按产品的颜色、大小将产品分为若干级,其优点是能够最大限度地减轻果蔬产品的机械伤害，但工作效率低，分级标准有时不严格。机械分级最大的优点是工作效率高，适用于那些不易受伤的果蔬产品。在苹果、柑橘等水果上也逐步采用了机械分级机。主要的分机机械有果径大小分级机和果实重量分级机。前者是按果实横径的大小进行分级的，有滚筒式、传动带式和链条传送带式三种；后者是根据果实重量进行分级的，有摆杆秤式和弹簧秤式。

(二)预冷

1.预冷的作用

预冷是将产品在运输或贮藏之前进行适当的降温处理，以除去产品的田间热、迅速降低品温的一种措施。预冷的生理意义在于：降低呼吸活性，延缓衰老进程；减少水分损失，保持新鲜度；抑制微生物生长，减少病害；降低乙烯对产品的危害。

预冷还具有较高的经济价值，通过预冷减少了贮藏和运输过程中制冷设备的能耗，减少蓄冷剂用量，降低了运输费用。预冷温度因果蔬的种类、品种而异，一般要求达到或者接近贮藏的适温水平。预冷最好在产地进行，而且越快越好。特别是那些组织娇嫩、营养价值高、采后寿命短以及呼吸跃变型的产品，如果不快速预冷，很容易腐烂变质。

2.预冷方法

(1)自然降温冷却　自然降温冷却是将采收的果蔬产品放在阴凉通风的地方，让其自然降温。这种方法冷却时间长，降温效果差，但简便易行，仍可以散去部分田间热，是生产上经常采用的预冷方法之一。

(2)水冷却　水冷却是将果蔬产品浸在水中或者用冷水冲淋产品，使其降温的一种冷却方式。目前有流水系统和传送带系统，冷却水有低温水(一般在 0～3 ℃)和自来水两种。水预冷所需时间较短、成本低。其冷水流量与冷却速度成正比，一般在 20～50 min 就可使产品品温降低到规定的温度，并可减少产品水分损失，适用于很多叶类作物的预冷。冷却水通常是循环使用的，常常在冷却水中加入一些防腐药剂，防止冷却水对产品的污染。

(3)真空冷却　真空冷却是将果蔬产品置于真空罐内，随着真空罐内的气压下降，水的沸点也相应下降，使产品表面的水在真空负压下蒸发而冷却降温。真空预冷机通常由真空罐、蒸汽喷射泵和压缩机三个部分组成。压力减小时水分的蒸发加快，所以真空冷却速度极快。被冷却产品的各部分是等量失水的，所以产品不会出现萎蔫现象。为了避免产品的水分损失，在进行真空预冷前应该往产品表面喷水，这样既可以避免产品水分的损失，也有助于迅速降温。真空冷却的效果在很大程度上取决于果蔬的表面积与体积之比(表面积/体积)、产品组织失水的难易程度以及真空罐抽真空的速度。

(4)强制冷风冷却　强制冷风冷却是将果蔬产品放在预冷室内，利用制冷机制造冷气，通过鼓风机使冷空气经过包装容器的气孔流经产品表面，将产品热量带走，从而达到降温的目的。强制通风预冷成本较低，使用方便，冷却效率较高，冷却所用时间比一般冷库预冷快，但比水冷却和真空冷却所用时间长，大部分果蔬产品适合用强制冷风冷却。

(5)冷库冷却　冷库冷却是将果蔬产品放在冷库中降温的一种冷却方式。预冷期间，库内要保证足够的湿度，垛之间、包装容器之间都应该留有适当的空隙，保证气流通过，否则预冷效果不佳。冷库冷却降温速度较慢，但其操作简单、成本低廉。

(三)化学药剂处理

目前，化学药剂防腐保鲜处理在国内已经成为果蔬产品商品化不可缺少的一个步骤。化学药剂处理可以延缓果蔬产品采后衰老，减少贮藏病害，防止品质劣变，提高保鲜效果。

1. 植物生长调节剂处理

常用的植物生长调节剂有生长素类、细胞分裂素类、赤霉素(GA)和马来酰肼。生长素类主要有2,4-D(2,4-二氯苯氧乙酸)、吲哚乙酸和萘乙酸等，柑橘采后用100～250 mg/L的2,4-D处理，可延长贮藏寿命。细胞分裂素常用的有苄基腺嘌呤(BA)和激动素(KT)用5～20 mg/L的BA处理花椰菜、石刁柏、菠菜等蔬菜，可明显延长它们的货架期。GA能够抑制果蔬的呼吸强度，推迟呼吸高峰的到来。马来酰肼可以抑制洋葱、萝卜、胡萝卜和马铃薯的发芽。

2. 化学药剂防腐处理

常用的化学防腐剂有仲丁胺、苯并咪唑类、山梨酸(2,4-己二烯酸)、异菌脲、联苯、抑霉唑、二溴四氯乙烷、二氧化硫及其盐类。仲丁胺的化学名称为2-氨基丁烷，主要有克霉灵、保果灵、橘腐净等产品，对柑橘、苹果、梨、龙眼、番茄等果树的贮藏保鲜具有明显效果。苯并咪唑类主要包括噻菌灵、苯菌灵、多菌灵、甲基硫菌灵等，它们对青霉、绿霉等真菌有良好的抑制效果。山梨酸毒性低，一般使用浓度为2%左右，可破坏许多重要酶系统的作用，抑制酵母、霉菌和好气性细菌生长的效果好。异菌脲可用于香蕉、柑橘等采后防腐处理。联苯能强烈抑制青霉病菌、绿霉病菌、黑蒂腐病菌、灰霉病菌等多种病害，对柑橘类水果具有良好的防腐效果。抑霉唑对苯并咪唑类杀菌剂产生抗药性的青霉、绿霉有特效。二溴四氯乙烷也称溴氯烷，对青霉菌、轮纹病菌、炭疽病菌均有杀伤效果。二氧化硫及其盐类对葡萄防霉效果显著。

3. 其他药剂处理

(1)复方卵磷脂保鲜剂处理　卵磷脂广泛存在于动植物体中，以卵磷脂为主配成的生物保鲜剂，可作为治疗某些病害的营养补助剂。

(2)壳聚糖处理　常温下用低浓度壳聚糖处理苹果、猕猴桃、黄瓜，可明显减少腐烂、延缓衰老，保鲜效果好。

(3)钙处理　钙在调节果蔬组织的呼吸作用、延缓衰老、防治生理病害等方面效果显著。钙处理常用的化学药剂有氯化钙、硝酸钙、过氧化钙和硬脂酸钙等。一般用浓度为3%～5%的钙盐溶液浸果，也可将钙盐制成片剂装入果箱。

(4)抗氧化剂处理　二苯胺(DPA)、乙氧基喹和丁基羧基苯甲醚(BHA)等氧化剂具有较好的防病效果。

(四)包装

1. 包装目的

合理的包装是使果蔬产品标准化、商品化，保证安全运输和贮藏的重要措施，包装的作用是保护产品免受机械损伤、水分丧失、环境条件急剧变化和其他有害影响，以便在运输和上市过程中保持产品的质量。

2. 包装的容器

包装的容器应该具有美观、清洁、无异味、无有害化学物质，内壁光滑、重量轻、成本低、便于取材、易于回收及处理等特点。果蔬的包装容器主要有纸箱、木箱、塑料箱、筐类、麻袋和网袋等，为了减少机械损伤，在果蔬表面包纸或在包装箱内加填一些衬垫物，以及使用抗压托盘。

3. 包装的方法

果蔬在包装容器内按一定的形式排列，既可防止它们在容器内滚动和相互碰撞，又能使产品通风换气，并充分利用容器的空间。如苹果、梨用纸箱包装时，果实的排列方式有直线式和对角式两种；用筐包装时，常采用同心圆式排列；马铃薯、洋葱、大蒜等蔬菜常常采用散装的方式等。包装应在冷凉条件下进行，避免风吹、日晒和雨淋。包装时应轻拿轻放，装量要适当，防止过满或过少而造成损伤。包装不耐压的果蔬时，包装容器内应添加衬垫物，减少产品的摩擦和碰撞。易失水的产品应在包装容器内加衬塑料薄膜等。

（五）其他处理

1. 清洗

清洗的目的是除去果蔬产品表面的污物和农药残留以及杀菌防腐。最简单的方法是用流水喷淋，去除污物常用 1％稀盐酸溶液加 1％石油醚溶液浸洗 1～3 min，或 200～500 mg/L 的高锰酸钾溶液清洗 2～10 min。

2. 愈伤

愈伤是指采后给果蔬产品提供高温、高湿和良好通风的条件，使其轻微伤口愈合的过程。果蔬产品特别是块根、块茎、鳞茎类蔬菜，在采收的过程中常常会造成一些机械损伤，容易引起腐烂。果蔬种类不同，其愈伤能力也不同。不同产品愈伤时的条件要求也有差异，如马铃薯愈伤的最适宜条件为温度 21～27 ℃，相对湿度 90％～95％；甘薯为温度 32～35 ℃，相对湿度 85％～90％；洋葱和大蒜等愈伤时要求较低的湿度；大多数果蔬产品愈伤的适宜条件为温度 25～30 ℃，相对湿度 90％～95％。

3. 晾晒

果蔬含水量较高，对于大多数产品而言，在采后贮藏过程中应尽量减少其失水，以保持新鲜品质，提高耐贮性。但是对于某些果蔬贮藏前进行适当晾晒，反而可减少贮藏中病害的发生，延长贮藏期。如柑橘、哈密瓜、大白菜及葱、蒜类蔬菜等。柑橘特别是宽皮橘类，适当晾晒可明显减轻枯水病的发生。大白菜采后进行适当晾晒，贮藏期延长；但晾晒过度，会降低耐贮性。

4. 催熟

香蕉、柑橘、菠萝、柿子、猕猴桃、番茄等果蔬，采收时成熟度往往不一致，为了使产品以最佳成熟度和风味品质提前上市，需要对其进行人工处理，促进其后熟，这就是催熟。用来催熟的果蔬必须达到生理成熟，催熟时一般要求较高的温度（21～25 ℃）、相对湿度（85％～90％）和充足的 O_2，催熟环境应该有良好的气密性，还要有适宜的催熟剂。此外，催熟室内的气体成分对催熟效果也有影响，二氧化碳的积累会抑制催熟的效果，因此催熟室要注意通风。乙烯是应用最普遍的果蔬催熟剂，乙醇、熏香等也能促使果蔬成熟。

香蕉催熟是将绿熟香蕉放入催熟室中，保持室内温度 20～25 ℃和相对湿度 80％～85％，通入 1 000 mg/m^3 的乙烯，处理 24～48 h，果皮转黄即可。菠萝的催熟是将 40％的乙烯利溶液稀释 500 倍，喷洒在绿熟菠萝上，保持温度在 23～25 ℃和 85％～90％的相对湿度，可使果实提前 3～5 d 成熟。

5. 脱涩

柿等某些果实含有较多的单宁物质，完熟以前有强烈的涩味而不能食用，单宁存在于果肉细胞中，食用时部分单宁细胞破裂，可溶性单宁流出，与口、舌上的黏膜蛋白质结合，产生收敛性涩味，必须经过脱涩处理才能上市。柿的脱涩机理就是将体内可溶性的单宁物质，通过与乙醛缩合变为不溶性的单宁物质的过程。影响脱涩的因素有品种、成熟度、处理温度、脱色剂的浓度等因素，品种不同，柿所含单宁的量不同，脱涩速度不同。温度高，果实呼吸作用强，产生乙醇、乙醛类物质多，脱涩快。在一定浓度范围内，果实脱涩随着脱涩剂浓度的升高而加快。

6. 涂膜处理

涂膜就是在果蔬表面人工涂一层薄膜。涂膜可以抑制呼吸，减少水分散失，抑制病原微生物的侵入，改善果蔬外观，提高商品价值。目前涂膜剂种类很多，但大多数以石蜡和巴西棕榈蜡作为基础原料，石蜡可以很好地控制失水，而巴西棕榈蜡能使果实产生诱人的光泽。近年来，含有聚乙烯、合成树脂物质、防腐剂、保鲜剂、乳化剂和湿润剂的涂膜剂逐渐得到应用，取得了良好的效果。涂膜的方法有浸涂法、刷涂法和喷涂法，涂膜处理分为人工涂膜和机械涂膜两种。涂膜一定要厚薄均匀、适当，过厚会影响呼吸，导致呼吸代谢失调，引起生理病害，腐烂变质。一般情况下只在短期贮运的果蔬上市之前进行涂膜处理。

工作任务

任务一　果实硬度的测定

质地是果蔬的重要属性之一，它不仅与产品的食用品质密切相关，而且是判断许多果蔬贮藏性与贮藏效果的重要指标，果蔬硬度是判断质地的主要指标。

测定果实硬度的，目前多用硬度计法。

(一)材料与用具

各种水果、蔬菜，GY-1 型硬度计。

GY-1 型果实硬度计(图 2-1)。这种硬度计虽然是采用压力来测定果实的硬度，但其读数标尺为圆盘式，当压头受到果实阻力，推动弹簧压箱，使齿条向上移动，带动齿轮旋转，与齿轮同轴的指针也同时旋转，指示果实硬度的数值。此硬度计可测定苹果、梨等的硬度。测定前，转动表盘，使指针与刻度 2 kg 处重合。压头有圆锥形压头和平压头两种，平压头适用于不带皮果肉硬度的测定，圆锥形压头可用于带皮或不带皮的果实硬度的测定。测定方法与 HP-30 型果实硬度计相同。

图 2-1　GY-1 型果实硬度计

(二)操作步骤

(1)去皮　将果实待测部分的果皮削掉。

(2)对准部位　硬度计压头与削去果皮的果实切面接触，并与果实切面垂直。

(3)加压　左手紧握果实，右手持硬度计，缓缓增加压力，直到果肉切面达压头的刻度线为止。

(4)读数　这时游标尺随压力增加而被移动，它所指的数值即表示每平方厘米(或 0.5 cm^2)上的硬度值。

(三)注意事项

(1)测定果实硬度，最好测定果肉的硬度，因为果皮的影响往往掩盖了果肉的真实硬度。

(2)加压时，用力要均匀，不可转动加压，也不能用猛力压入。

(3)探头必须与果面垂直，不要倾斜压入。

(4)果实的各个部位硬度不同，所以，测定果实硬度时必须采用同一部位，以减少处理间的误差。

任务二　果实的催熟与脱涩

有些果蔬由于自身生理特性不能在植株上正常成熟；有的则是为了提早上市，需要早采，采收后进行催熟。果蔬催熟是采取人工措施，并配合适宜的温度，以促进酶活性，增强果蔬的呼吸作用，促进其成熟的过程。

(一)材料与用具

涩柿、香蕉(未催熟)、番茄(由绿转白)、乙醇、乙烯利、石灰、温水、保温箱、聚乙烯薄膜袋(0.08 mm)、干燥器、温度计等。

(二)操作步骤

1. 涩柿脱涩

涩柿脱涩常用的方法有如下几种：

(1)温水脱涩　取柿子 10～20 个，放入小盆中，加入 45 ℃温水，淹没柿子，上压竹箅不使其露出水面，置于保温箱中，将温度调至 40 ℃，经 16 h 取出，用小刀削下柿子果顶，品尝有无涩味，如涩味未脱可继续处理。

(2)石灰水脱涩　用清水 50 kg，加石灰水 1.5 kg，搅匀后稍加澄清，取上层清液，将柿子淹没其中，经 4～7 d 取出，观察脱涩情况及脆度。

(3)自然降氧脱涩　将柿子放于 0.08 mm 厚聚乙烯薄膜袋内，封口，将袋子放于 22～25 ℃ 的环境中，经 5 d，解袋观察脱涩、腐烂情况及脆度。

(4)乙烯利脱涩　将乙烯利配成 500 mg/kg 的水溶液，将果实浸于溶液中，取出自行晾干，置于果筐(箱)中密封，于 20～25 ℃条件下 4～6 d 观察脱涩效果。

2. 香蕉催熟

(1)乙烯利催熟　将乙烯利配成 1 000～2 000 mg/kg 的水溶液，取香蕉 5～10 kg，将香蕉浸于溶液中，取出自行晾干，置于果筐(箱)中密封，于 20～25 ℃条件下 3～4 d 观察脱涩及色泽变化。

(2)对照　用同样成熟度的香蕉 5～10 kg，不加处理，置于同样的温度条件下，观察脱涩及色泽变化。

3. 番茄催熟

(1)乙醇催熟　番茄在转白期采收，用乙醇喷洒果面，放于果箱中密封，于 20～24 ℃环境中观察其色泽变化。

(2)乙烯利催熟　将番茄喷上 500～800 mg/kg 的乙烯利水溶液，用塑料薄膜密封，于 20～24 ℃环境中观察其色泽变化。

(3)对照　用同样成熟度的番茄，不加处理，置于同样的温度条件下，观察其色泽变化。

任务三　商品化处理果实

果蔬采后进行商品化处理，可以改善果蔬的感官品质、提高其耐贮性和商品价值。

(一)材料与用具

苹果、柑橘、葡萄、分级板、天平、包装纸、包装盒、包装箱、恒温干燥箱、清洗盆、小型喷雾器、刷子、1%稀盐酸溶液、洗洁精、吗啉脂肪酸盐果蜡或 0.5%～1.0%的高级脂肪酸蔗糖酯、亚硫酸钠、硅胶粉剂。

(二)操作步骤

1. 分级

将苹果、柑橘进行严格挑选，将病虫害、腐烂果剔除，然后根据颜色和大小分级。苹果分级，直径 65～90 mm，每相差 5 mm 为一个等级；柑橘分级，直径 50～85 mm，每相差 5 mm 为一个等级。葡萄将其果穗中的烂、小、绿粒摘除，根据果穗紧实度、成熟度、有无病虫害和机械伤、能否表现出本品种固有的颜色和风味等，将其分为三级。

2. 清洗

用 1%的稀盐酸溶液和洗洁精分别对苹果和柑橘进行清洗，最后用清水将其冲洗干净，放入恒温干燥箱烘干(温度 40～50 ℃)。

3. 涂膜上蜡

采用 0.5%～1.0%的高级脂肪酸蔗糖酯或吗啉脂肪酸盐果蜡进行涂膜处理，可将涂膜剂装入喷雾器喷涂果面，或用刷子刷涂果面，也可直接将果实浸入涂膜剂液中 30 s，然后晾干。

4. 包装

涂膜处理后的苹果和柑橘分别进行单果包纸，再装箱；经过挑选分级的葡萄，装入有垫物的纸箱中，同时按果重的 0.2%称取亚硫酸钠、0.6%称取硅胶粉剂，然后混合，分成若干个纸包，放入葡萄箱的不同部位，放入冷库贮藏。

复习思考题

1. 如何确定果蔬的采收成熟度？
2. 果蔬在采收过程中应注意哪些问题？
3. 果蔬采后商品化的主要内容有哪些？

项目三

果蔬贮藏技术

学习目标

1. 了解简易贮藏设施的种类、特点。
2. 掌握制冷原理、冷库的设计及管理技术。
3. 理解气调保鲜原理，了解气调保鲜设施性能要求。

工作任务及要求

1. 清扫贮藏库，并对库房及库内设备、用具进行消毒。
2. 对库内的蒸发器、送风管道、气体循环系统等设备进行检查。
3. 对气调库进行气密性检查。
4. 检查并记录库内湿度、温度及气体指标的变化。
5. 检查库内果蔬的品质，发现问题及时处理。

岗位技术知识

知识点一　简易贮藏

简易贮藏是利用自然低温来维持和调节贮藏条件的贮藏方法，主要有堆藏、沟藏（埋藏）、窖藏和通风库贮藏等形式，这类方法简单易行，成本低廉，在我国许多水果和蔬菜产区使用非常普遍。

（一）堆藏

堆藏就是将果蔬产品直接堆积在地上或坑内的一种贮藏方法。北方常用此方法贮藏大白菜、甘蓝、洋葱等，在南方一些产区也用此方法贮藏柑橘类果实。

选择地势高、干燥、地下水位 1 m 以上的地方，将产品堆成长方形。一般堆高 1 m，高度 1.5～2 m，堆中间每 1.5～2 m 设一个通风把，堆长度依产品的数量而定，过高过宽不利于散热。然后根据气候变化情况，表面用土壤、席子、秸秆等覆盖，维持适宜的温湿度，保持产品的水分，防止受热、受冻和吹风、雨淋。当气温过高或过低时，增减覆盖层的厚度。覆盖有隔热或保温防冻的作用，还能在一定程度上有自发气调效果，既能保持贮藏环境的一定空气湿度，又能够积累一定的二氧化碳。堆藏受气温的影响很大，在使用上有一定的局限性。

(二)沟藏

沟藏也称为埋藏，是将果蔬产品按一定层次埋放在泥、沙等埋藏物里的一种贮藏方法。沟藏构造简单，成本低，利用较稳定的土壤温度来维持所需要的贮藏温度，也较易控制一定的湿度和积累一定的二氧化碳来减少自然损耗和抑制果蔬产品的呼吸强度。但贮藏初期散热差，易产生高温，贮藏期间不易检查等。

选择交通方便、土质坚实、不积水的地方开沟。沟的方向在寒冷地区应南北延长，温暖地区应东西延长。沟深 0.8～1.5 m，寒冷地区宜深，温暖地区宜浅。沟宽 1.0～1.2 m，长度一般不超过 30 m。在雨雪较多的地区，应沿沟的两侧设置排水沟。贮藏开始时盖上薄土，天气转冷时增加覆盖层厚度保温，当春季气温回升时结束贮藏，见图 3-1。

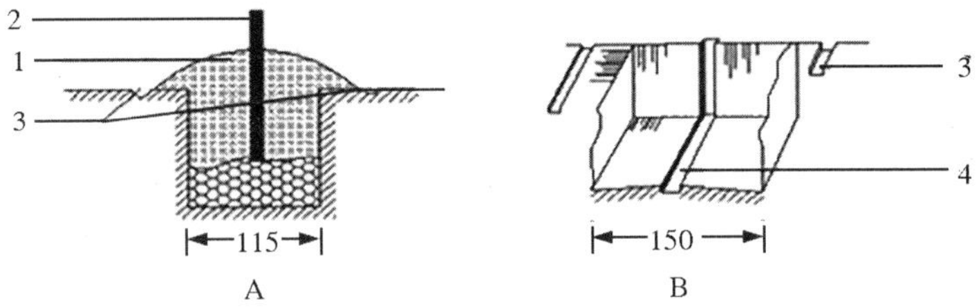

1.覆土　2.通风把　3.排水沟　4.通风沟

图 3-1　果蔬沟藏(单位：cm)

(三)窖藏

窖藏是在埋藏的基础上发展起来的一种贮藏方式，主要有棚窖、井窖和窑窖三种类型，它既能利用变化缓慢的土温，又可以利用简单的通风设备来调节窖内的温度和湿度，在全国各地被广泛应用。

1.窖藏的类型

(1)棚窖　棚窖分为地下式和半地下式两种，其形式结构，因地区气候条件和贮藏产品而大同小异(图 3-2)。比较寒冷的地区多采用地下式，窖深 2.5～3 m，温暖或地下水位较低的地方，多采用半地下式，入土深 1.5 m。在北方常用于贮藏苹果、葡萄、大白菜等产品。棚窖的窖内的温、湿度是通过通风换气来调节的，因此建窖时需设天窗。

(2)井窖　井窖(图 3-3)能充分利用土壤的弱导热性和干燥土壤的绝缘作用，保持适宜的温湿条件。室内、室外都可以建窖，室内窖贮藏初期，窖温较高，腐烂严重；但开春后，窖内温度回升慢，适宜长期贮藏。室外窖正好相反，适宜短期贮藏。

(3)窑窖　窑窖是我国北方广泛应用的一种贮藏方式，多建在丘陵山坡土质坚实的迎风处，通常由窑门、窑身和通风孔三部分组成。

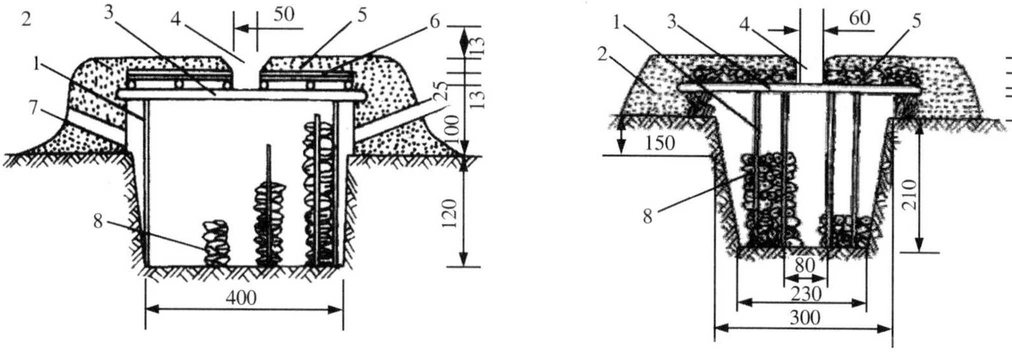

A. 半地下式（北京）　　B. 地下式（沈阳）

1. 支柱　2. 覆土　3. 横梁　4. 天窗　5. 秫秸　6. 檩木　7. 气孔　8. 大白菜

图 3-2　棚窖示意图（单位：cm）

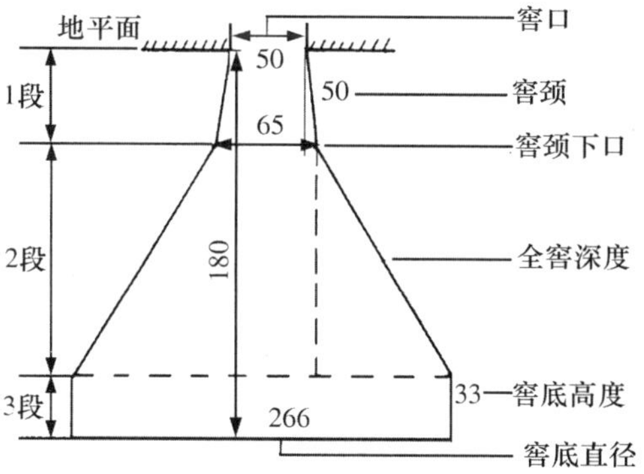

图 3-3　井窖纵界剖面图（单位：cm）

2. 窖藏的管理

产品在入窖前，先要对窖体进行清洁消毒杀菌处理。一般采用熏蒸法，即每 1 m^3 用硫黄 10 g 熏蒸或喷洒 1%的甲醛溶液，密闭 2 d，通风后使用。贮藏用具用 0.5%的漂白粉溶液浸泡 0.5 h 后晒干备用，产品经挑选、防腐保鲜、预冷后入库。温度的管理分三个阶段：

(1)降温阶段　入窖后的贮藏初期，夜间要经常打开窖口和通风孔，尽量多导入外界冷空气，加速降低窖内及产品温度。白天外界温度高于窖内温度，要及时关闭窖口和通气孔，防止外界热空气侵入。

(2)蓄冷阶段　贮藏中期在冬季，在保证贮藏产品不受冻害的情况下，应尽量充分利用外界低温，使冷量积蓄在窖内。蓄冷量越大，则窖体保持低温时间越长，越能延长产品的贮藏期限。

(3)保温阶段　贮藏后期在春季，窖外温度逐步上升，为了保持窖内低温环境，此时应尽量少开窖盖和减少人员入窖时间。

(四)通风库贮藏

通风库贮藏是在具有良好隔热性能的永久性建筑中设置灵活的通风系统，以通风换气的方式维持库内比较稳定、适宜的贮藏温度的一种贮藏方式。通风贮藏库是依靠自然条件来调节库内温度的，使用上受到一定的限制。

1.通风库的类型

(1)地上式通风库　库身全部建在地上，库温受到外界气温的影响较大，适合地下水位较高的地方。

(2)半地上式通风库　库身一半在地面以下，库温既受气温的影响，又受地温的影响，一般建在地下水位较低的地方。

(3)地下式通风库　库身全部在地下，仅库顶露出地面，故库温受气温影响较小，而受地温影响较大。适合建在冬季酷寒和地下水位低的地方。

2.通风库的设计

(1)库址与库形的设计　通风贮藏宜建在地势较高、通风良好、交通方便的地方，最高地下水位距库底 1 m 以上。库的方向一般在北方以南北延长为宜，这样可以减少迎风面；在南方则以东西延长为宜，以减少阳光直射面、增大迎风面。库形为长方形或条形，长 30～50 m，宽 9～12 m，高度在 3.5～4.5 m。

(2)建筑与隔热材料　通风库的库墙一般采用夹层墙，即在两层砖墙之间填充刨木花、炉渣等隔热材料，也可在库墙内侧贴软木板、聚氨酯泡沫塑料板等高效隔热材料。无论采用哪种方式，都要进行防潮处理，常见的防潮措施有涂沥青防潮、挂油毡防潮和塑料薄膜防潮等。库门一般是在两层木板间填充锯末、蛭石等制成的，库顶有“人”字形顶、平顶和拱形顶三种形式。选用建筑材料时，要选择具有良好的隔热性能的材料。隔热性能用导热系数[$kJ/(m^3 \cdot h \cdot ℃)$]来表示，即隔热材料厚度为 1 m，库内外温差为 1 ℃，在 1 h 内通过 1 m^2 表面积所传导的热量。导热系数越小，隔热性能则越好。

(3)通风系统的设置　通风贮藏库是以导入冷空气、排出热空气来降低库内温度的，呼吸释放的二氧化碳和乙烯都是通过通风系统来排出的，其组成主要是进气设施和排气设施。进气设施设置在库房上或库顶，并安装在主风方向上；排气设施则多设置在库房上部或库顶，并伸出库顶 1 m 以上。贮藏容量在 500 t 以下的贮藏库，每 50 t 应配有 0.5 m^2 通风面积。

通风系统在设置时，应设法使进、排气口有最大的垂直距离，总通风面积一定时，气口小而多的系统比气口大而少的系统具有更好的通风效果，一般气口适宜大小为 25 cm×25 cm 至 40 cm×40 cm，气口的间隔距离为 5～6 m。

3.贮藏库的使用与管理

(1)贮藏库的清洁与消毒　产品入库之前和结束之后，贮藏库都须进行清洁消毒处理。可采用硫黄熏蒸法，即取 8～10 g/m^3 硫黄，关闭库门和通风系统，点燃密闭熏蒸 2～3 d，打开库门和通风系统以彻底排除二氧化硫，也可用 1%的甲醛溶液喷布后密闭 2～3 d，通风后使用。

(2)贮藏库温度管理　入库初期主要是迅速降温。由于田间热及呼吸热，库内温度较高，这期间应将门、窗及进排气口打开，最大限度地导入外界冷空气，排出库内热空气，迅速降温。贮藏中期主要是保温。当外界气温和库温逐渐降到较低水平，此时应注意减少通风量和通风时间，以维持库内贮藏温度和相对湿度。在寒冷地区注意防止冷害、冻害。贮藏后期主要是防止温度回升。此时管理上不宜过多通风，尽量延缓库温上升。

(3)贮藏库湿度管理　库内若相对湿度过低，则在库内地面泼水，或先在地面铺上细沙再泼水，或将水洒在墙壁上，减少水分蒸发，防止萎蔫。大多数果蔬产品适宜的相对湿度为

85%～95%，增湿是必要的管理措施。但对洋葱、大蒜等相对湿度要求不高的产品则不必增湿。

(4)质量检查　贮藏初期，产品腐烂较多，应经常检查腐烂情况，及时清除腐烂物。贮藏中期，产品腐烂相对较少，检查腐烂的次数应减少，以免影响库温和相对湿度的稳定。贮藏后期，库温回升导致腐烂加重，应加强对腐烂和品质变化情况的检查，适时结束贮藏，减少损失。

(五)冻藏

冻藏是果蔬产品在冻结状态下贮藏的一种方式，主要适用于菠菜、芫荽、芹菜等耐寒性较强的绿叶菜蔬菜。方法是产品在 0 ℃时收获，然后放入背阴处的浅沟内(约 20 cm)覆盖一层薄土。随着气温下降，蔬菜自然缓慢冻结，在整个贮藏期保持冻结状态，无须特殊管理。在出售前，取出放在 0 ℃下缓慢解冻，恢复新鲜品质。

(六)假植贮藏

假植贮藏是把带根收获的果蔬产品密集种植在沟或窖内的一种贮藏方法，主要用于芹菜、莴苣等蔬菜贮藏。假植贮藏的蔬菜处于极微弱的生长状态，能从土壤中吸收少量的水分和养料，甚至进行光合作用，能较长时间地保持蔬菜的新鲜品质，并随时可供应市场。

知识点二　机械冷藏技术

机械冷藏是在具有良好隔热性能的贮藏场所内，借助制冷系统的作用，降低贮藏库内温度，并始终保持库内恒定低温的一种贮藏方法。从果蔬质量控制性能上看，机械冷藏不受外界环境条件的影响，可以终年维持冷藏库内保持果蔬品质所需要的低温；冷藏库内的温度、相对湿度以及空气的流通等都可以调节，形成适合控制果蔬产品质量的综合环境因素。所以，机械冷藏是果蔬产品贮藏的主要形式。

(一)机械制冷原理

机械制冷是利用气化温度很低的制冷剂，通过气化吸收贮藏环境中的热量，使库温迅速下降，再通过压缩机的作用，使之变为高压气体后冷凝降温，形成液体后循环的过程。

1. 制冷系统

依靠制冷剂气化吸热制冷的机械称为冷冻机，目前主要是压缩冷冻机，其组成有蒸发器、压缩机、冷凝器和调节阀(膨胀阀)四部分(图 3-4)。制冷系统是冷藏库最重要的设备。

(1)蒸发器　蒸发器是由一系列蒸发排管构成的热交换器，液态制冷剂由高压部分经调节阀进入低压部分的蒸发器时达到沸点而蒸发，吸收蒸发器周围介质的热量。蒸发器可安装在冷库内，也可安装在专门的制冷间。

(2)压缩机　在整个制冷系统中，压缩机起着心脏的作用，是冷冻机的主体部分。目前常用的是活塞式压缩机，压缩机通过活塞运动吸进来自蒸发器的气态制冷剂，将制冷剂压缩成为高压状态而进入冷凝器中。

(3)冷凝器　冷凝器有风冷和水冷两类，主要是把来自压缩机的制冷剂蒸气，通过冷却水或空气带走它的热量，使之重新液化。

(4)调节阀　又称为膨胀阀，它装置在贮液器和蒸发器之间，用来调节进入蒸发器的制冷剂流量，同时，起到降压作用。

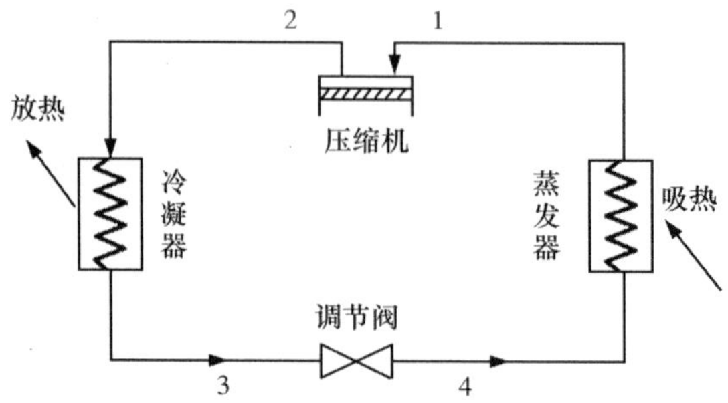

1. 低压气态制冷剂　2. 高压气态制冷剂

3. 高压液态制冷剂　4. 低压液态制冷剂

图 3-4　制冷循环原理

2. 制冷剂

在制冷系统中，蒸发吸热的物质称为制冷剂，制冷系统的热传递任务是靠制冷剂来进行的。制冷剂要具备沸点低、冷凝点低、对金属无腐蚀作用、不易燃烧、不爆炸、无刺激性、无毒无味、易于检测、价格低廉等特点。

在压缩式制冷机中广泛使用的制冷剂是氨、氟利昂和烃类。氨主要用于大、中型压缩冷冻机，其潜热比其他制冷剂高。在 0 ℃时，它的蒸发热是 1 260 kJ/kg。但氨有毒，若空气中氨含量达 0.5%(体积分数)时，人在其中停留 0.5 h 就会引起严重中毒，甚至危及生命。若空气中氨含量超过 16%，会发生爆炸性燃烧。此外，氨的比体积较大，其含水量不能超过 0.2%，且对钢及其合金有腐蚀作用。

氟利昂属于甲烷和乙烷的卤素衍生物，其蒸发热是 154.9 kJ/kg，是小型制冷设备中较好的制冷剂，最早使用的氟利昂制冷剂有 R12(CF_3Cl_2)、R22(CHF_2Cl)，但其对臭氧层有破坏作用，目前已限制使用。许多国家在生产制冷设备时已采用了其代用品，目前常用的主要有氟利昂 502、氟利昂 134a 等。

二氟乙烷、三氟甲烷和四氟乙烷是目前国际公认的替代 R12 和 R22 的新型环保制冷剂。这三类制冷剂都是不含氯的氟代烷非共沸混合制冷剂，无色气体、不破坏大气臭氧层，具有清洁、低毒、不燃、制冷效果好等特点。

(二)冷却方式

机械冷成库的冷却方式有直接冷却、盐水冷却和鼓风冷却三种方式。

1. 直接冷却

直接冷却又称直接蒸发，即将蒸发器直接安装在冷库中，利用制冷剂的蒸发降低库内温度。直接冷却的优点是冷却迅速，降温低。缺点是蒸发器上容易结霜，需经常除霜，否则将会影响蒸发器的冷却效果；库内温度不均匀，接近蒸发器处温度较低，远处则温度较高；此外，不断地降低库内温度的同时，冷藏库内的湿热气冷凝到蒸发器上结成霜，造成库内空气湿度比较低。

2. 盐水冷却

盐水冷却是将蒸发器安装在冷库外的盐水池内，将盐水冷却后再输入安装在冷库内墙壁上的冷却管道，不断循环而降低库内温度。常用的盐水主要有氯化钠和氯化钙，20%的氯化钠水溶液可降至－16.5 ℃，20%的氯化钙溶液则可降至－23 ℃。盐水冷却方式可避免有毒及有臭味的制冷剂在库内泄漏而损害贮藏的产品和管理人员，但氯化钠和氯化钙溶液对金属有腐蚀作用，并且由于盐水的存在，有相当多的冷量被消耗，以至于要求制冷剂必须在较低的温度下蒸发，这样就增加了耗电量。

3. 鼓风冷却

鼓风冷却是将蒸发器安装在空气冷却器(室)内，借助鼓风机的作用，将贮藏库内的空气抽吸进入空气冷却器内而降温，再将已冷却的空气通过鼓风机送入贮藏库内，如此循环降低库温。鼓风冷却系统冷却迅速，库内温度、湿度较为均匀，并能在冷却空气的同时调节空气湿度。

(三)冷藏库设计

1. 冷库的分类

冷库可分为土建式冷库、装配式冷库和夹套式冷库等。

(1)土建式冷库　土建式冷库的墙、柱、楼板等主体采用钢筋混凝土结构，冷库墙内侧镶贴隔热层(或墙外侧贴绝热层)；当隔热层采用松散材料时，墙体则采用内夹隔热层的双层结构(图 3-5)。

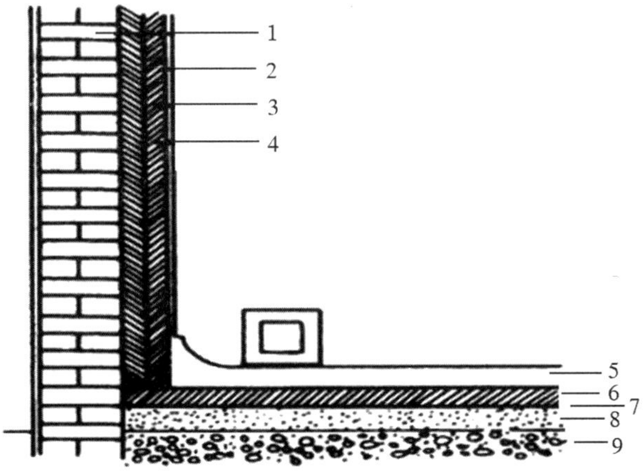

1. 砖墙　2、4、7. 水汽封锁层(沥青类物质)　3、6. 隔热材料层
5. 钢筋混凝土耐磨封口地面　8. 水泥地　9. 煤渣石子基层

图 3-5　冷藏库墙壁和地面结构

(2)装配式冷库　装配式冷库是在墙及屋顶面采用金属夹心隔热板进行保温隔热。这种夹心板通常采用两块薄金属板作框架，中间灌注聚氨酯泡沫塑料或聚苯乙烯泡沫塑料而成，具有安装简便、建造工期短及适应性强等优点，但保温效果较差。

(3)夹套式冷库　夹套式冷藏库主要用于减少产品冷藏期间的干耗和保持库内温湿度稳定。其在内墙与隔热层之间增加了一个内夹套结构，由设在冷库外的冷风机将冷风送入夹套中不断循环，将外部围护结构传入的热量带走，使热量难以侵入库内，因此库内温度均匀、稳定，而且果蔬的干耗小，适宜用来冷藏非包装的果蔬，可以有效地防止果蔬表面干裂和皱缩等变质现象。

2. 冷库的建筑设计

冷库以冷藏室为主体，另外还配有预冷间、加工间、休息间及工具存放间等各种附属用房。由于库外环境温度随自然界气温的变化，经常处于周期性波动（昼夜交替、季节交替）之中，加上冷藏库生产作业的需要，库门时常开启，货物时常进出，导致库内外经常有热、湿交换发生。因此，冷库在建筑设计上主要是设法减少热流入库，实现保冷的目的。

冷藏室的隔热门应自动启闭，并在库房入口设空气幕，以减少开门时外界暖流侵入；平顶上设空气冷却器；各冷藏室有公共走廊连通，兼作缓冲间。果蔬在冷藏库内贮藏一定时间后易积累二氧化碳、乙烯等不利贮藏的气体，库内需安装良好的排气系统，以便经常换入新鲜空气。建库时还要求库内配置喷雾器，以提高库内湿度，防止果蔬失水；同时在绝热层的适当位置设置隔气层或防水、防潮层。冷库的地面要有一定的强度以承受堆积产品和搬运车辆的压力，采用软木板作隔热材料时，其上下需敷设 7～8 cm 厚的水泥地面和地基，地基下层铺放煤渣石子以利于排水。

3. 冷库的隔热

隔热层的设置主要是为了减少热流入库，阻止冷库内外热量交换。隔热层应选择隔热性能好（热导率低）、造价低廉的隔热材料，还应具有质轻、防湿、防腐、防虫、耐冻、无毒、无异味、不变形等特性。隔热层要设在防潮层内侧，隔热层内侧再涂抹上层水泥面或其他保护材料。隔热材料的敷设应当使绝缘层成为一个完整连续的整体，防止外界热的传入及水汽的累积。

隔热层的材料、厚度、施工技术等对冷藏库的隔热性能有重要的影响，选用优质的隔热材料和增加隔热层厚度是提高围护结构隔热性能的有效措施。

优质的隔热材料有以下几类。

（1）软木　密度小、热导率低、无毒、难燃，但价格高，主要用于楼板、地面、设备和管道的隔热处理，以及冻融循环频繁的部位。

（2）自熄聚苯乙烯泡沫塑料　质轻、隔热性能好、吸水性小、耐低温、耐酸碱，可用于冷库墙壁、设备、管道的隔热层。

（3）硬质聚氨酯泡沫塑料　质轻、强度高、吸水率低、热导率低、有自熄性、耐低温，且施工效率高，所形成的隔热层没有接缝，是一种比较好的冷库隔热材料，但价格偏高。

（4）阻燃聚乙烯泡沫塑料　质轻、热导率低、尺寸稳定、防水性能好。

（5）海泡石（憎水性复合硅酸盐）保温涂料　是一种膏状体，干燥成形后为灰白色封闭网状结构物，热导率低，吸潮率低，抗老化、抗化学腐蚀、阻燃性能较好，应用于管道保温及围护结构隔热，效果良好。

隔热材料厚度的要求，一般以软木板的厚度为标准，通常墙壁适宜的厚度为 10 cm 左右，地板为 5 cm 左右，库顶由于日光照射可适当增加隔热材料的厚度。

隔热层的施工方法有三种形式。一是在现场敷设隔热层。二是采用预制隔热嵌板。预制隔热嵌板的两面是镀锌铁（钢）板或铝合金板，中间夹着一层隔热材料，隔热材料大多用硬质聚氨酯泡沫塑料。隔热嵌板固定于承重结构上，嵌板接缝一般采用灌注发泡聚氨酯来密封。三是在现场喷涂聚氨酯，将异氰酸和聚醚两种材料同时喷涂于墙面，两者立即发生化学反应而发泡，形成所需要厚度的隔热层。此方法可形成一个整体的隔热层，无接缝，且施工速度快。

4. 冷库的防潮

由于冷藏库的库内外温差较大，很容易在围护结构的内外侧存在水蒸气分压差。库外空气中的水蒸气将不断通过围护结构向库内渗透，水蒸气遇冷将在材料的孔隙中凝结成水或冻结成冰，使隔热材料受潮而降低甚至丧失隔热性能。为此，必须在外围护结构中进行防潮处理，以减少或隔绝水蒸气的渗透，确保隔热材料不受潮。防潮处理主要是在外墙、屋顶、地坪等外围护结构中正确设置隔气层。隔气层应设置在温度较高的一侧，这样可防止温度较高、水蒸气分压较大一侧的空气向围护结构内渗透。施工时应注意将整个围护结构的隔气层连在一起，不得间断或脱干，这样隔气层才能起到有效的防潮作用。

冷库中常采用石油沥青、油毛毡等作隔气防潮材料。由于新建冷库的保温多采用聚氨酯现场发泡施工的办法，聚氨酯本身防水性能好，可以不专设隔气层。但随时间的延长，聚氨酯隔热层会逐步老化和受潮，热阻降低。为避免和延缓聚氨酯受潮，有效的方法是在隔热层的热侧作密封处理，相当于形成隔气层。实践证明，冷库围护结构绝热层设计的成功与失败，主要取决于其隔气层是否能有效地防止水蒸气的渗入和通过。

(四)冷库管理

1. 消毒

果蔬腐烂的重要原因是冷藏库内有害菌类污染，因此在冷库使用前必须进行全面的消毒。常用的消毒方法有以下几种。

(1)乳酸消毒　将浓度为80%～90%的乳酸和水等量混合，按每1 m^3 库容用1 mL乳酸的比例，将混合液倒入瓷盆内于电炉上加热，待溶液蒸发完毕，关闭电炉，关闭库门熏蒸6～24 h，通风换气，即可使用。

(2)过氧乙酸消毒　将20%的过氧乙酸按每1 m^3 库容用5～10 mL的比例，放入容器内于电炉上加热促使其挥发熏蒸，或按以上比例配成1%的水溶液全面喷雾。因过氧乙酸有腐蚀性，使用时应注意对器械、冷风机和人体的防护。

(3)漂白粉消毒　将含有效氯25%～30%的漂白粉配成10%的溶液，按每1 m^3 库容用40 mL上清液的量喷雾。使用时注意防护，用后库房必须通风换气除臭。

(4)福尔马林消毒　按每1 m^3 库容用15 mL福尔马林溶液的比例，将福尔马林放入适量高锰酸钾或生石灰中，稍加适量水，待产生气体时，将库门密闭熏蒸6～12 h。开库通风换气后，方可使用库房。

(5)硫黄熏蒸消毒　用量为每1 m^3 库容用硫黄5～10 g，拌入适量锯末，置于陶瓷器皿中点燃发烟密闭熏蒸24～48 h后，彻底通风换气。

此外，库内所有用具用0.5%的漂白粉溶液或2%～5%硫酸铜溶液浸泡、刷洗、晾干后备用。

2. 入库

果蔬刚收获时由于田间热较高，进入冷藏库之前必须先进行预冷，在较短时间内快速冷却到最适贮藏温度，否则会引起严重的腐烂败坏。进入冷库的产品应先用适当的容器包装，再移入库内按一定的方式堆放，尽量避免用散贮方式。库内产品堆放的总要求是“三离一隙”。“三离”指的是离墙、离地、离天花板。离墙是指产品堆垛距离墙约 20 cm；离地是指产品不能直接堆放在地面上，要架起一定的高度，使空气能在垛下形成循环，以利于产品各部位散热；离天花板是指产品堆放的高度，距离天花板应留约 80 cm 的空间。“一隙”是指产品垛与垛之间及堆垛内应留适当空隙。“三离一隙”的目的是使库内的空气流通，以利于降温和保证库内温度分布均匀。

3. 温度管理

温度是决定新鲜产品机械冷藏成败的关键。产品入库后应尽快冷却到适宜的贮藏温度，延迟入库时间或冷库温度下降缓慢、不能及时达到贮藏温度，都会明显缩短产品的贮藏寿命。入库后在整个贮藏期应尽量维持贮藏库内的温度稳定。温度波动过大，贮藏环境中的水分会发生过饱和和结露现象，造成产品失水加重。液态水的出现有利于微生物的活动和繁殖，易导致病害发生，腐烂增加。

果蔬产品的种类和品种不同，其适宜的贮藏温度也有差别。适合 0 ℃左右贮藏的果蔬有根茎类、叶菜类蔬菜和水果，如白菜、菠菜、胡萝卜、苹果、葡萄等；适合 10 ℃左右贮藏的果蔬有番茄、黄瓜、菜椒、苦瓜、荔枝等；适合 10 ℃以上贮藏的果蔬有香蕉、柠檬等，低温贮藏容易使之变黑、腐烂。如果贮藏温度高于最适温度，将会加快后熟衰老过程，缩短贮藏期；如果贮藏温度低于最适温度，将导致冷害和冻害的发生。冷藏库的温度要求分布均匀，可在库内不同的位置安放温度计，以便观察和记载冷藏库内各部分的温度情况，避免局部产品受害。

4. 湿度管理

贮藏果蔬产品的相对湿度要求在 85%～95%。在制冷系统运行期间，湿空气与蒸发管接触时，蒸发器很容易结霜，而经常结霜会使冷藏库内湿度不断降低，常低于贮藏果蔬对湿度的要求。因此，贮藏果蔬产品时要经常检查库内的相对湿度，采用地面洒水和安装喷雾设备或自动湿度调节器的措施来调节库内的空气相对湿度。

冷藏库出现相对湿度偏高，主要是由于冷藏库管理不善，产品出入频繁，以致库外含有绝对湿度较高的暖空气进入库房，在较低温度下形成较高的相对湿度，甚至达到“露点”，而出现“发汗”现象，解决这一问题的方法在于改善管理。

5. 通风换气管理

果蔬产品在贮藏期间会释放出许多有害物质，如 CO_2、乙烯等，当这些物质积累到一定浓度后，会使贮藏产品受到伤害。因此，冷藏库必须要适度通风换气，既保证库内温度均匀分布，又降低库内积累的 CO_2 和乙烯等气体的浓度，避免贮藏产品受伤害。一般选择在气温较低的早晨进行通风，雨天、雾天等外界湿度过大时不宜通风，以免引起库内温度、湿度发生较大的波动，在通风换气的同时应开动制冷机以减缓库内温度、湿度的升高。

知识点三 气调贮藏技术

气调贮藏是指调整和控制贮藏环境中的气体成分和比例，以及环境的温度和湿度来延长贮藏产品的寿命和货架期的一种贮藏方法，是目前果蔬产品保鲜的现代化贮藏手段。

(一)气调贮藏原理

果蔬采收后仍是一个有生命的活体,在贮藏过程中仍然进行着正常的以呼吸作用为主导的新陈代谢活动,主要表现为消耗氧气,同时释放出一定量的二氧化碳和热量。在一定范围内,降低贮藏环境中氧气浓度,提高二氧化碳浓度,可以降低产品的呼吸强度和底物氧化作用,减少乙烯生成量,降低不溶性果胶物质分解速度,延缓成熟进程,降低叶绿素分解速度,提高抗坏血酸保存率,明显抑制果蔬和微生物的代谢活动,延长果蔬产品的贮藏寿命。

气调贮藏的原理是在维持果蔬产品的正常生命活动的前提下,通过调节贮藏环境中氧气、二氧化碳及其他一些气体的浓度来抑制果蔬产品的呼吸作用、蒸发作用和微生物的侵染,达到延缓果蔬产品的生理代谢,推迟后熟、衰老和防止变质的目的。

人为调节氧气和二氧化碳含量指标的贮藏方法称为气调贮藏,用 CA 表示。将产品置于密封的容器中依靠其呼吸代谢来改变贮藏环境的气体组成,基本不进行人工调节的气调贮藏称为自发气调或限气贮藏,用 MA 表示。

(二)气调贮藏的条件

气调贮藏多用于果蔬产品的长期贮藏。因此,无论是外观或内在品质都必须保证原料产品的高质量,才能获得高质量的贮藏产品,取得较高的经济效益。入贮的产品要在最适宜的时期采收,不能过早或过晚,这是获得良好贮藏效果的基本保证。另外,只有呼吸跃变型果蔬采取气调贮藏才能取得显著效果。果蔬的贮藏寿命除受贮藏品种本身的遗传特性影响外,还受环境因素的影响。气调贮藏是在一定温度条件下进行的,在控制空气中的 O_2 和 CO_2 含量的同时,还要控制贮藏的温度,并且使三者得到适当的配合。

1. 温度

温度是对延缓呼吸、延长产品贮藏寿命作用最大的因素,应根据贮藏产品的种类和品种来确定适宜的贮藏温度。原则上应在保证贮藏产品正常代谢不受干扰破坏的前提下,尽量降低温度,并力求保持其稳定。特别是在接近 0 ℃时,温度稍微波动都会对呼吸产生刺激作用,果蔬的气调贮藏中,选择的温度通常要比普通空气冷藏温度高 1～3 ℃,这是因为这些植物组织在 0 ℃附近的低温下对 CO_2 很敏感,容易发生 CO_2 伤害,在稍高的温度下,这种伤害就可以避免。例如,苹果在常规冷藏的适宜温度是 0 ℃,如果用 0 ℃再加以高 CO_2 和低 O_2 的气调贮藏,则苹果会出现 CO_2 伤害等病症;如在气调贮藏时,将贮藏温度提高到 3 ℃左右,就可以避免 CO_2 伤害。

2. 气体含量

(1)氧含量　对于新鲜果蔬,低氧浓度有利于延长果蔬的贮藏期,低氧还能延缓叶绿素的分解作用。气调贮藏中,O_2 浓度一般以能维持正常的生理活性、不发生缺氧(无氧)呼吸为底线,但应不低于其临界需氧量。引起多数果蔬无呼吸的临界氧气浓度为 2%～2.5%。

(2)CO_2 含量　提高 CO_2 浓度对于果蔬一般会产生下列效应:减缓导致成熟的合成反应(蛋白质、色素的合成);抑制某些酶的活性(如琥珀酸脱氢酶、细色素氧化酶),延长贮藏期;减少挥发性物质的产生;干扰有机酸的代谢;减弱果胶物质的分解;抑制叶绿素的合成和果实的脱绿;改变各种糖的比例。刚摘的苹果大多对高浓度 CO_2 和低浓度 O_2 的忍耐性较强,在气调

贮藏前给予高浓度 CO_2 处理，有助于加强气调贮藏的效果。高浓度的 CO_2 还可以明显抑制腐败微生物的生长，且抑菌效果会随 CO_2 浓度的升高而增强。将采后的果实放在 12～20 ℃环境下，CO_2 浓度维持 90%，经 1～2 d 可杀死所有的介壳虫，而对苹果没有损伤。但 CO_2 浓度过高（超过 15%），也会产生不良效应。一般水果气调的 CO_2 水平应控制在 2%～3%，蔬菜的应控制在 2.5%～5.5%。CO_2 的最有效浓度取决于不同种类的园艺产品对 CO_2 的敏感性，以及其他因素的相互关系。

（3）O_2、CO_2 和温度的互作效应　由于果蔬的呼吸作用会随时改变已经形成了的 O_2 和 CO_2 浓度比例，同时，各种果蔬在一定的温度条件下都有一个能承受的 O_2 浓度下限和 CO_2 浓度上限，因此，在气调贮藏中，选择和控制合适的气体配合比例及温度是气调操作管理中的关键点（表 3-1）。不同的果蔬产品都有各自最佳的贮藏条件组合，但这种最佳组合不是一成不变的。当某条件因素发生改变时，可以通过调整其他因素来弥补由这一因素的改变所造成的不良影响。

表 3-1　部分果蔬的气调贮藏条件

果蔬	温度/℃	相对湿度/%	CO_2/%	O_2/%
苹果（红玉）	0	90～95	3	3
梨（二十世纪）	0	85～95	3～4	4.5
温州蜜橘	3	90	0～2	10
伏令夏橙	5	90	0～1	5
桃	−1～0	90～95	2～3	2
杏（摩帕克）	1	90～97	2.5	5
葡萄	0	85～90	0～0.5	7
草莓	0	95	0	2
香蕉	13～14	95	5～8	4～5
番茄	12～13	95	0	3
甜椒	8～9	90～95	2～3	2
黄瓜	7～10	95	5	2
四季豆	7～8	90～95	3～5	2
花椰菜	0	90～95	0～3	2～3
莴苣	1.7	90～95	2.5	2.5
芦笋	1～2	95 以上	3	4

（4）乙烯含量　乙烯是果蔬在成熟和后熟过程中自身产生并释放出来的一种气体，是一种促进呼吸、加快后熟的植物激素，对采后贮藏的果蔬有催熟作用。在对乙烯敏感的水果的贮藏中，应将乙烯去除。因此，果蔬贮藏中既要设法抑制乙烯产生，又要消除贮藏库内乙烯积累。低氧可以抑制乙烯的生成。CO_2 是乙烯的类似酶反应的竞争抑制剂，通过降低贮藏环境中的 O_2 浓度，提高 CO_2 浓度，能达到减少乙烯生成量、降低乙烯作用的目的。对贮藏库内积累的乙烯，有效的脱除方法为化学除乙烯法、空气氧化去除法和臭氧除乙烯法。

①化学除乙烯法是在清洗装置中充填乙烯吸收剂，常用的乙烯吸收剂是将饱和高锰酸钾溶液吸附在碎砖块、蛭石或沸石分子筛等多孔材料上，乙烯与高锰酸钾接触，因氧化而被去除。该方法简单，费用极低。但除乙烯效率低，且高锰酸钾为强氧化剂，会灼伤皮肤。

②空气氧化去除法是利用乙烯在催化剂和高温条件下与氧气反应生成二氧化碳和水的原理去除乙烯。

③臭氧除乙烯法是目前较为先进的技术，正逐步取代高温催化型乙烯吸收剂，该技术最大的优势是在低温状态下工作，不会引起库温的波动。

3. 相对湿度

气调库的相对湿度是影响贮藏效果的因素，维持较高的相对湿度，可以降低果蔬与周围大气之间的蒸气压差，从而减少贮藏产品的水分损失。气调贮藏库的相对湿度比冷藏库高，一般在 90%～93%，增加湿度是气调贮藏库普遍需要采取的措施。理想的气调加湿途径是充分增大制冷剂的蒸发面积，这样可保持气调库中较大的相对湿度。还有一个增湿的方法是设置加湿器，该设备有离心式、超声式等结构，目前使用较多的是超声波加湿器，它利用高频振荡原理将水雾化，然后送入库内增加空气湿度。

(三)人工气调贮藏

人工气调贮藏(CA)是指在相对密闭的环境和冷藏的基础上，根据贮藏产品的需要，采用机械气调设备，人为地调节贮藏环境中气体成分的浓度并保持稳定的一种贮藏方法，由于 O_2 和 CO_2 的比例能够严格控制(O_2 浓度在 2%～5%，CO_2 浓度在 3%以上)，而且能做到与贮藏温度密切配合，因而贮藏效果好。

1. 气调贮藏库

气调贮藏库(简称气调库)是在传统冷藏库的基础上发展起来的，因此，它同样要求传统冷藏库所具有的良好的隔热性、防潮性。气调贮藏库一般采用预制隔热嵌板建造库房(图 3-6)。嵌板两面是表面呈凹凸状的金属薄板(镀锌钢板、镀锌铁板或铝合金板等)，中间是隔热材料聚苯乙烯泡沫塑料，采用合成的热固性黏合剂，将金属薄板牢固地黏结在聚苯乙烯泡沫塑料板上。嵌板用铝制呈工字形的构件从内外两面连接，在构件内表面涂满可塑性的丁基玛蹄酯，使接口完全、永久地密封。在墙脚、墙角与天花板墙角等转角处，皆用直角形铝制构件连接，并用特制的铆钉固定。这种预制隔热嵌板，既可以隔热防潮，又可以作为隔气层。

气调库体具有自身的特点，最主要的就是要求库体具有气密性，减少与外界气体的交换，以利于人为调节库内气体成分。库内壁喷涂泡沫聚氨酯(聚氨基甲酸酯)，可获得优良的气密结构并兼有良好的保温性能，在现代气调库建筑中广泛使用。喷涂 5.0～7.6 cm 厚的泡沫聚氨酯可相当于 10 cm 厚聚苯乙烯的保温效果。在喷涂前应先在墙面上涂一层沥青，然后分层喷涂，每层厚度约为 1.2 cm，直至喷涂达到所要求的厚度。库门既要保温，又要密封。现代化库房都使用机械操作，库门很大，不容易做到密封。常用的做法是设一道门或设两道门，第一道门是保温门，第二道门是密封门，并且在门上设观察窗和手洞，方便观察和从库内取样。

由于气调库是一种密闭式冷库，当库内温度降低时，其气体压力也随之降低，库内外两侧就形成了气压差。此外，在气调设备运行以及气调库气密试验过程中，都会在围护结构的两侧形成压力差。若不把压力差及时消除或控制在一定的范围内，将对围护结构产生危害。为保证库房的气密性，可设置气压袋。气压袋常做成一个软质不透气的聚乙烯袋子，体积为贮藏容积的 1%～2%，设在贮藏室的外面，用管子与贮藏室相通。贮藏室内气压发生变化时，气压袋会膨胀或收缩，因而可以始终维持贮藏室内外气压基本平衡。但这种设备体积大，占地多，现多改用水封栓，保持 10 mm 厚的水封层，贮藏库内外气压差超过 98.1 Pa(10 mm 水柱)时便起自动调节作用。

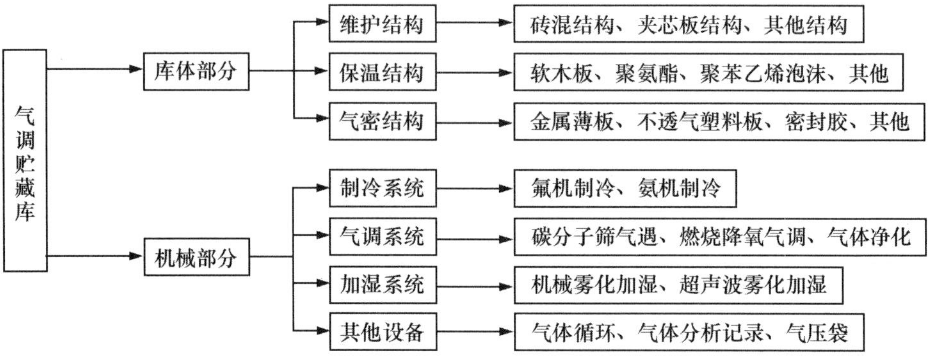

图 3-6 气调贮藏库结构示意图

2. 调气设备

调气设备是气调贮藏中最主要的设备，库内气体调节主要通过调气设备来完成。调气设备主要包括制氮设备、CO_2 清除装置、乙烯脱除装置。

（1）制氮机　是主要的调节气体的设备，有燃烧式、碳分子筛式和中空纤维膜制氮机。其中，中空纤维膜制氮机利用中空纤维膜，对不同大小的分子进行有选择性的分离，将压缩空气中的氮与氧分离，达到气调的目的。由于其技术性能优越、产品质量可靠、价格低廉，已被广泛选用。

（2）CO_2 清除装置　常用的 CO_2 消除系统有 NaOH 洗涤器、消石灰吸收器、活性炭吸收器等。

（3）乙烯脱除装置　乙烯可采用饱和高锰酸钾溶液或溴化活性炭除去。

3. 气调贮藏库的管理

贮藏期间的管理主要是指在整个贮藏过程中调节控制好库内的温度、相对湿度、气体成分和乙烯含量。

（1）同一贮藏库内应贮存相同品种、相同成熟度的产品。如果一个品种不能充满贮藏库，要以其他品种补足时，也应贮存相同采收期和对贮藏条件有相同要求的品种。决不允许将不同种类、不同品种的产品混放在同一贮藏库内，以免释放的乙烯及其他有害气体相互作用而影响贮藏品质。

（2）果蔬入库时不宜一次装载完毕，因果蔬释放的田间热和呼吸热，加上冷库门长时间开放引入外界的大量热量会使库温升高，并在很长时间内降不下来，影响贮藏效果。因此，要分批入库，每次入库量不应超过库容的 20%，库温上升不应超过 3 ℃。对已经通过预冷处理的果蔬，可以酌情增加每次的入库数量。

（3）贮藏产品应合理堆码，以利于气体流通。要达到均匀降温的目的，产品与墙壁、产品与地面之间需留出 20～30 cm 的空气通道，产品与库顶之间所留空间一般应在 80 cm 以上（视库容大小和结构而定）。此外，产品的垛与垛之间也应留出一定的间隙，以利于通风降温。堆垛的行向应与空气流通方向一致。如果库容量不大，也可以不分垛。每垛当中，箱与箱之间要留有 1.5～2 cm 宽的间隙。堆码时还应离开蒸发器约 2 m 的距离，因蒸发器附近的湿度过低常会产生低温伤害。堆码时除留出必要的通风和通道之外，应尽可能地将库内装满，减少库内气体的自由空间，从而加快气调速度，缩短气调时间，使贮藏产品在尽可能短的时间内进入气调贮藏状态。

(4)随时注意库内温度、湿度、氧气与二氧化碳含量的变化，并维持这些指标在规定范围内，同时要注意预防冷害、二氧化碳中毒、缺氧与霉变等。当进入气调状态后，尽量避免频繁开门进出货，最好一次或短期内分批出完。

(四)自发气调贮藏的方法

随着塑料薄膜被大规模使用，气调贮藏进步发展形成了现代自发气调贮藏技术。自发气调贮藏(MA)是利用果实自身呼吸与薄膜的选择透气性产生一定的气调环境，采用具有特定透气性的薄膜包装采后果蔬，依靠果蔬自身消耗 O_2、产生 CO_2 的特性，降低包装袋内 O_2 浓度，同时维持袋内一定的 CO_2 浓度，既起到了气调作用又避免了建造气调库的高昂费用。自发气调贮藏的投资少，操作简便，适合各类瓜果的中小量贮藏和包装销售。

目前常用的塑料薄膜是符合卫生标准的聚乙烯、聚氯乙烯和聚丙烯塑料，这些塑料透水性低、透气性高、无毒。采用塑料薄膜进行包装，不仅能够延缓产品衰老、减轻生理病害、降低腐烂率、减少病虫害，还可以防止机械损伤，提高其商品性。

1. 塑料大帐密闭贮藏

塑料大帐密闭贮藏也称大帐法，是在果蔬产品堆垛的周围用塑料薄膜封闭进行贮藏的方法。塑料薄膜一般选用 0.12 mm 厚的无毒聚氯乙烯薄膜或 0.075～0.2 mm 厚的聚乙烯塑料薄膜。具体做法是先在贮藏库地上垫上衬底薄膜，其上摆放垫木，然后将果蔬产品用通气的容器盛装，码成垛，容器之间留一定的通气孔隙。码好的垛用塑料薄膜帐罩住，帐子和垫底薄膜的四边互相重叠卷起并埋入垛四周的土中或用土、砖等压紧，也可以用活动贮藏架在装架后整架封闭(图 3-7)。调节气体的方法有自然降氧、人工降氧和人为供二氧化碳自然降氧。

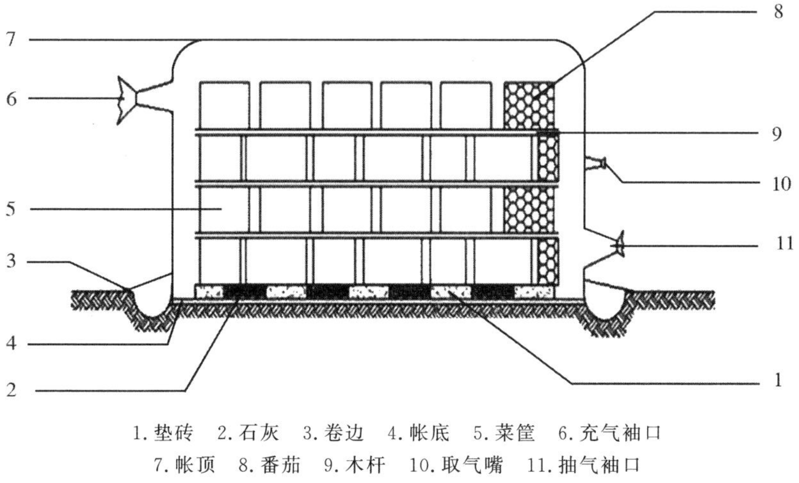

1. 垫砖　2. 石灰　3. 卷边　4. 帐底　5. 菜筐　6. 充气袖口
7. 帐顶　8. 番茄　9. 木杆　10. 取气嘴　11. 抽气袖口

图 3-7　塑料薄膜大帐法示意图

在塑料帐的两端设置袖口(用塑料薄膜制成)，供充气及垛内气体循环时插入管道之用。为使器壁的凝结水不侵蚀贮藏产品，应设法使封闭帐悬空，不使之贴紧产品。帐顶可做成屋脊形，避免凝结水滴到产品上。因呼吸热帐内的温度比库温高 0.1～1 ℃，帐内的湿度接近饱和，塑料膜内侧常有一些凝结水珠，有利于病菌的活动。封闭容器内四周的温度因受库温的影响而较低，中部的温度则较高，这就会发生内部气体的对流，其结果是较暖的气体流至冷处，降温至露点以下，便析出部分水汽形成凝结水，这种气体再流至暖处，温度升高，饱和差增大因而又会加强产品的蒸腾作用。这种温、湿度的交替变动，就像有一台无形的抽水机，不断地把产品中的水抽出来变成凝结水。也可能并不发生空气对流，而由于温度较高处的水汽分压较大，该处的水汽会向低温处扩散，同样导致高温处的产品脱水而低温处的产品凝水。所以薄膜封闭贮藏时，一方面是帐（袋）内部湿度很高，另一方面产品仍然有较明显的脱水现象。解决这一问题的关键在于力求库温保持稳定，尽量减小封闭帐（袋）内外的温差。

2. 薄膜袋密闭贮藏

薄膜袋密闭贮藏也称袋封法，是将产品装在塑料薄膜袋内，扎紧袋口或热合密封的一种简易气调贮藏法。定期放风的塑料袋用 0.06～0.08 mm 厚的聚乙烯薄膜作封闭袋，定期检查袋内的气体组成，当达到规定的 O_2 浓度下限或 CO_2 浓度上限时，打开袋口进行放风，再扎口封闭继续贮藏；不放风的塑料袋，薄膜厚度为 0.03～0.05 mm，有比较好的透气性，在不长的时间内可维持适宜的 O_2 和 CO_2 浓度，适用于短期贮藏、长途运输或零售。近年开发的保鲜袋具有一定的透气性和吸湿性，可完全达到果蔬产品所要求的贮藏条件，适宜袋封法。

3. 硅橡胶窗气调贮藏

该贮藏法是将果蔬贮藏在镶有硅橡胶窗的聚乙烯薄膜袋内，利用硅橡胶特有的透气性，使密封袋内过量的二氧化碳通过硅窗透出去，自动调节气体组成的一种贮藏方法（图 3-8）。硅橡胶是一种有机硅高分子聚合物，具有特殊的透气性。硅橡胶薄膜对 CO_2 的透过率是同厚度聚乙烯膜的 200～300 倍，是聚氯乙烯膜的 20 000 倍。而且，硅橡胶膜对气体具有选择性透气性，其对 N_2、O_2 和 CO_2 的透气性比例为 1∶2∶12，同时对乙烯和一些芳香物质也有较大的透气性。利用硅橡胶膜特有的透气性能，使密封袋（帐）中过量的二氧化碳通过硅窗透出去，果蔬产品呼吸过程中所需的氧气可从硅窗中缓慢透入，这样就可保持适宜的氧气和二氧化碳浓度，创造有利的气调贮藏条件。

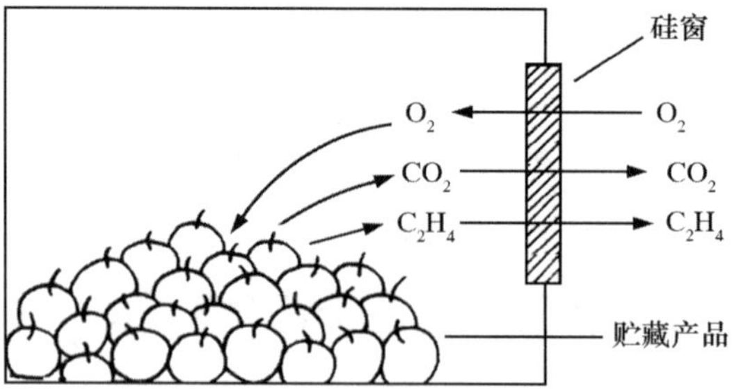

图 3-8 硅橡胶窗气调示意图

工作任务

任务一 苹果的气调贮藏

苹果是新疆栽培的主要果树之一，主要分布在伊犁、阿克苏等地。苹果品种多，耐贮性好，是常年供应的主要果品。

工作程序：检修制冷设备、调气设备→库房清洁、消毒→检查气调库的气密性→入库预冷→码垛→降温→封库→调气→贮藏期管理→产品出库。

(一)检查气调库的气密性

1. 库房气密性检查

检查方法：启动鼓风机，当库内压力达到100 Pa后停车，开始计时，到10 min时，库内压力应大于50 Pa，即半降压时间小于10 min。

2. 试车检查

对所有采用的机械设施，要进行试车检查。

3. 大帐制备

用作气调贮藏的大帐，一般选用厚度为0.12～0.2 mm的聚乙烯薄膜，这种薄膜机械强度好，耐低温，透明，热封性能好。大帐分帐身和帐底两部分，大小以能贮藏果蔬2 000～3 000 kg为宜。帐身的下部设抽气袖口，上部设充气袖口，中间设取气样孔，平时密封，帐底比帐身稍大，以便卷封严密。

(二)入库预冷

1. 选择耐贮藏品种

苹果品种不同，耐贮性差异很大，早熟品种采收期早，不耐长期贮藏，采后随即供应市场和做短期贮藏。中晚熟品种，如红玉、金冠、元帅、红冠、红星等比较耐贮，贮藏后果肉易发绵。晚熟品种如秦冠、青香蕉、印度、富士等耐贮性好，可贮藏到翌年6—7月份。

2. 采收

苹果属于呼吸跃变型果实。适时采收关系果实的质量和贮藏寿命。一般以果实已充分发育、表现出品种应有的商品性状时采收为宜，即在呼吸跃变高峰之前一段时间采收较耐贮藏。采收过晚，贮藏中腐烂率明显增加；采收过早，其外观色泽、风味不好，不耐贮藏。

晚熟品种开花后140～175 d采收。也可根据果肉硬度来确定采收期，如红富士采收适期的硬度一般为9.1 kg/cm^2，苹果的采收应分批进行。

选择晴天，一般在上午10时前或下午4时以后采摘。采摘时要防止机械损伤，勿使果梗脱落和折断。

3. 分级、包装

(1)苹果分级标准　红富士苹果品质标准如下。

①色泽分级标准　按果面着色率计，红富士苹果分为4级：优级果的果面着色率在60%以上；良好级在40%～60%；中级果在20%～40%；等外级不限制。

②果实横径分级标准　按红富士苹果横径大小分为3级：80 mm以上为1级；70 mm以上为2级；65 mm以上为3级。

(2)包装　分级后，在果箱或筐中衬以塑料薄膜袋，装入苹果，扎紧袋口，每袋构成一个密封的贮藏单位。目前应用的是聚乙烯或无毒聚氯乙烯薄膜，厚度多为0.04～0.06 mm。苹果气调贮藏中，有乙烯积累，可以用活性炭或溴饱和的活性炭吸收除去。放入果重0.05%的活性炭，可保持果实较高的硬度。乙烯还可用吸收有饱和$KMnO_4$溶液的多孔性载体物质吸收。

4. 预冷

包装后进行预冷。在 24 h 内使苹果温度降到 1 ℃。

(三)码垛

1. 帐内堆码

先在库底铺设帐底,帐底上垫枕木,在枕木上堆码苹果,垛与垛之间留 5～10 cm 空隙,以利于冷空气及气体循环,要注意堆垛的稳定性。

2. 扣帐

堆码后将大帐扣好,将帐身与帐底充分卷合,用砖及沙土压实,保证帐内外气体不相互影响。

(四)降温

要注意保持库内外压力平衡,关门降温。检查库温,当库温稳定在 0 ℃后进行封库。

(五)封库

用密封材料密封库门。

(六)调气

开启调气设备,检查气体浓度,O_2 浓度为 2%～4%、CO_2 浓度为 3%～5%时,关闭调气设备。

(七)贮藏期管理

主要有温、湿度的管理及气体成分的调节,按不同产品的生物特性要求调节合理的温、湿度和气体组分。气调贮藏容器内的气体成分从刚封闭时的正常空气成分转变到所规定的气体指标之间有一个过渡期,称为降氧期。降氧期的长短会影响果蔬的贮藏效果,也会影响所需的设备器材。

1. 温度控制

气调贮藏的适温为 0.5～1 ℃。保持温度稳定,避免温度波动,以免气调帐内出现露珠。

2. 湿度控制

苹果贮藏的适宜相对湿度为 85%～90%。湿度偏大,塑料薄膜袋中会有更多的裂果。此外,湿度大可加重微生物引起的病害,增加腐烂损失。

3. 气体浓度控制

当贮藏温度为 0～2 ℃时,O_2 浓度为 2%～4%、CO_2 浓度为 3%～5%比较适宜。在气调库贮藏期间,要经常进行气样分析,每周进行一次。当 O_2 降至规定的最低限,或 CO_2 升至规定的最高限时,打开封闭的塑料帐,部分或全部换入新鲜空气,再重新封闭。

一般库房封闭后,工作人员不进入库内,必要时必须佩戴防护装置及步话机入库,以便及时联系,防止人身危险。

(八)产品出库

气调库贮藏结束后,要及时出库,出库前要进行升温和通风。升温方法同冷藏;通风时应打开排风和鼓风设施,使库内通入新鲜空气,排除低氧、高二氧化碳、高氮气体,然后工作人员才能入库操作。出库后库房要及时清扫、消毒,以备下次使用。

(九)注意事项

(1)要经常检查大帐的严密性,如有漏气的地方,应及时粘补。

(2)帐内过量的乙烯要及时排出。目前多在帐底放置用高锰酸钾浸泡的砖块吸收乙烯。

(3)帐内要注意通风换气,并维持合适的温、湿度。

任务二　香梨贮藏技术

香梨较耐贮藏,其贮藏特性与苹果相似,是新疆地区大批量长期贮藏的重要果品。香梨的品种很多,耐贮性各异。其中,库尔勒香梨果肉脆嫩多汁,耐贮藏,是当前生产中的主要贮藏品种。

(一)采前准备

香梨采收前要喷洒 3 次 0.3%的氯化钙或硝酸钙溶液,能提高香梨的耐贮性,减少果实褐变。采收前 20 d 左右应停止浇水,避免产生不耐贮藏的“水催梨”。

(二)适时采收

香梨一般在 8 月下旬至 9 月下旬,果面光滑,有纵沟且蜡质厚,果皮青黄色、阳面微带红晕时进行采收。过早、过晚采收的果实褐变率均高于正常采收的果实。适当晚一点采收有利于提高香梨的耐贮性,防止发生生理性病害。香梨果实的采收是全人工采收,采收时要轻采、轻拿、轻放,避免人为损伤引起的果实褐变。采摘后对每个香梨包发泡网套装入纸箱内,不宜过满,每箱以 10～15 kg 为宜,装箱后应立即运回冷库。

(三)贮藏管理

香梨属于呼吸跃变型水果,果皮发黄是呼吸高峰到来的标志,因此,应在采后 48～72 h 入库,并迅速降温。根据入库数量,分批进行入库,分批制冷,待全部入库后,闭门 3 d,将温度降至 0 ℃左右。

(1)码垛　在入库时应该注意纸箱堆放的高度和方式,每垛间隔 10 cm,以利于气体流通,最高堆放 12 层,一般从库门开始呈阶梯状堆放,这样便于贮藏期间抽样检测。另外通风道的方向要与风筒走向或与风筒出风风向平行,以利于散热、排出 CO_2 及其他有害气体。

(2)温度调控　香梨的贮藏适宜温度为－1 ～0 ℃,比鸭梨、酥梨、苹果梨等的贮藏温度偏低,这是因为香梨的耐低温能力强,即便是有轻微的冻害,也可以慢慢恢复,且色、香、味变化不大。如果香梨贮藏温度过高,果实呼吸加快,贮藏期就会缩短;贮藏温度太低,易产生冷害,果实中的功能酶遭到破坏,使果实褐变和贮藏期缩短。所以贮藏温度过高过低均会降低香梨的好果率和品质。

(3)气体成分　香梨气调贮藏的最佳气体组成:O_2 浓度为 4%～6%、CO_2 浓度为 2%～4%。因为香梨果实对贮藏环境中高浓度的 CO_2 十分敏感,高浓度的 CO_2 往往是引起其组织褐变的重要原因。

(4)湿度控制　贮藏环境的湿度是香梨气调贮藏保鲜的关键因素。香梨气调贮藏要求相对湿度为 90%～95%。湿度过大,容易使木箱产生霉点,这些霉点如粘在香梨果皮上易形成黑斑,影响果实外观;湿度不够,果实失水严重,果皮发黄,直接影响香梨品质。另外,加湿最好采用空气加湿和地面加湿相结合的办法。空气加湿应选择雾化好、不易冻结、操作方便、价格便宜的加湿器，且加湿口处的香梨应该用塑料薄膜覆盖，以免因湿度过大而产生化学锈斑。

(四)果实后熟

适时采收的香梨在贮藏温度$-1\sim0$ ℃，O_2浓度为4%～6%\$CO_2$浓度为2%～4%，相对湿度为90%～95%的贮藏环境里贮藏240 d后，好果率达95%～98%。香梨出库后不必催熟便可直接上市，其色、香、味接近采摘后自然后熟的香梨。

任务三 葡萄贮藏技术

葡萄属浆果类，具有生津止渴、健脾开胃、养肝补血等作用，在我国长江以北种植较多。据不完全统计，我国近年来70%的葡萄用于鲜食。由于葡萄柔软多汁、含水量高，易干瘪、皱皮、掉粒和腐烂，而容易失去商品价值。因此，葡萄的保鲜技术对于鲜食葡萄的采后贮藏，就显得更加重要了。

贮藏工艺：原料选择→采收修整→装袋装箱→预冷→药剂处理→贮藏管理→出库销售。

(一)原料选择

不同品种耐贮藏性不同。欧洲葡萄比美洲葡萄更耐贮藏，而晚熟品种比中、早熟品种耐贮藏，有色品种较耐贮藏，如龙眼、巨峰、红香水、黑汉等品种均比较耐贮运。因此应选择耐贮性好、果穗紧实、果粒较大、色泽较深、含糖量高、品质好的品种。

(二)采收修整

适时晚采，采收期越晚，浆果含糖量越高。同时，晚采的葡萄，尤其是经过一两次轻霜的葡萄果皮厚、着色好，果粉能充分形成，比较抗病、耐贮藏。用于贮藏的葡萄应选择早晨露水干后采收，采收前对果穗喷布液体葡萄保鲜剂，干后采收。或者采收后的葡萄直接用液体葡萄保鲜剂浸果，会得到更好的贮藏效果。采收葡萄时，要边采边分级，严格剔除病、青、小、机械伤的果粒.轻轻地摆放在内衬PVC或PE葡萄专用保鲜袋的箱内预冷。码放葡萄时，各穗之间要挤紧码实，防止在运输途中晃动，损伤果穗、果粒，给病菌传染创造机会。采后及时运到冷库的预冷间。在预冷间内单层摆放，葡萄从采收到预冷以12 h为宜，速度越快越好。

(三)装袋装箱

修整后的葡萄套塑料保鲜袋并放入塑料箱，每箱装量在5 kg左右，在冷藏库中贮藏。

(四)预冷

当果穗温度降到5 ℃以下时，进入正式贮藏库。入库后，打开袋口，在$-2\sim-1$ ℃条件下进行预冷，使葡萄的温度尽快下降。当温度下降到0 ℃时，将保鲜剂放入袋内，然后扎紧袋口在(-0.5 ± 0.5) ℃条件下进行长期贮藏。

(五)药剂处理

为防止葡萄贮藏中的灰霉病、黑霉病等发生，在葡萄贮藏保鲜中普遍应用含有SO_2的保鲜剂，或直接用SO_2气体处理，应用较多的是亚硫酸盐。如亚硫酸氢钠、亚硫酸氢钾、焦亚硫酸钠等。药剂与硅胶混合，使之缓慢释放SO_2，达到防腐保鲜的目的。硅胶混合在药物中的作用是吸收周围的水分，避免亚硫酸盐迅速吸水，集中释放二氧化硫，造成药包附近葡萄的二氧化硫浓度过高，产生药害。配制时先将亚硫酸盐和硅胶研碎，以亚硫酸盐∶硅胶＝1∶(0.5～2)

的比例混合后包成小包，每包3～5 g。按葡萄重量的0.3%放入亚硫酸盐药包。实践中有成型的葡萄保鲜剂，如SMP防腐保鲜剂、葡萄专用保鲜剂等，效果很好。放入保鲜剂后，及时扎袋。

应用SO_2处理防止葡萄腐烂时要注意，葡萄品种、成熟度不同，对SO_2耐受能力有差异。熏硫时葡萄所处环境中的SO_2浓度达到10～20 mg/m^3为宜。

(六)贮藏管理

1.温度管理

冷藏库的温度是靠制冷剂在蒸发系统中的流量和气化速率来控制的。通常在膨胀阀上装有一个恒温器，它的感温管则安置在蒸发器上，根据其温度的变化，而操纵膨胀阀以调节制冷剂的流量。每日检查温度显示器，并记录。葡萄机械冷藏温度控制在－1～0 ℃。

2.湿度管理

葡萄保鲜相对湿度控制在90%。相对湿度偏低，穗轴易失水干枯。增湿方法：可地面洒水；空气中加湿应选择雾化好、不易冻结、操作方便、价格便宜的加湿器。湿度过高，微生物易繁殖，降低湿度可用生石灰吸湿。

3.通风换气

每隔2～3周进行一次通风换气，以免乙烯积累。

4.日常检查

每周检查一次产品，检查是否有“出水”“霉变”现象出现。

任务四　桃、李、杏贮藏技术

桃、李、杏(包括樱桃)果实中都含有硬核，同属于核果类水果，果实发育及采后生理方面有着共同的特点。其果实中含有硬核，所以生长时出现双“S”形的生长曲线。桃、李、杏果实的呼吸强度大，都有呼吸高峰，所以同属呼吸跃变型果实，这决定了它们有着基本相似的贮运保鲜技术措施。但随着树种和品种不同，所采用的贮运保鲜技术又有区别。

桃、李一般分早、中、晚熟品种，且早熟与晚熟品种采收时间相差很大。但桃和李的优良品种的成熟期相对集中于7—8月。杏早熟与晚熟品种采收时间相差比较小，成熟期相对集中，所以不可避免地会出现“旺季烂、淡季断”的现象。

(一)桃、李、杏采后生理及贮藏特性

桃采收后果实组织中果胶酶、纤维素酶、淀粉酶活性很强，这是桃采后在常温下很易变软、败坏的主要原因。特别是水蜜桃，采后呼吸强度迅速提高，比苹果高1～2倍，在常温条件下1～2 d就变软。低温、低氧或高二氧化碳可抑制这些酶的活性，因此采后的果实应立即降温，及时进入气调状态，以保持其硬度和品质。

桃对温度的反应比其他果实都敏感。桃采后在低温条件下呼吸强度被强烈地抑制，但易发生冷害。桃的冰点温度为－1.5 ℃，长期在0 ℃以下易发生冷害。冷害发生的早晚和程度与温度有关。据研究表明，桃在7 ℃下有时会发生冷害，3～4 ℃是冷害发生高峰，接近0 ℃冷害反而小。发生冷害的桃果实细胞皆加厚，果实糠化、风味淡，果肉硬化，果肉或维管束褐变，桃核开裂，有的品种冷害后发苦或有异味产生，但不同的品种其冷害症状不同。

桃果实对二氧化碳很敏感，当二氧化碳浓度高于5%时就会发生二氧化碳伤害。二氧化碳伤害的症状为果皮褐斑、溃烂，果肉及维管束褐变，果实汁液少，果肉生硬，风味异常，因此在贮藏过程中要注意保持适宜的气体指标。

桃果实表面布满茸毛。茸毛大部分与表皮气孔或皮孔相通，这使桃的蒸发表面积增加了十几倍乃至上百倍，因而桃采后在裸露条件下失水十分迅速。一般在相对湿度为70%、温度为20 ℃条件下，裸放7～10 d，果实的失水量会超过50%。失水后的果实皱缩、软化，严重者失去商品价值。

李、杏等核果类果实采后生理特性与桃相似。

(二)桃、李、杏贮藏条件

1. 贮藏温度

桃、李、杏适宜的贮藏温度为0～1 ℃，但长期在0 ℃贮藏易发生冷害。目前控制冷害有两种方法：一种方法是间歇加温法，即将桃先放在－0.5 ℃～0 ℃下贮藏15 d，之后升温到18 ℃贮藏 2 d，再转入低温贮藏，如此反复。另一种方法是用两种温度处理采后的果实，先在0 ℃贮藏 2周，再在5 ℃下贮藏。间歇加温可降低桃的呼吸强度，使乙烯释放量降低并减轻冷害，同时温度升高也有利于其他有害气体的挥发和代谢。

2. 贮藏环境湿度

桃、李、杏贮藏时，相对湿度应控制在90%～95%。湿度过高，易引起腐烂，加重冷害的症状；湿度过低，会引起过度失水、失重，影响商品性，从而造成不应有的经济损失。

3. 气体成分

桃在O_2浓度1%、CO_2浓度5%的气调条件下，可加倍延长贮藏期(温、湿度等其他条件相同情况下)。李以O_2浓度3%～5%、CO_2浓度5%为适宜的气调状态。但一般认为李对CO_2极敏感，长期处于高浓度CO_2条件下会使果顶开裂率增加。杏气调贮藏最适的气体组成是O_2浓度2%～3%，CO_2浓度2%～3%。

(三)桃、李、杏贮藏前农业措施

1. 贮藏用品种选择

早熟品种不耐贮运，如水蜜桃和五月鲜。中晚熟品种的耐贮运性较好。离核品种、软溶质品种等的耐贮运性差，李、杏的耐贮运性与桃相似。

2. 采前农业技术措施

采前农业技术措施对桃、李、杏贮藏性影响很大。桃、李、杏在贮藏过程中易感染微生物而发生腐烂，这是桃、李、杏难以长期贮藏的主要因素之一。造成果实腐烂的病害主要有三种，即褐腐病、软腐病、根腐病。其中，果实在田间就已被软腐病和根腐病侵染，病菌通过虫伤、皮孔等侵入果实，在贮运条件适宜时即大量生长繁殖，并感染附近的果实，造成大量腐烂。因此，在果实生长期间，加强病虫害防治可以减少贮藏中腐烂的发生。具体做法是，在发芽前喷5波美度石硫合剂，落花后半个月至6月份期间，每隔半个月喷一次500倍65%的代森锌可湿性粉剂或0.3波美度石硫合剂，均可防止这两种病的发生。施肥时要注意氮、磷、钾的合理搭配，氮肥过多果实品质差，贮运性也差。多施有机肥的果园，果实的贮运性好。采收前7～10 d要停止灌水，用于贮运的果实采前不能喷乙烯利。

(四)桃、李、杏采收

果品的采收成熟度相当重要，用于不同目的的果品采收成熟度不同，短期贮藏要求成熟度高，长期贮藏要求成熟度低。不同树种有各自不同的采收成熟度要求。

1. 桃采收要点

(1)不同成熟度的桃有其不同的特点　七成熟的桃果实已充分发育，底色为绿色，但茸毛多、厚；八成熟的桃底色变淡、发白，果实丰满，茸毛稍稀，果实仍稍硬，但已有些弹性；九成熟的桃果皮呈乳白色、浅黄色，茸毛稀，弹性大，有芳香味；十成熟的桃果皮已完全显示出其特有的皮色，茸毛稀且易脱落。桃的果肉因品种不同而有各种表现，肉溶质品种的桃果肉柔软多汁，果皮易剥离，不耐贮藏。硬肉型桃能变绵，肉不溶质桃则仍富有弹性。用于鲜食用的桃应在八九成熟时采收；贮藏用的桃，可稍早些采摘，一般在七八成熟时采收；十成熟的桃不能贮藏，必须就近销售。

(2)桃应于早、晚冷凉时采收　采摘时应轻采轻放，防止机械伤。不准用手压果面，不能粗暴强拉果实，应带果柄采摘。一般每一容器(箱、筐)容量不超过 5 kg，太多则易挤压果品，引起机械伤。

2. 李采收要点

李的品种以中国李为多。中国李果柄粗短，成熟时一般产生离层，要带果柄采收。李果果粉多，采收时应尽量避免多次操作，减少果粉的损失，有利于贮藏保鲜。贮藏用李必须适时早采，以七八成熟为宜。采收也应在早晚冷凉无露时进行，采后不能淋雨，以免引起腐烂。

3. 杏采收要点

杏的成熟期相对集中，完熟后几乎不能存放和运输，所以必须根据用途不同，适当早采。杏必须带果柄采收。为了防止贮运时果柄脱落，可在采收前喷钙，也可在采收后浸钙。常用的钙盐是氯化钙，浓度为 1%～8%，浸果时间 5～60 min。浓度和时间必须配合好，浓度大时间可短，浓度小可延长浸果时间。杏的包装量应控制在 2～2.5 kg 以下，并在包装物上留有通气孔。

(五)桃、李、杏采后处理

1. 挑选

人工挑选剔除受病虫侵染的产品和受机械伤的产品。量少时，可用转换包装的方式进行；量多而且处理时间要求短时，可用专用传送带人工挑选。操作人员必须戴手套，挑选过程要轻拿轻放，以免造成新的机械伤。一般挑选过程常常与分级、包装等过程相结合，以节省人力，降低成本。

2. 预冷

预冷的目的是迅速降低果品品温，降低呼吸强度，减少消耗，同时使果品品温能够尽快地达到贮运最适温度，以利于及早地运用塑料薄膜包装进行气调贮藏而不结露。如果品温高，而库温低，相差在 3 ℃以上时，易结露。结露易使果品产生腐烂。

桃、李、杏预冷一般采用风冷法、水冷法。水冷时可用 0 ℃水，在水中可以加入一定浓度的真菌杀菌剂，当果实冷却至 0 ℃后沥去水分。真空预冷法不适宜对桃预冷。贮藏用桃、李、杏的预冷温度以 0 ℃为宜，不能过低，以免引起冷害。

3.防腐保鲜处理

桃、李、杏在贮藏过程中易腐烂，低温和气调贮藏可抑制病害的发生。低温和气调外加防腐保鲜剂贮藏效果更佳。

任务五 番茄贮藏技术

番茄又称为西红柿，原产南美洲热带地区。16世纪中期仅作庭园观赏植物，18世纪以来才作蔬菜食用，明代传入我国。番茄营养丰富，经济价值高，是人们喜爱的蔬菜兼水果。

(一)贮藏特性

番茄果实成熟度分五个时期：绿熟期、微熟期、半熟期(半红期)、坚熟期、软熟期。番茄是呼吸跃变型果实，在成熟过程中会产生乙烯，诱发呼吸高峰，呼吸高峰过后果实很快衰老。坚熟期果实已通过呼吸高峰，生食较适，不耐贮藏。番茄滞留在呼吸跃变之前的时间越长，贮藏期就越长，这段时间称为压青。故可通过延长压青期，来抑制果实成熟，达到延长贮藏期的目的。

(二)贮藏条件

番茄最适贮藏温度取决于其成熟度及预计的贮藏天数。一般来讲，成熟果实能承受较低的贮藏温度，故可根据果实的成熟度来确定贮藏温度。绿熟期或变色期的番茄贮藏温度为12～13 ℃，红熟前期及中期的番茄贮藏温度为9～11 ℃，红熟后期的番茄贮藏温度0～2 ℃。但绿熟番茄贮藏温度低于8 ℃会造成低温伤害，而冷害果往往不能转红或着色不均匀，果面出现凹陷、腐烂。

番茄贮藏适宜的相对湿度为85%～95%。湿度过高，病菌易侵染造成腐烂；湿度过低，水分易蒸发，同时还会加重低温伤害。在10～13 ℃的温度条件下，绿熟番茄气调指标的氧气浓度和二氧化碳浓度均为2%～5%，可抑制后熟，延长贮藏期。当氧气浓度过低或二氧化碳浓度过高时会产生生理病害。

(三)任务实施

1.原料选择

选择种子腔小、子室少、果皮厚、肉质密、可溶性固形物含量高、组织保水力强、果形中等的品种，黄色品种比红色品种较耐贮藏。作为长期贮藏的番茄，含糖量要求在3.2%以上，含糖量在2%以下的，风味明显淡，食用品质下降。适于贮藏的品种有橘黄佳辰、满丝、苹果青、台湾红、强力米寿、太原2号等中晚熟品种。

2.采收

用于贮藏的番茄，采收前2 d不宜灌水，防止果实吸水膨胀和裂果，从而导致微生物感染和果实腐烂。应在早晨或傍晚无露水时采摘，采摘时轻拿轻放，避免造成损伤。选用植株中部生长的果实贮藏，因为底部的果实易得病，顶部的果实可溶性物质积累得少。采用中等大小的果实。用于贮藏的番茄，应以绿熟期至微熟期比较合适，即在呼吸跃变前进行采收，此时的果实已充分长成，并积累了丰富的营养物质，生理上正处于呼吸跃变预备期，在外部特征上果皮仍为绿色，果脐部位已经泛白，采收后在贮藏过程中完成后熟，可获得接近植株上成熟的品质。

3. 选果

对番茄认真挑选，剔除过青、过熟、机械伤、病虫害的果实，然后分级，并在低温下预冷。

4. 装箱

箱内衬垫物用0.5%漂白粉溶液消毒，防止果实硌伤，一般装果3～4层。也可不装箱，直接堆在架上或地上，码放3～5层，架宽不超过0.8 m，以利于通风散热，并防止压伤。层间垫消毒蒲包或牛皮纸，最上层可稍加覆盖(纸或薄膜)。

5. 贮藏与管理

(1)简易贮藏　夏秋季节利用土窖、通风库、地下室等阴凉场所贮藏，采用筐或箱存放时，应内衬干净纸垫，上用0.5%漂白粉消毒的蒲包，防止果实硌伤。将选好的番茄装入容器中，一般只装4～5层。包装箱码成4层高，箱底垫枕木或空筐，箱间留有空隙，以利于通风。也可将果实直接堆放在架上或地面，码放3～5层果实为宜，架宽和堆宽不应超过0.8～1.0 m，以利于通风散热并防止压伤，衬垫物同装箱时要求，层间垫消毒蒲包或牛皮纸，最上层可稍加覆盖(纸或薄膜)。贮藏后，加强夜间通风换气降低库温。贮藏期间每7～10 d检查一次，挑出有病和腐烂果实，红熟果实及时挑出销售或转入0～2 ℃库中继续贮藏。该法一般贮藏20～30 d果实全部转红。秋季如果能将温度控制在10～13 ℃，番茄可以贮藏1个月。

(2)冷藏　夏季高温季节用机械冷藏库贮藏，温度控制好，效果比较理想。绿熟果的适宜温度为12～13 ℃，红熟果为1～2 ℃，贮藏期可延长到30～45 d。

(3)气调贮藏　当气温较高或需长期贮藏时，宜采用气调贮藏。

①塑料薄膜大帐气调贮藏法　用0.1～0.2 mm厚的聚乙烯或聚氯乙烯塑料膜做成密闭塑料帐，塑料帐内气调容量为1 000～2 000 kg。由于番茄自然完熟速度快，因此采后应迅速预冷、挑选、装箱、封垛。一般采用自然降氧法，用氢氧化钙(用量为果实质量的1%～2%)吸收多余的二氧化碳。氧不足时从袖口充入新鲜空气。塑料薄膜封闭贮藏番茄时，垛内湿度较高易感病，要设法降低湿度，并保持库温稳定，以减少帐内凝水。可用防腐剂抑制病菌活动，通常应用氯气。每次用量为垛内空气体积的0.2%，每2～3 d施用一次，防腐效果明显。可采用0.5%的过氧乙酸，置盘中放于垛内，效果与氯气相仿。可用漂白粉代替氯气，一般用量为果实质量的0.05%，有效期为10 d。用仲丁胺也有良好效果，使用量按帐内容积计为0.05～0.10 mL/L，过量时也易产生药害。有效期为20～30 d，每月使用一次。

②小包装自然降氧气调　可用于少量番茄贮藏，果实放于0.06 mm厚的聚乙烯塑料膜袋中，每袋装5 kg，扎紧袋口置于库中。贮藏期间每2～3 d打开袋口换气15 min，将袋壁上的水滴擦干，然后仍将袋口扎紧。1～2周后番茄转红。若需继续贮藏，则应减少袋内番茄数量，只平放1～2层，以免相互压伤。果实成熟后，因呼吸旺盛，产生大量乙烯，则将袋口敞开，一般可贮藏10～30 d。

任务六　洋葱贮藏技术

(一)贮藏特性

洋葱食用部分是肥大的鳞茎，其有明显的休眠期。收后外层鳞片干缩成膜质，能阻止水分进入内部，有耐湿耐干的特性。洋葱在夏季收获后，即进入休眠期，生理活动减弱，即使遇到适宜的环境条件，鳞茎也不发芽。洋葱的休眠期一般为1.5～2.5个月，因品种不同而异。休眠期过后，遇适宜条件便萌芽生长。一般在9—10月鳞茎中的养分向生长点转移，致使鳞茎发软中空，品质下降，失去食用价值。因此，使洋葱长期处于休眠状态、抑制发芽是贮藏洋葱的关键技术。休眠期后的洋葱适应冷凉干燥的环境，温度维持在−1～0 ℃，相对湿度低于80%才能减少贮藏中的损耗。如收获后遇雨，或未经充分晾晒，以及贮藏环境湿度过高，都易造成腐烂损失。

（二）贮藏条件

洋葱腐烂的主要原因是湿度偏高，湿度高还会促使洋葱发芽和生根。贮藏适宜的温度为−3～0 ℃，相对湿度在80%以下。贮藏环境中适宜的气体浓度为氧气2%～4%、二氧化碳10%～15%，对抑制发芽有极好的作用。

（三）任务实施

1.原料选择

洋葱按皮色可分为黄皮、红（紫）皮及白皮3种；按形状可分为扁圆和凸圆两类。红皮洋葱多为中晚熟种，肉质不如黄皮细嫩，水分较多，质地较脆，辣味重，耐贮性较差，其中球形的比扁圆形的耐贮藏。黄皮洋葱多为早熟和中熟品种，其中扁圆品种，肉质白里带黄，细嫩柔软，甜而稍带辣味，水分较少，品质好，休眠期长，假茎紧细，不易出芽，耐贮藏，如天津黄皮、辽宁黄玉等；圆球品种，假茎粗大，贮藏性略差。白皮洋葱为早熟种，鳞茎较小，产量较低，肉柔嫩，容易发芽，不耐贮藏。

2.采收

用于贮藏的洋葱应在充分成熟、组织紧密时采收，成熟的洋葱叶色变黄，地上部管状叶呈倒伏状，外部鳞片变干。采收前7～10 d应停水，造成干燥环境，促使洋葱鳞茎加速成熟，进入休眠。收获过早，鳞茎尚未长成，未成熟或未进入休眠的洋葱，其鳞茎中可利用的养分含量高，容易发芽和引起病菌繁殖，造成腐烂；收获过晚，易裂球，迟收遇雨，不易晾晒，鳞茎难以干燥，容易腐烂。收获时应选晴天进行，带叶连根拔起，避免机械损伤。

3.晾晒

采后在田间晾晒3～4 d，晒时不要暴晒，用叶子遮住葱头，只晒叶不晒头，可以促进鳞茎后熟、外皮干燥，以利于贮藏。一般就地将葱头放在畦埂上，叶片朝下呈覆瓦状排列。中间翻动一次，当叶绵软能编辫子即可。如遇雨时，最好收集起来加以覆盖，以免耐贮性降低。

4.编辫或装筐

晾晒过的葱头再次挑选后，将发黄、绵软的叶子互相编成长约1 m的辫子，两条结在一起成为一挂。每挂约有洋葱头60个，质量为10 kg左右。如晾晒后的叶子少而短，可添加微湿的稻草编辫。编辫的洋葱还需晾晒5～6 d，晒至葱头充分干燥，颈部完全变成皮质，抖动时鳞茎外皮沙沙响为宜。洋葱贮藏也可以不编辫子，挑选后直接盛放在容器内以备贮存。

5.贮藏及管理

（1）挂藏　选阴凉、干燥、通风的房屋或遮阳棚下，将洋葱辫挂在木架上，不接触地面，四周用席子围上，防止淋雨，贮藏中不倒动。此法通风好，洋葱腐烂少，但休眠期过后会陆续发芽，因此要在休眠期结束前上市。

(2)垛藏　垛藏应选择地势高燥、排水良好的场所。先在地面上垫 30 cm 高的枕木，上面铺一层秸秆，秸秆上面放葱辫，纵横交错摆齐，码成长方形垛。一般垛长 5.0～6.0 m、宽 1.5～2.0 m、高 1.5 m，每垛 5 000 kg 左右。垛顶覆盖 3～4 层席子或加一层油毡，四周围上 2 层席子，用绳子横竖绑紧。用泥封严洋葱垛，防止日晒雨淋。封垛后一般不倒垛，如垛内湿度过大可视天气情况倒垛 1～2 次，必须注意倒垛要在洋葱完成休眠期前进行，否则会引起发芽。贮藏到 10 月以后，视气温情况，加盖草帘防冻，寒冷地区应转入库内贮藏。

(3)机械冷藏库贮藏　机械冷藏库贮藏是当前较好的洋葱贮藏方式。方法是在 8 月下旬洋葱脱离自然休眠以前装箱(筐)存放冷库。入库前先将挑选好的葱头预冷降温，当洋葱产品温度接近贮藏温度时，入冷库贮藏，库房温度控制在 0～3 ℃，相对湿度 70%以下(64%左右)。温度波动要尽量小，波动大易引起生理病变。湿度过低干耗大，湿度过大，洋葱表面易霉变和长白须。因此必须严格控制温、湿度，同时要保证库房内通风良好。

(4)气调贮藏　在洋葱完成休眠期之前 10 d 左右，将洋葱装筐在通风窖或荫棚下码垛，用塑料薄膜账封闭，每垛 500～1 000 kg，维持 3%～6%的氧气浓度和 8%～12%的二氧化碳浓度，抑芽效果明显。如在冷库内气调贮藏，并将温度控制在 0～1 ℃，贮藏效果更好。

任务七　大蒜贮藏技术

大蒜为百合科葱属植物，产于亚洲西部，我国早在 2 000 多年前就开始种植，蒜被称为土里长出的“青霉素”，除含有常规的营养成分外，还有蒜氨酸、大蒜辣素、大蒜新素，对多种球菌、杆菌、霉菌、真菌、病毒、滴虫等都有抑制和杀灭作用，是人类日常生活中不可缺少的调味品。

(一)贮藏特性

大蒜具有明显的休眠期，一般为 2～3 个月，在休眠期过后，设法创造适宜休眠的环境条件，达到抑制幼芽萌发生长和腐烂的目的是大蒜贮藏的关键。北方大蒜可忍受－7 ℃低温，高于 5 ℃易萌芽，高于 10 ℃易腐烂；空气相对湿度超过 85%时，大蒜容易生根；贮藏环境中氧气的浓度在不低于 2%的情况下，浓度越低抑制发芽的效果越明显；大蒜能耐高浓度的二氧化碳，二氧化碳浓度为 12%～16%有较好的贮藏效果。

(二)贮藏条件

大蒜耐寒性强，鳞茎可抵抗－7～－6 ℃的低温。适宜的贮藏温度为－3～－1 ℃。大蒜喜干燥，空气的相对湿度以 70%～75%为宜。大蒜的冰点是－3 ℃，若贮藏温度低于－7 ℃，大蒜会受到冻害。贮量波动应尽量小；温度波动大，容易引起生理病变。另外，大蒜对湿度的要求比较严格，相对湿度过高，鳞茎吸水受潮，大蒜表面易霉变，并逐渐影响内部质量；相对湿度过低，干耗大，大蒜易干瘪。

大蒜贮藏的适宜气调指标：氧气浓度为 2.2%～4.3%，二氧化碳浓度 3%～5%。若氧气浓度低于 1%、二氧化碳浓度高于 7%～13%，贮藏效果差。

(三)任务实施

1. 采收

适时收获是贮藏大蒜的重要条件。大蒜成熟时外部鳞片逐渐干枯成膜，能防止内部水分蒸发，隔绝外部水分进入，具有耐热、耐干的特征，有利于休眠。收获过晚大蒜的鳞片容易开裂，并促使小芽萌动生长，对贮藏不利；收获过早成熟度不够，产量低，贮藏损耗大。

2. 采后处理

采收后的大蒜，要选择蒜瓣肥大、色泽洁白、无病斑、无机械损伤的进行贮藏。剔除发黄、发软、腐烂的蒜瓣。然后及时给予高温干燥的条件，使叶鞘、鳞片充分干燥失水，促使蒜头迅速进入休眠期，这个过程也称为预贮，是大蒜任何一种贮藏方式必不可少的环节。预贮环境条件为 30 ℃以上的高温，50%～60%的空气相对湿度。

3. 贮藏与管理

(1)挂藏　将采收后的大蒜，选蒜瓣肥大、色泽洁白、无病斑、无伤口的贮藏。先在阳光下晒 2～4 d，然后每 40～60 个蒜头编成一组，每两组合在一起，切忌打捆。在阴凉、干燥、通风好的房屋或荫棚下支架，将大蒜辫挂在架上，四周用席围上，不能靠墙，防止淋雨或水浸。

(2)机械冷藏　机械冷藏是借助机械制冷系统来降低贮藏环境的温度，它是大蒜实现安全贮存的高级形式，冷库的管理主要是库内温度、湿度的控制和调节通风，冷库内的温度要保持恒定，库内不同位置要分别放置温度计，保持温度在－1～3 ℃且分布均匀；库内空气湿度也需经常测定，保持在 50%～60%的相对湿度，若湿度过高可在库内墙根处放吸湿剂，如氧化钙、氯化钙；库内通风装置在设计时解决，或在过道上安放电风扇，加强空气流通，出库时，应先缓慢升温，并注意通风，以缩小库内外温度差，防止大蒜鳞茎表层结露。

4. 气调贮藏

在适宜大蒜贮藏的温度下，改变贮藏环境的气体成分，降低贮藏环境中的氧气含量和提高二氧化碳含量，从而抑制大蒜的呼吸、发芽及致病微生物繁殖。其适应性强，应用范围广，抑芽效果好，贮藏成本低，在窖内和通风库内一般采用 0.23～0.40 mm 厚的耐压聚乙烯或聚氯乙烯薄膜贮藏大蒜，帐底为整片薄膜，帐顶黏结成蚊帐形式，并在其间加衬一层吸水物，帐上应设有采气口和充气口，容积大小视贮量而定。

任务八　辣椒贮藏技术

(一)贮藏特性

辣椒的种类很多，其中甜椒、油椒耐贮，尖椒不耐贮。辣椒不同品种的耐贮性差异很大。作为贮藏或长途运输的辣椒在种植或采购时，一定要注意品种的选择。一般以角质层厚、肉质厚、色深绿、皮坚光亮的晚熟品种较耐贮藏。

(二)贮藏条件

控制温度是辣椒贮藏的基本条件。辣椒果实对低温很敏感，低于 9 ℃时易受冷害，而在高于 13 ℃时又会衰老和腐烂，贮藏适温为 9～12 ℃。一般夏季辣椒的贮藏适温为 10～12 ℃，冷害温度为 9 ℃；秋季的贮藏适温为 9～11 ℃，冷害温度为 8 ℃。采用双温(两段温度)贮藏，将会使辣椒贮藏期大大延长。

保证湿度也是辣椒贮藏的重要条件。辣椒贮藏适宜的相对湿度为 90%～95%。辣椒极易失水，湿度过低，会使果实失水、萎蔫。采用塑料密封包装袋，可以很好地防止失水。但辣椒对水分又十分敏感，密封包装中湿度过高，出现结露，会加快病原菌的活动和病害的发展。因此，装袋前需彻底预冷，保持湿度稳定，使用无滴膜和透湿性大的膜，或加调湿膜，可以控制结露和过湿。

应用气调贮藏是提高辣椒保鲜效果的好方法。辣椒气调贮藏适宜的气体指标一般为氧气浓度 2%～7%，二氧化碳浓度 1%～2%。包装内浓度过高的二氧化碳会造成萼片褐变和果实腐烂。目前，国内外多采用 PVC 或 PE 塑料小包装进行气调冷藏，但贮藏中二氧化碳浓度往往偏高，需用二氧化碳吸收剂降低其浓度。

(三)任务实施

1. 品种的选择

根据辣椒的贮藏特性，一般应选择角质层厚、肉质厚、色深绿、皮坚光亮的晚熟品种作贮藏原料。

2. 采收

长期贮藏应选用果实已充分膨大、营养物质积累较多、果肉厚而坚硬、果面有光泽、尚未转红的绿熟果；色浅绿、手按觉软的未熟果及开始转色或完熟的果实均不宜贮藏；已显现红色的果实，由于采后衰老很快，也不宜长期贮藏。

采前 5～7 d 停止灌水且不遇雨，其耐贮性会大大提高。若采前大量灌水，使辣椒体内的水分和质量增加，但辣椒本身的干物质如糖、维生素、色素等物质没有增加，会导致采收后辣椒呼吸强度提高，水分消耗加快，易发生机械伤害。含水量高也易引起微生物侵染，容易腐烂，使贮藏过程中损耗增加。夏季采摘一般应在晴天的早晨或傍晚气温和菜温较低时进行。以上午 10 时前采收为宜，此时的温度低，田间热在果实中积累少。雨天、雾天或烈日暴晒天不宜采，否则容易造成腐烂。

3. 挑选

应选择充分膨大、果肉厚而坚硬、果面有光泽、健壮的绿熟果，剔除病、虫、伤果，因为这些果极易腐烂并会传染其他好果。

4. 库房消毒

一般采用硫黄熏蒸消毒，此方法简单易行，效果好。硫黄的用量(按库或窖体)为 10 g/m^3。将硫黄与干锯末、刨花混匀，放在干燥的砖头上点燃，立即关闭门窗或窖口，24 h 后充分通风。也可用漂白粉及甲醛溶液对窖或库房进行消毒。使用 4%漂白粉溶液喷洒消毒，消毒后封库，48 h 后开门通风；或使用 1%～2%甲醛溶液喷布墙壁、屋顶、地面、包装物及周转箱，喷布后密闭窖、库 24 h，用甲醛溶液消毒 2 次，效果更好。在第一次喷洒 7 d 后再进行第二次消毒。

5. 贮藏与管理

(1)窖藏法　选择地势较高的地块，根据要贮藏的青椒数量挖贮藏窖，窖内四壁要坚实，底垫砖块，窖口用木板作为盖，防止雨淋或冻害。由于青椒要求贮藏温度较高，蒸发量要少，所以窖内保温性能要好，通风面积可小些，一般不设进气孔，仅在窖顶设有通气窗。窖深一般在 1.5～3.0 m。青椒在窖内存放可采用装筐、架贮及散堆。

①装筐贮藏　装筐贮藏时先在筐内垫消过毒的纸或衬上消过毒的麦秸或稻草，将挑选好的青椒装入筐中，装好筐后加上覆盖，将筐码成“品”字垛入窖贮藏。

②散堆贮藏法　先在窖内地上铺一层厚约 10 cm 的稻草或麦秸，上面放青椒，厚约

30 cm，堆成一长条。然后视窖温情况，覆盖稻草、麦秸、蒲包等。

通常贮藏窖在白天不放风，夜间放风，保持窖温 8～9 ℃，前期每 7～10 d 检查一次，发现烂果及时处理，后期可每 15 d 检查一次，发现覆盖的稻草或麦秸太干要及时更换。

(2)气调贮藏法　目前使用较多的 0.06 mm 厚的聚乙烯小包装和 0.1～0.2 mm 厚的大中帐两种简易气调贮藏方式。贮藏前严格挑选无病无伤的果实，因为在气调密闭高湿环境下，果实容易腐烂，同时要结合使用药物防腐，可用 0.05～0.10 mL/L 仲丁胺熏蒸剂。在 9～11 ℃ 温度范围内，由于青椒对二氧化碳比较敏感，二氧化碳浓度过高时会降低果实的抗病性，塑料帐内可加入消石灰[$Ca(OH)_2$]吸收过多的二氧化碳。注意调节袋内气体成分。气体管理上采用两种方式：一种为快速降氧法，封帐后进行抽氧充氮，重复 4～5 次使帐内含氧量降至 2%～5%。二氧化碳用消石灰吸收，使其浓度达到 5%以内，每隔 10～12 d 拆帐检查一次，剔除病变或腐烂果。换上干燥的薄膜或将帐内的水滴擦干。另一种为自然降氧法，封帐后利用青椒的呼吸作用使帐内的氧气含量降低，二氧化碳含量增高，一般氧气浓度控制在 3%～6%，二氧化碳浓度在 6%以下。

知识拓展

一、常见果品贮藏期间的侵染性病害及其控制措施

(一)苹果、梨

1. 炭疽病

(1)表现症状　果面出现淡褐色圆斑，逐渐扩大，果肉软腐下陷，病斑表面深浅交错，具明显的同心轮纹。扩大至直径约 1 cm 时，在病斑中心出现隆起的小点粒，初为褐色渐变黑色，病变部切面呈“V”形。

(2)控制措施　加强栽培管理，减少或消灭病原体；剔除病、虫、伤果；采前喷多菌灵，采后用 100～200 mg/kg 仲丁胺熏果或用克霉灵原液 10～20 mg/100 kg 熏蒸。

2. 褐腐病

病菌大多从伤口侵入果实而发病，与病果接触也可传染。开始时果面出现浅褐色软腐状小斑，随后迅速向四周扩展，使全果腐烂。病果果肉松软，呈海绵状，略有弹性。

(二)葡萄

1. 灰霉病

(1)表现症状　病斑早期呈现圆形、凹陷状，有时界限分明，色浅褐或黄褐，紫色葡萄上颜色变异小，感病部位润湿，长出灰白菌丝，最后变灰色。烂果通过接触传染，密集短枝的果穗尤其严重，在贮藏期有时整穗腐烂，造成“烂窝”。

(2)控制措施　采用苯菌灵、多菌灵、波尔多液等杀菌剂喷果；采收选择在晴天进行；采后用杀菌剂处理；贮藏过程中定期用 SO_2 熏蒸；低温贮藏等。

2. 黑霉病

(1)表现症状　发病初期果面呈紫褐色小斑,扩大后边缘褐色,中部灰白色,稍凹陷,果粒逐渐变黑软腐,果面呈现清晰的小黑点,后干缩成黑色僵果。

(2)控制措施　采前喷杀菌剂;采收时及时剔除病果,此病在贮藏中不再蔓延。

3. 黑斑病

(1)表现症状　发病时在梗端周围形成棕色或深褐色的腐烂,在采收初期降雨,易发生此种真菌侵染,从梗端开始侵入,受侵染的果穗易落粒。

(2)控制措施　采前喷药防治,采后低温预处理及 SO_2 处理。

(三)桃、李、杏

1. 褐腐病

果实受害后,初期在果面产生褐色水渍状圆形病斑,24 h 内果肉变成褐色和黑色,在 15 ℃以上时病斑增大较快,腐坏处常深达果核,数日内便全果变褐软腐,长出灰白色、灰色、黄褐色绒状霉层,最后病果全部腐烂,失水后变为僵果。

2. 软腐病

软腐病是从伤口侵染传播。果实受害初期,病斑呈淡褐色,水渍状,形状不规则。病斑迅速扩展,病部果肉逐渐软化,后期整个果实变为淡褐色软腐状,表面长出大量灰白色棉毛状物,烂果常有酸味,淌水。

3. 褐腐病和软腐病的控制措施

避免造成机械伤害;采后及时预冷;采前喷多菌灵、速克灵、代森锌或甲基硫菌灵;采后用苯菌灵和二氯硝基苯胺混合药液浸果。

二、常见果品贮藏期间的生理性病害及其控制措施

(一)苹果、梨

1. 虎皮病

(1)表现症状　初期病部果皮呈不明显、不规则的淡黄色斑块,微凹陷,呈褐色,严重时病斑遍及整个果面,一般病斑不深入果肉。

(2)发病原因　果实着色差,贮运环境温度过高,通风不良。

(3)控制措施　适期采收;及时预冷;注意贮藏库的通风;气调贮藏可以用含二苯胺 1.5～2 g/L 的包果纸单果包装或用石蜡油纸包果。

2. 苦陷症

(1)表现症状　果面呈色泽较暗而凹陷的小圆斑,在绿色品种上圆斑呈深绿色;在红色品种上,圆斑呈紫红色。斑下果肉坏死深及果肉数毫米至 1 cm,味微苦。后变深褐或黑褐色,病斑多发生于果顶处。病斑直径一般为 2～4 mm。

(2)发病原因　生理缺钙和氮、钙营养失调。

(3)控制措施　合理施肥,降低果实氮/钙比值;防止枝条旺长,排出果园积水;果实发育的中后期喷施 0.8%硝酸钙或 0.5%氯化钙溶液 4～7 次,先后间隔 20 d;采后用 2%～6%的钙盐

浸果。

3. 梨黑心病

(1)表现症状　果心变褐，果皮色泽暗黄，果肉组织松散，严重时部分果肉变褐，并有酒精味。

(2)发病原因　贮温过低，衰老引起，梨果中氮素过高，钙素过低。

(3)控制措施　加强生长期管理，发育后期控制氮肥施用量和水量，适期采收，缓慢降温入库。

(二)葡萄

灰霉病

(1)表现症状　中毒葡萄粒上产生许多黄白色凹陷的小斑，与健康组织的界限清晰，通常发生于果蒂部，严重时整穗多数果粒成片褪色，甚至整粒果实呈黄白色，最终被害果实失水皱缩，但穗茎能较长时间保持绿色。

(2)发病原因　SO_2 用量过多。

(3)控制措施　在防腐及贮藏过程中，严格控制 SO_2 的使用量并注意通风。

(三)桃、李、杏

冷害病

(1)表现症状　果肉褐变，组织发糠，并有异味。此病在 4.5 ℃下贮藏比 0 ℃时发病更快，常在贮藏 7～10 d 时出现。未成熟果易发病，温度在 2.2～7.2 ℃时，易发病。

(2)发病原因　温度过低或降温过快。

(3)控制措施　选择成熟果贮藏；果实在－0.5～0 ℃低温下冷藏 1～4 周，然后加至室温 1～3 d，然后恢复低温贮藏，如此反复进行；气调贮藏中结合间歇升温处理，效果更好。

三、常见蔬菜贮藏期间的侵染性病害及其控制措施

(一)蒜薹灰霉病

1. 表现症状

蒜薹上形成椭圆形不规则的病斑，向上下扩展，潮湿的情况下产生大量的灰色孢子，最终使蒜薹病部软化腐烂、断条、烂茎、烂梢，并殃及其他健康蒜薹。

2. 控制措施

库房用具用过氧乙酸、硫黄或甲醛等消毒；采用小包装；用蒜薹专用防腐剂抑制或杀死病菌。

(二)辣椒

1. 菌核病

(1)表现症状　果实出现水浸状褐变，果肉逐渐软化腐烂，发病适温 20 ℃，该菌的子囊发芽要求较高的湿度，空气相对湿度 100%时侵染加快。

(2)控制措施　注意通风、降低空气湿度；避免机械伤害。

2. 灰霉病

(1)表现症状　发病初期在果实表面上出现水浸状灰白色褪绿斑,随后在上面产生大量土灰色粉状物,病斑多发生在果实肩部。

(2)控制措施　田间防病和正确采收;适宜的贮藏条件;0.05 mL/kg 仲丁胺或克霉灵熏蒸。

3. 根霉腐烂病

(1)表现症状　病菌从果梗切口处侵入,病果多从果梗和萼片开始腐烂,并长出污白色粗糙而疏松的菌丝和黑色小球状孢子囊,引起果实软烂。

(2)控制措施　田间防病和正确采收;适宜的贮藏条件;0.05 mL/kg 仲丁胺或克霉灵熏蒸。

(三)番茄果腐病

1. 表现症状

病菌一般从冷害引起的凹陷部位侵染,进而造成腐烂,番茄感染根霉而腐烂时,引起果实软腐。

2. 控制措施

加强田间管理,减少田间病原菌的密度和数量;避免机械伤害、维持适宜的温、湿度条件;用氯气、漂白粉、仲丁胺及过氧乙酸进行药剂处理。

(四)黄瓜

1. 炭疽病

(1)表现症状　椭圆形凹陷斑,侵染初期为水浸状小斑点,后扩大为圆形或椭圆形凹陷斑,呈暗褐色至黑色,后期病斑上产生红褐色黏稠物。该病在黄瓜遭受冷害的情况下更容易发生。

(2)控制措施　采前注意田间病害的防治,减少田间带病;采收、运输、贮藏中避免机械损伤,减少病菌侵入机会;贮藏场所消毒。

2. 灰霉病

(1)表现症状　从黄瓜的花蒂侵入,组织先变黄,并生白霉,以后变成土灰色并有大量孢子。

(2)控制措施　采前注意田间病害的防治,减少田间带病;采收、运输、贮藏中避免机械损伤,减少病菌侵入机会;贮藏场所消毒。

3. 绵疫病

(1)表现症状　黄瓜贮藏中感染该病,表现为较大水浸状斑,有时瓜皮破裂,表面生长较纤细而茂盛的白霉。

(2)控制措施　采前注意田间病害的防治,减少田间带病;采收、运输、贮藏中避免机械损伤,减少病菌侵入机会;贮藏场所消毒。

(五)花椰菜黑斑病

1. 表现症状

霉点处稍稍凹陷,一般直径小于 0.5 cm,但也可以蔓延成片。花球上病斑呈淡褐色至黑绿色，并呈干硬状或湿软状态，在高湿下能看到菌丝生长。上述病害在高温多湿条件下发生较多。

2. 控制措施

用 0.1 mg/kg 的仲丁胺或克霉灵熏蒸 24 h，但不要将药液与花球接触，以免引起药害；在贮藏前向花球喷 3 000 μL/L 的苯菌灵。

复习思考题

1. 简易贮藏的方式有哪些？特点是什么？
2. 机械制冷的原理是什么？有哪几种冷却方式？各有什么优缺点？
3. 气调贮藏的原理是什么？气调贮藏的方式有哪些？如何管理？

第二部分

果蔬加工技术

项目四

果蔬加工的基础知识

学习目标

1. 了解果蔬加工的种类和特点。
2. 了解果蔬加工对原料的要求。
3. 熟悉果蔬加工原料预处理的基本工艺。
4. 熟练掌握去皮、烫漂、护色的原理和方法。

工作任务及要求

1. 在实际生产中能根据具体的生产条件、果蔬的状况来选择合适的去皮方法。
2. 根据不同的果蔬原料选择合适的烫漂方法。
3. 根据不同的果蔬原料选择合适的护色方法。

岗位技术知识

知识点一　果蔬加工品的分类

利用食品工业的各种加工工艺和方法处理新鲜果品蔬菜而制成的产品，称为果蔬加工品。根据果蔬植物原料的生物学特性采取相应的工艺，可制成许许多多的加工品，按制造工艺可分为以下几类。

(一)果蔬罐制品

新鲜的果蔬原料经预处理后，装入不透气且能严密封闭的容器中，加入适量的盐水或清水或糖水，经排气、密封、杀菌等工序制成产品。这种食品保藏的方法叫罐藏。

(二)果蔬糖制品

新鲜果蔬经预处理后，加糖煮制，使其含糖量达到65％～75％及以上，这类加工品叫果蔬糖制品。以产品形态又分为果脯和果酱两大类。

(三)果蔬干制品

新鲜果蔬经自然干燥或人工干燥,使其含水量降到一定程度(果品在15%~25%,蔬菜在3%~6%及以下),微生物难以利用,而能长期贮藏的一类制品。

(四)果蔬速冻产品

新鲜果蔬经预处理后,于-30~-25 ℃低温下,在30 min内使其均匀冻结,并在能保持制品冻结状态的温度下贮藏的一类制品。

(五)果蔬汁制品

果蔬原料榨取汁液,经澄清过滤或均质等处理所制得的加工品,称为果蔬汁。

(六)果蔬酿制品

果蔬酿制品是果酒和果醋制品的统称。果酒是原料水果经榨汁后,利用酵母菌的作用,使糖转变为酒精,所制得的低度饮料酒。果醋是以果实或果酒为原料,采用乙酸发酵技术酿造而成的调味品。

(七)蔬菜腌制品

新鲜蔬菜经过部分脱水或不脱水,利用食盐、醋、酱、糖的渗入及微生物的发酵作用而制得的一类制品。有发酵性腌制品和非发酵性腌制品两类。

知识点二　果蔬加工预处理

以新鲜水果蔬菜为原料,根据其形态及理化性质不同,通过不同的加工工艺可制成各种各样的食品,尽管各种果蔬加工品的制造工艺不同,但对原料的选择、分级、洗涤、去皮切分、破碎等处理均有共同之处。这些在实施某一特定工序之前的所有操作,叫作预处理。

(一)原料的选剔

选剔是一种加工处理过程,其原则是选优去劣,凡是符合加工要求的原料,必须剔除,如青刀豆的老荚,残次及腐烂、霉果等都要去除。

(二)原料的分级

1.品质分级

以保证达到规定的质量要求,包括色泽、成熟度、形态、硬度等指标,主要采用目视估测的方法进行。

2.大小分级

便于随后的加工处理,且使产品能够达到均匀一致。目前对于原料大小分级有两种方法,即人工分级和机械分级。人工分级是手工进行的,但也需要借助一定的辅助工具,如圆孔分级板等。采用机械分级可大大提高分级效率,且分级均匀一致。常用的有振动分级筛、滚筒分级机(山楂)、皮带分级机、重量分级机等 。

对原料大小分级的恒量标准有两种,即体积和重量。体积分级的指标有直径、长度、周长,有的种类需要借助体积和重量两种方法进行分级,如青豌豆,先按照其直径大小分级,再用不同密度的盐水依靠重量法对其品质进行分级。

3. 原料分级原则

对于罐藏原料，要特别注意其个体大小、形态与色泽。对无须保持原料形态的制品如果酒、果汁、菜汁、果酱等，则不需要进行形态及大小的分级，但仍需对其品质进行分级。各种原料的收购都有其大小及品质分级的具体标准。总的要求是形态整齐，大小均匀一致。

（三）原料的洗涤

原料洗涤的目的在于除去果蔬表面附着的尘土、泥沙和部分微生物以及可能残留的化学农药等，以保证产品的清洁卫生和质量。特别是新鲜蔬菜原料，洗涤不仅可以减少原料的初菌数，尤其是耐热性芽孢，还对除去蔬菜表面可能残留的农药具有十分重要的意义。

1. 洗涤材料

洗涤用水必须符合饮用水标准，除了生产果脯和腌渍类原料可用硬水外，其他加工原料通常应使用软水。水温一般是常温，有时为了提高洗涤效果可以用热水，但不适于柔软多汁、成熟度高的果蔬原料。若清洗前用水浸泡，则污物更易洗去，必要时还可用热水浸渍。对于有残留农药的原料，洗涤时须用化学洗涤剂处理，这样既可减少或除去农药残留，还可除去虫卵，降低耐热性芽孢数量。一般常用的化学洗涤剂有 0.5%～1.5%盐酸溶液、0.1%高锰酸钾溶液等，在常温下浸泡数分钟，再用清水洗去化学药剂。

注意清洗时必须用流动水或使原料震动及摩擦，以提高其洗涤效果，要注意节约用水。

2. 洗涤方法及设备

果蔬洗涤的方法很多，在生产中应根据各种果蔬原料被污染程度、耐压耐摩擦的能力以及表面情况的不同，选择不同的洗涤方法及设备。目前最简单的方法是手工洗涤，该方法简单易行，设备投资小，只需洗涤水池和自来水管就可以洗涤，但劳动强度大，且非连续化操作，效率低。较适宜于一些易损伤的浆果类水果，如葡萄、杨梅、草莓、樱桃等。机械洗涤是果蔬加工中原料洗涤的主要方法，其采用的设备种类较多，具体应根据生产条件、果蔬形状、质地、表面状态、污染程度、夹带泥土量以及加工工艺等选择合适的洗涤设备。

(1)洗涤水槽　洗涤水槽呈长方形，大小随需要而定，可 3～5 个连在一起呈直线排列。其槽体的建造及结构与手工洗涤水池(槽)相似，常用砖或不锈钢制成水槽的槽体。在槽内安装金属或木质滤水板，用以存放原料；在水槽上方安装冷、热水管及喷头，用来喷淋洗涤原料，并安装一根水管直通到槽底，以便洗涤喷洗不到的原料；在水槽侧壁的上部有溢水管，下部有排水管将水排入出水沟；在槽底也可安装压缩空气喷管，借通入压缩空气使水翻动，提高洗涤效果。

此种设备较简易，适用各种果蔬原料的洗涤。可以将果蔬放在滤水板上冲洗或放在水槽中浸洗，但不能连续化操作，速度慢，劳动强度大，耗水量多。

(2)压气式浮洗机　其关键在于洗涤槽内安装有许多压缩空气喷嘴，通过压缩空气使水产生剧烈的翻动，使原料在空气和水的搅动下不断翻滚，果实与水、果实与果实之间产生一定的摩擦，将原料表面清洗干净，在洗涤槽内的原料可以用滚筒、金属网、刮板等进行传递。此种设备用途广泛，适用于番茄、草莓、杨梅等柔软多汁的原料的洗涤(图 4-1)。

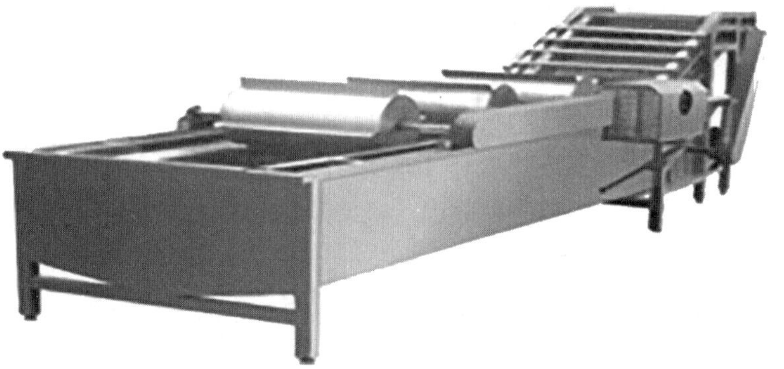

图 4-1 压气式浮洗机

(3)桨叶式清洗机　在洗涤槽内安装有桨叶，每对桨叶互相垂直排列，在主轴转动时桨叶起搅拌助洗和推动原料前进的作用，末端装有料斗。原料清洗时，槽内装满水，开动搅拌机，然后可连续进料、连续出料，原料在水中不断前进，通过水的翻滚摩擦作用而完成洗涤，新的洗涤用水也可以从槽体的另一端不断补充进入，满槽后多余水可由溢水口排出，此种设备适合于胡萝卜、甘薯、芋艿等质地较坚硬及表面耐磨损的原料的洗涤。

(4)振动式喷洗机　在洗涤装置的上方或下方均安装喷水装置，原料在连续的滚筒或其他输送带上缓缓向前移动，受到高压喷水的冲洗。喷洗效果与水压、喷头与原料间的距离以及喷水量有关，压力大，水量多，距离近则效果好。此种设备常在番茄、柑橘的连续生产线中应用。

(5)滚筒式清洗机　主要部分是一个可以旋转的滚筒，筒壁呈栅栏状，与水平面呈30°左右倾斜安装在机架上。滚筒内有高压喷头，以0.3～0.4 MPa的压力喷水，原料由滚筒一端经流水槽进入后，即随滚筒转动并与栅栏板条摩擦，同时被冲洗干净，滚至另一端出口，此种设备的洗涤效果受滚筒的旋转速度、筒壁的粗糙程度及洗涤时间的影响，比较适合于质地比较硬和表面不怕机械损伤的原料，如李、黄桃、甘薯、胡萝卜等(图4-2)。

图 4-2 滚筒式清洗机

(四)原料去皮

果蔬的外皮一般比较粗糙，有的还有不良气味，如苹果、桃、梨等，果皮角质化，通透性差，不适于加工，且外皮质地粗糙，品质差；柑橘外果皮含有橘皮苷等苦味物质，且容易引起沉淀，应进行去皮处理。

果蔬去皮时，只要求去掉不可食用或影响制品品质的部分即可。如过度去皮反而会增加原料的损耗，使产品质量低下。果蔬去皮的方法包括手工去皮、机械去皮、热力去皮、冷冻去皮和碱液去皮、酶法去皮等。

1. 手工去皮

手工去皮就是借助特殊的刀具进行人工削皮、刮皮、剥皮，其应用范围较广。优点就在于去皮干净、损失率少，并兼有修整的作用，还可与去心、去核、切分等同时进行，尤其是在原料质量较不一致的情况下更能显示出其优点。但手工去皮也存在费工、费时、生产效率低的缺点，不适合大规模生产。

2. 机械去皮

机械去皮是采用专门的去皮机械来进行的，它与手工去皮相比，效率高，质量好，但一般要求原料在去皮前进行严格的分级。另外，用于果蔬去皮的机械，特别是与果肉接触的部分必须用不锈钢或合金制成，否则会引起果肉迅速褐变或因器具被酸腐蚀而增加制品内的重金属。

(1)旋皮机　主要原理是在特定的机械刀架下将果皮旋去，适合于苹果、梨、柿等大型果品的去皮。

(2)擦皮机　利用内表面涂有金刚砂，形成粗糙表面的转筒。在旋转时借旋转摩擦的作用擦去果实表皮。此法去皮效率较高，但去皮后的表面不光滑，需进一步修整，而且原料的利用率低。主要适合于马铃薯、甘薯、荸荠、芋艿等原料。

(3)专用去皮机　豌豆、黄豆等采用专用的去皮机来完成，菠萝也有专门的菠萝去皮通心机及切端通用机，还有芦笋专用的削皮机等。

3. 碱液去皮

碱液去皮是果蔬原料去皮中应用最广的方法，处理正确时既经济又高效。其原理就是利用碱液的腐蚀性，将果实表皮与果肉间的中胶层腐蚀溶解，致使果实表皮脱落分离。绝大部分果蔬外皮由角质、半纤维素等组成，而果肉为薄壁细胞组成，果皮与果肉之间为中胶层，富含果胶，连接果皮与果肉。当原料与碱液接触时，外果皮的角质、半纤维素易被碱液腐蚀而变薄乃至溶解，中胶层的果胶被碱液水解而失去胶凝性，而果肉的薄壁细胞则比较抗碱，这样使果蔬的表皮脱落而保存果肉，如桃、李、杏、苹果、胡萝卜等。碱液处理的程度由中胶层细胞的性质决定，只要求溶解此层细胞，这样去皮恰当且果肉表面光滑，否则就会腐蚀果肉，使果肉部分溶解，造成果肉表面毛糙，同时增加原料损耗。

(1)碱液去皮的工艺条件　碱液去皮的作用和程度取决于碱液的浓度、处理的时间和碱液温度三个工艺参数。具体工艺参数随不同的果蔬原料种类、成熟度和大小而异。碱液浓度大、处理时间长及温度高都会增加皮层松离及腐蚀的程度，适当增加任何一个参数，都能加速去皮作用，反之则影响去皮效果。如温州蜜柑橘子瓣去囊衣时，浓度在 0.3%左右的碱液在常温下需 10～12 min 左右，35～40 ℃时只需 7～9 min，在 45 ℃时仅需处理 2 min 即可。而在 0.8%的浓度下 45 ℃只需处理 0.5 min。故生产中必须视具体情况灵活掌握三个工艺参数的关联作用，只要处理后经轻度摩擦或搅动能脱落果皮且果肉表面光滑，即为适度。

经碱液处理后的果蔬原料应立即投入流动水中漂洗，且反复换水、搓擦、淘洗，洗除果皮渣及黏附的余碱，直至果实表面无滑腻感，口感无碱味为止。有时为了加速降低 pH，可用 0.1%～0.2%的盐酸或 0.25%～0.5%的柠檬酸溶液浸泡几秒钟中和碱液，再用水漂洗除去盐类，这样兼有防止变色的作用。一般用盐酸比柠檬酸效果好，因盐酸解离后的 H^+ 和 Cl^- 对氧化酶有一定的抑制作用，而柠檬酸较难解离。同时，盐酸和余碱还可生成盐类，也可起到抑制酶活性的作用，更兼有价格低廉的优点。

常用的碱液为氢氧化钠或氢氧化钾，其腐蚀性强，为了更好地控制碱液去皮工艺，保证产品质量和去皮效果，还可以添加一些表面活性剂帮助去皮。通过表面活性剂降低果蔬的表面张力，再经润湿、渗透、乳化、分散等作用使碱液在低浓度下迅速达到很好的去皮效果。如在橘子瓣去囊衣时用 0.05％的蔗糖脂肪酸酯、0.4％的三聚磷酸钠、0.4％的氢氧化钠混合液在 50 ℃ 下处理橘瓣 2～3 s，即可冲洗去皮；桃、番茄等去皮时在碱液中添加 0.3％的 2-乙基己基碳酸钠或甲基萘磺酸盐，均可降低碱液浓度，增加表面光滑性，减少清洗水的用量。

（2）碱液去皮的方法及设备　碱液去皮的处理方法有浸碱法和淋碱法。

①浸碱法　可分为冷浸与热浸，生产上常用热浸，即将一定浓度的碱液装在特制的容器中，先加热，再将果实浸泡一定的时间并搅动、摩擦，取出后用水反复漂洗即可。

简单的热浸设备常为夹层锅，用蒸汽加热，原料的浸碱、取出、去皮均为手工操作。在大量生产时可用连续的螺旋推进式浸碱去皮机或其他浸碱去皮机械，其主要部件均由浸碱箱和清漂箱两大部分组成，切半后或整果的果实，先进入浸碱箱的螺旋转筒内，经过箱内的碱液处理后，随即在螺旋转筒的推进作用下，将果实推入清漂箱的刷皮转筒内，由于螺旋式棕毛刷皮转筒在运动中边漂洗、边刷皮、边推动的作用，将果皮刷去，原料由出口取出。此法适用于桃、李、杏等的浸碱去皮。

②淋碱法　即将热碱液喷淋于输送带上的果实上，经淋碱的果蔬原料进入转筒内，在冲水的情况下与转筒边翻滚边摩擦而去皮。此法广泛应用于杏、桃、巴梨等果实的去皮。

淋碱设备主要是专用的淋碱去皮机，如桃子淋碱去皮机。任何形式的淋碱去皮机，其碱液都应进行加热和循环使用。

碱液去皮的特点就是适应性广，几乎所有的果蔬均可应用碱液去皮，且对表面不规则、大小不一的原料也能达到良好的去皮效果；只要工艺条件掌握合适，既可减少损耗，提高原料利用率，又能节省人工、设备。但必须注意碱液的强腐蚀性，注意生产安全，并及时调整碱液浓度。

4. 热力去皮

热力去皮就是对果实进行短时间高温加热处理，使其表面迅速变热，且膨胀破裂，中胶层的果胶失去凝胶性，随之果皮与果肉组织分离，然后迅速冷却即可去皮。此法较适用于成熟度高的桃、杏、枇杷、番茄等薄皮果实的去皮。热力去皮根据采用热源的不同又分为热水去皮和蒸汽去皮。

（1）热水去皮　热水去皮时，若少量生产可采用夹层锅加热开水；若大量生产则应采用带有传送装置的蒸汽加热开水槽进行，果蔬原料经开水短时间处理后，即可用手工剥皮或用高压水冲洗去皮。如完熟的番茄在 95～98 ℃的开水中浸烫 10～30 s，取出冷水浸泡或喷淋，然后手工剥皮；枇杷在 95 ℃以上的开水中浸烫 2～5 min，即可剥皮。

（2）蒸汽去皮　蒸汽去皮通常用蒸汽去皮机，其型号很多，但主要部件是蒸汽供应装置，一般采用近 100 ℃的蒸汽，这样可以在短时间内使果皮松软，以便分离。当然具体的蒸汽处理时间，应根据原料的种类和成熟度情况来确定。如桃子蒸汽去皮，可先把充分成熟的桃子切半去核，皮向上放在不锈钢输送带上进入蒸汽去皮机（箱），用 100 ℃的蒸汽处理 8～10 min，以果皮蒸透为度，然后淋水冷却，再经毛刷辊或橡皮辊边冲洗、边刷皮、边翻滚，将果皮除去。

热力去皮的特点是原料损耗低，果肉色泽、风味保存好，但只适用于皮薄、成熟充分的果实。

5. 酶法去皮

酶法去皮就是利用果胶酶的作用，使组织间中胶层的果胶发生水解，以便脱去果皮。其关键技术在于掌握酶的浓度及酶处理的温度、时间、pH 等工艺条件的确定。如将橘子瓣放在1.5% 的 703 果胶酶溶液中，在 35～40 ℃和 pH 1.5～2.0 的条件下处理 3～8 min，即可达到除去囊衣的目的。采用酶法去皮的产品色泽、风味好，品质高，特别在橘子瓣去囊衣中效果尤为明显。

综上所述，果蔬原料去皮的方法很多，且各有其优缺点，在实际生产中应根据具体的生产条件、果蔬的状况来选择。不论采用哪种去皮方法，都以达到除净外皮不可食用部分，保持去皮后原料外表的光洁，注意防止去皮过度，以免增加果蔬原料的损耗及影响产品质量。

（五）切分、修整、破碎

果蔬原料在罐藏、干制、速冻、腌制及果脯蜜饯加工时，对大多数原料都需按照一定的工艺要求进行适当地切分。但切分的形状和大小须根据产品的标准和消费习惯而定，原料切分后的形状有块、片、条、丝以及对开或四分等。在罐藏及果脯蜜饯加工时，为了保持良好的外观形状，需对果块在装罐或糖制前进行修整，以便剔除果蔬去皮后果肉上未去净的皮以及残留于芽眼或梗洼中的皮，还有除去部分黑色斑点和其他病变组织；对全去囊衣的橘子瓣则需修整除去未去净的囊衣。在生产果酒、果蔬汁及果酱等制品时，加工前原料需破碎，使之便于压榨或打浆，提高出汁率和产品质量。此外，对于核果类、仁果类、柑橘类等果实，有时在加工前还需分别去核、去心或去种子；对枣、金橘、青梅等果实在加工蜜饯时也需进行划缝或刺孔，以便糖液的渗透等。

原料切分、修整、破碎的方法依原料的形状、性质和加工要求而不同，一般的修整、去心及去核可采用手工操作，借助一些专用的小型工具，如枇杷、山楂、枣的管状通核器，杏、桃、梨的匙形去核去心器，苹果的轮式切瓣器以及青梅的刺孔器等。但在规模生产时，原料的切分和破碎则采用专用的机械设备，常用的切分、破碎工具与设备如下：

（1）多功能切分机　为目前采用较多的切分机械，主要用于果蔬原料的切片、切块、切条或切丝等，设备中装有可换式组合刀具架，可根据需要选换刀具。

（2）专用切片机　常用的有蘑菇定向切片机、青刀豆切端机、甘蓝切条机。

（3）破碎打浆机　果蔬的破碎通常采用破碎打浆机完成。还有刮板式打浆机也常用于打浆、去籽。此外，在制造果酱时果肉的破碎还可采用绞肉机进行，而果泥则采用磨碎机或胶体磨破碎。葡萄酒生产中常用葡萄破碎、去梗、送浆联合机，直接将成穗的葡萄送入进料斗后，经破碎辊破碎、去梗后，再将果浆送入发酵池中，自动化程度很高。

（六）硬化处理

在果蔬加工过程中，一些原料本身质地较柔软，不耐热处理、易变形，为此常将原料放入石灰、明矾或氯化钙等溶液中浸泡进行硬化保脆处理，使蜜饯类制品能利用原料组织中的果胶，与硬化剂中的钙、镁等金属离子作用，生成不溶性的果胶酸盐，从而获得不同程度的松脆质地，提高其硬度和耐煮性。同样，在一些果蔬罐藏和速冻生产中也可加入适量的氯化钙，以增加原料的硬度，防止产品的发酥或软烂。

硬化剂的用量要适当，一般石灰水处理的浓度为0.5%～2.0%，氯化钙溶液浓度为0.1%～0.5%，明矾水溶液浓度为0.1%～0.2%。但在罐藏和速冻生产中氯化钙溶液浓度应控制在0.05%以下。注意硬化剂的用量过少往往起不到硬化作用；而过多则会引起原料纤维素钙化或生成果胶酸盐过多，反而使产品质地粗糙，品质下降，硬化处理的时间以渗透至原料中心为度。原料经过硬化处理后，还必须用清水彻底漂洗干净，除去残余的硬化剂。

(七)烫漂

烫漂是果蔬加工预处理中较为关键的工序之一，在生产上烫漂又称为预煮或杀青，即将已切分的或经过预处理的新鲜果蔬放入沸水(热水)或蒸汽中进行短时间的热处理。

1. 烫漂的作用

(1)钝化酶活性，防止酶促褐变　果蔬受热后可以钝化氧化酶的活性，停止其本身的生化活动，从而防止氧化酶引起的酶促褐变。这在速冻和脱水蔬菜加工中尤为重要。一般抗热性较强的多酚氧化酶在71～73.5 ℃、过氧化物酶在90～100 ℃的温度下处理1～3 min即失去活性。

(2)稳定色泽，减少维生素C的氧化损失　由于烫漂后果蔬组织中空气被排出，有利于果蔬罐头保持一定的真空度，并减少维生素C的氧化损失和罐内壁的腐蚀；对于含叶绿素的果蔬色泽更为鲜绿，不含叶绿素的果蔬则成为半透明状态，使成品更为美观。

(3)改进组织结构，增加细胞透性　烫漂使新鲜果蔬的细胞死亡，膨压消失，组织变得柔韧，富有弹性，不易破损。同时使细胞内原生质发生变性而与细胞壁分离，使细胞膜的透性增大，这样在果蔬干制时使细胞内的水分更容易蒸发而加快干燥速度；在糖制时更有利于糖分的渗透，缩短糖制时间，并避免裂纹和皱缩的产生。

(4)消除不良风味，改善风味　对于含有苦涩味或辛辣味和其他异味的果蔬原料，经过烫漂之后可减轻其不良风味。如石刁柏的苦味、菠菜的涩味以及辣椒的辛辣味等。无论是罐藏还是干制，烫漂均可使这些果蔬制品的品质得到明显的改善。

(5)杀灭微生物，减少初菌数　果蔬原料在去皮、切分或其他预处理过程中难免受到微生物等污染，经烫漂可杀灭附在原料表面的虫卵和部分微生物。减少对原料的污染，降低初菌数，这对于蔬菜速冻加工尤为重要。

但是烫漂处理同时也会造成一部分营养成分的损失。特别是采用热水烫漂时，果蔬视不同的状态将损失一部分的可溶性固形物。如切片的胡萝卜用热水烫漂1 min维生素C即损失26%，整条的也要损失16%，另外，矿物质及其他营养成分也受到一定损失。

果蔬烫漂后，必须及时用冷水或冷冻水迅速冷却，以冷透且终止热处理的作用，便于保持原料的脆性，减少营养成分的损失。

2. 烫漂的方法及设备

果蔬烫漂常用的方法有热水烫漂和蒸汽烫漂。一般手工操作可用夹层锅进行，而现代化生产都采用专门的连续化预煮设备，依其输送物料的方式，目前主要有链带式连续预煮机和螺旋式连续预煮机等。

(1)热水烫漂　即利用温度在沸点或沸点以下的热水进行烫漂处理，该操作既可以人工在夹层锅内进行，也可以在专门的连续化机械如链带式连续预煮机和螺旋式连续预煮机内进行，有时为了保持一些蔬菜的绿色，还常在烫漂水中添加0.5%的碳酸氢钠或其他碱性物质，使叶绿素在中性或微碱性条件下呈色更稳定。但这可能对维生素C的保存有一定的影响。此外，某些果蔬罐头可采用添加2%的食盐水或0.1%～0.2%的柠檬酸液进行烫漂处理，这样也有利于原料色泽的保存。

热水烫漂的特点是物料受热均匀，升温速度快，烫漂彻底，方法简便；但原料中部分维生素及可溶性固形物的损失较多，一般可达到10%～30%。在热水烫漂过程中，其烫漂用水中的可溶性固形物浓度会随着烫漂的进行不断加大，且浓度越高，果蔬中的可溶性物质的损失也随之逐渐减少，故生产中在不影响烫漂效果和品质的情况下，应避免频繁更换烫漂用水。如果重复使用烫漂水，则可减少其可溶性物质的流失，甚至还可以对有些原料的烫漂水进行收集浓缩并加以综合利用，如市场上生产的蘑菇酱油等。

(2)蒸汽烫漂　即在密闭的条件下，借蒸汽喷射使原料受热而进行烫漂处理。一般将采用蒸锅(笼)或蒸汽箱进行。蒸汽烫漂可以减少果蔬原料在烫漂处理中营养物质的损失，但必须用较好的设备，否则会因原料受热不均，烫漂不彻底而影响产品质量。

(八)工序间的护色

果蔬原料预处理工序间的护色是整个果蔬加工过程中品质管理的关键之一。若处理不当，不仅会影响产品的美观，而且也会引起营养成分和风味发生变化，使产品质量下降。因此了解和分析果蔬原料变色的原因，掌握抑制或控制其变色的措施有着非常重要的意义。

1.褐变原因

果蔬在去皮和切分之后，一旦与空气接触就会迅速发生褐变，从而影响产品的外观，也会破坏产品的风味和营养品质。究其原因有酶促褐变和非酶褐变，其中最主要的是酶促褐变所引起的。酶促褐变主要是由于果蔬中普遍存在酚类化合物，其在多酚氧化酶的催化下，被氧化并聚合生成酸类化合物使新鲜果蔬原料变色。这种褐变的程度关键取决于果蔬组织中酚类化合物的含量、酶的活性及氧气的存在。因为酚类化合物往往是不可能除去的，故控制酶促褐变主要从排除氧气和抑制酶活性两方面着手。而非酶褐变是在没有酶参与的情况下出现的变色现象，主要有美拉德反应(羰氨反应)、抗坏血酸氧化、脱镁叶绿素褐变及金属离子引起的褐变等。对于非酶褐变主要是通过降低温度、改变pH及控制金属离子含量等方法加以延缓及控制的。

2.护色措施

(1)烫漂护色　烫漂可以钝化酶的活性、防止酶促褐变、稳定和改进产品色泽。

(2)氯化物溶液护色　将去皮或切分后的果蔬原料浸于一定浓度的食盐水中护色。因为食盐本身对酶的活力有一定的抑制和破坏作用，同时食盐溶于水后，能减少水中的溶解氧从而抑制氧化酶的活性起到护色的效果，且食盐溶液浓度越高，则抑制效果越好。在果蔬预处理工序间的短期护色中，常用1%～2%的食盐水浸泡，能抑制酶活性3～4 h。注意，食盐水浓度过高，会使脱盐困难，有时对于容易变色的原料，可以再添加0.1%柠檬酸溶液，以增强护色效果，如桃、梨、苹果、莲藕等均可采用此法。

另外，在生产上有时还可用氯化钙溶液浸泡处理，这样既有护色作用，又能增进果肉的硬度，提高原料的耐煮性，此法常用于果脯蜜饯的护色处理。

(3)有机酸溶液护色　有机酸溶液既可降低pH以抑制多酚氧化酶的活性，又可减少氧的溶解度而兼有抗氧化作用。它是控制酶促褐变措施中广泛使用的方法之一。常用的有机酸有柠檬酸、苹果酸以及抗坏血酸等，但后两者费用较高，在生产中除了一些名贵的水果或速冻水果外，大多采用柠檬酸护色，一般柠檬酸浓度控制在0.5%～1%。

(4)加碱保绿　由于叶绿素的钾盐和钠盐都比较稳定，且具有与叶绿素相似的绿色，在生产中常作为蔬菜保持鲜嫩绿色的措施。其方法就是当蔬菜原料进行热水烫漂时，在烫漂水中添加0.5%的碳酸氢钠，这样经过烫漂后就能有效地保持蔬菜原有的鲜嫩绿色。

(5)抽空护色　对于一些组织比较疏松，含空气较多的果蔬原料，如苹果、番茄等，在罐藏加工中特别容易引起氧化变色，故生产上常采用抽空处理将原料周围及果肉组织中的空气排出，以便抑制酶的活性，防止酶促褐变。并且抽空后果块体积收缩，密度增大，对于防止果块上浮、降低热膨胀率、增加热传导、减少原料受热后软烂现象，皆具有重要的意义。

抽空是在真空罐中完成的，其操作规程为真空罐抽空至0.08 MPa以上(维持5～10 min)，加入抽空液，如20%～30%糖水，可在糖水中加入柠檬酸，抽空液与原料比为(1～1.2)∶1，维持真空度，抽至气泡微弱，在30～60 min内破除真空，浸渍6 h。抽空效果与抽空真空度、抽空温度、特别是破除真空的速度有很大的关系。

工作任务

任务一　叶绿素变化及护绿

果蔬中叶绿素a和叶绿素b是不稳定的物质，不耐光、热、酸等，不溶于水，易溶于碱、乙醇与乙醚，在碱性溶液中可皂化为叶绿素碱盐。果蔬中的叶绿素是与脂蛋白结合的，脂蛋白能保护叶绿素免受其体内存在的有机酸的破坏。叶绿素a的四吡咯结构中镁原子的存在使之呈绿色，但在酸性介质中很不稳定，而变为脱镁叶绿素，外观由绿色转变为褐绿色，特别是受热时，脂蛋白凝固而失去对绿色的保护作用，继而与果蔬体内释放的有机酸作用，使叶绿素脱镁。

研究发现，遇酸脱镁的叶绿素在适宜的酸性条件下，用铜、锌、铁等离子取代结构中的镁原子，不仅能保持或恢复绿色，且取代后生成的叶绿素对酸、光、热的稳定性相对增强，从而达到护绿目的。另外，铜离子是酶抑制剂，可以抑制酶促褐变，这样也有利于护色。

(一)材料与用具

菠菜、青刀豆、生菜；0.5% $NaHCO_3$、0.5% CaO、0.1% HCl溶液；电炉、不锈钢锅、水果刀、烧杯、竹筷、排瓷盘、烘箱、分析天平。

(二)操作步骤

(1)将清洗干净的新鲜菠菜、青刀豆、生菜分别在0.5% $NaHCO_3$、0.5% CaO、0.1% HCl溶液中浸泡30 min，沥干。

(2)将经上述处理的原料放在热水(90 ℃以上)中烫漂2～3 min，取出放入冷水中冷却，沥干。

(3)将清洗干净的对照蔬菜放在热水(90 ℃以上)中烫漂2～3 min，取出放入冷水冷却，沥干。

(4)将处理后的蔬菜样品和对照蔬菜放入60 ℃烘箱内恒温干燥。

(5)观察不同处理下蔬菜的色泽变化，并记录。

(三)实训记录

将实训结果填入表 4-1。

表 4-1　实训结果记录

原料名称	对照		0.5% $NaHCO_3$		0.5% CaO		0.1% HCl		备注
	烘前	烘后	浸后	烘后	浸后	烘后	浸后	烘后	

(四)实训思考

在本次实训中哪种护绿方法效果最好?

任务二　酶活性的检验及防止酶促褐变

蔬菜在加工过程中，由于过氧化物酶的作用，蔬菜氧化褐变，而这种氧化只有在酶、氧和底物三者共同存在时才能发生。烫漂处理是控制过氧化酶活性的最简单、最方便的方法。

(一)材料与用具

青刀豆、莲藕、马铃薯；水果刀、培养皿、电炉、不锈钢锅、温度计、烧杯、竹筷；0.3%过氧化氢、95%酒精、1.5%愈创木酚或联苯胺溶液。

(二)操作步骤

(1)将新鲜蔬菜清净，切成 3 mm 厚的薄片或小块，暴露于空气中，观察其切面颜色变化。

(2)用 95%酒精溶解愈创木酚或联苯胺，配成 1.5%的酒精溶液，置于培养皿中。

(3)新鲜蔬菜清净，然后切成 3 mm 厚薄片或小块放入愈创木酚或联苯胺溶液中浸泡后取出，即在切面上滴 0.3%过氧化氢，经过 1～2 min，观察其颜色变化。

(4)取新鲜蔬菜，分别在 80 ℃、90 ℃、100 ℃水中烫漂 1～3 min 并迅速用冷水冷却，然后重复上述愈创木酚或联苯胺溶液的显色试验，观察色泽变化，确定烫漂处理的最适时间和温度。

(三)实训记录

观察蔬菜色泽变化并记录数据(表 4-2)。

表 4-2　实训结果记录

原料	80 ℃			90 ℃			100 ℃			备注
	1 min	2 min	3 min	1 min	2 min	3 min	1 min	2 min	3 min	

注：颜色以很明显、明显、较明显、略有显色、无色等分别填写。

(四)实训思考

如何确定典型蔬菜烫漂的最佳工艺条件?

知识拓展

加工用水及其处理

(一)水质及加工用水要求

水是果蔬产品加工中最主要的材料之一,用量大而且对水质要求严格。用水主要包括原料洗涤、烫漂、糖盐配制、冷却等直接接触用水,以及锅炉用水和设备容器及厂房个人卫生用水。不同用水对水质要求不同,对产品质量也有直接影响。

凡是直接与原料及其制品接触的水均应符合GB 5749—2022《生活饮用水卫生标准》。要求水质无色透明,澄清,无悬浮物、沉淀物;无臭无异味;不含硫化氢、氨、硝酸盐和亚硝酸盐类,不应含有过多的铁盐及锰盐类;无致病细菌,无耐热性微生物及寄生虫卵。不含对人体健康有害的物质;1 L水中细菌总数不超过100个,大肠杆菌不得检出。

水的硬度是另一项与加工质量密切相关是指标。水的硬度是以水中氧化钙的含量来衡量。常以德国度表示。即硬度1°相当于1 L水中含CaO 10 mg。通常,硬度在8°以下称软水,在8°～16°称中等硬水,在16°以上称硬水。制作蜜饯、泡菜以硬水为宜,可增加制品的脆度、硬度;果蔬汁、果酒、速冻制品以软水为好;干制品使用中等硬水可使制品组织不致软化;而锅炉用水应使用软水,以防止锅炉结垢,降低热效率,甚至引起锅炉爆炸。

(二)加工用水处理

加工用水主要有地表水(江、河、湖、水库水及自来水等)和地下水(井水、泉水等)。其中,水若来源于井水和自来水,可直接作加工用水,但不符合软水使用要求;若来源于江、河、湖、水库,必须经过净化处理才能使用。加工用水一般要经过澄清、过滤、软化、消毒、除铁锰处理。

1.澄清与过滤

澄清与过滤是将水中不溶性悬浮物和胶体物质除去的过程。澄清分为自然澄清法和加混凝剂法。

(1)自然澄清法　将水静置于贮水池中,待其自然澄清。这种方法主要是除去水中的粗大悬浮物质。

(2)加混凝剂法　主要除去水中细小悬浮物质和胶体物质。水中的胶体物质不易沉降的原因是同一种胶体的颗粒带同性电荷,彼此的电性斥力使颗粒间相互排斥。加入混凝剂后,混凝剂在水中可水解产生异性电荷,与胶体物质发生电荷中和而凝集下沉。常用的混凝剂为铝盐和铁盐,如明矾、硫酸铝、硫酸亚铁、三氯化铁等。

2.过滤

过滤即将水通过颗粒状介质层分离不溶性杂质的过程。常用的过滤设备有沙石过滤器和沙棒过滤器。砂石过滤器滤层由上而下依次为小石、粗沙、无烟煤、石英砂、磁铁石等;沙棒过滤器是采用细微颗粒的硅藻土和骨灰，经成型后高温焙烧而成的带有极多毛细孔隙的中空滤筒。沙棒使用前应用75%酒精或10%漂白粉消毒处理，安装时凡与净水接触的部位都应消毒。过滤器要定期进行反洗处理，即利用反向水流的冲力除去滤层中的杂质，重新恢复过滤能力。

3. 软化

对于要求用软水的操作及制品，水要进行软化处理，用以降低水的硬度。目前常用的软化方法有离子交换法、电渗析法和反渗透法等。

（1）离子交换法　当硬水通过离子交换器中的离子交换树脂时，水中离子和树脂上的同性离子相互交换，从而使水得以软化。离子交换树脂有阳离子交换树脂和阴离子交换树脂，其中阳离子交换树脂用于水的软化处理。如钠离子交换树脂、氢离子交换树脂。阳离子交换树脂中 Na^+ 或 H^+ 将水中的 Ca^{2+}、Mg^{2+} 等阳离子置换出来，使水得以软化；阴离子交换树脂中的 OH^- 可将水中的 Cl^-、HCO_3^-、SO_4^{2-}、CO_3^{2-} 等阴离子置换出来。其交换反应如下：

$$CaSO_4 + 2R\text{-}Na \longrightarrow Na_2SO_4 + R_2Ca$$

$$Ca(HCO_3)_2 + 2R\text{-}Na \longrightarrow 2NaHCO_3 + R_2Ca$$

$$MgSO_4 + 2R\text{-}Na \longrightarrow Na_2SO_4 + R_2Mg$$

$$Mg(HCO_3)_2 + 2R\text{-}Na \longrightarrow 2NaHCO_3 + R_2Mg$$

式中，R-Na 为钠离子交换剂分子式简写，R 代表它的残基。硬水中的 Ca^{2+}、Mg^{2+} 被 Na^+ 置换出来，并残留在交换剂中，水被软化。当钠离子交换剂中的 Na^+ 全部被 Ca^{2+}、Mg^{2+} 置换后，交换剂失效，应对交换剂进行再生处理。用5%～8%食盐溶液进行再生处理，使食盐中的 Na^+ 重新将交换剂中的 Ca^{2+}、Mg^{2+} 交换出来，再用水将置换出来的钙盐和镁盐冲洗掉，离子交换剂又恢复了软化水的能力，可继续使用。同样，硬水通过氢离子交换剂（R-H）时，水中的 Ca^{2+}、Mg^{2+} 被 H^+ 置换而使水软化，氢离子交换剂失效后，可用硫酸再生。

（2）电渗析法与反渗透法　电渗析法与反渗透法都是膜分离技术（表4-3）。

表 4-3　电渗析法、反渗透法作用比较

项目	电渗析法	反渗透法
作用原理	利用具有选择透过性和良好导电性的离子交换膜，在外加直流电场作用下，根据异性相吸、同性相斥原理，使水分别通过阴、阳离子交换膜而净化	溶液在一定压力下，通过反渗透膜，将其中溶剂（纯水）分离出来，从而使水分离或溶液浓缩
使用膜类型	阳离子交换膜：带负电核，吸附阳离子并使其通过，阻止阴离子 阴离子交换膜：带正电荷，吸附阴离子并使其通过，阻止阳离子	半透膜，如乙酸纤维素膜、芳香聚酰胺纤维膜
使用范围	海水和咸水的淡化处理	海水和咸水淡化；硬水软化；果汁、牛乳、咖啡等浓缩；细菌、病毒分离
特点	不需化学药剂，无污染，对盐类除去量易控制，投资少，操作简单，耗能少，检修方便，占地少	应用范围广，耗能少，无污染，操作简单，设备体积小，但投资大

4.消毒

水中除含有大量的悬浮物及胶体物质外，还含有大量的微生物，其中不乏致病及有害微生物，消毒处理，即指杀灭水中的病原菌及有害微生物，防止因水中的致病菌导致消费者产生疾病，并非将全部微生物杀灭。目前常用的方法有氯化消毒、臭氧消毒和紫外线消毒。

(1)氯化消毒　是目前广泛使用的简单有效的方法。常用药剂有氯气及含有效氯的化合物，如漂白粉、氯胺、次氯酸钠等。其作用原理是利用药剂在水中生成次氯酸(HClO)，HClO能穿透细菌细胞膜而进入细菌体内并破坏某些酶系统，从而造成细菌的死亡。

氯化消毒法药剂使用量以输水管网末端放出水的余氯量在0.1～0.3 mg/L为宜。小于0.1 mg/L时不安全，大于0.3 mg/L时，水有明显的氯臭味。为使管网末端保持0.1 mg/L以上余氯量，同时综合考虑微生物种类、氯浓度、水温、pH等影响，一般总投氯量为4～12 mg/L，作用时间在2 h以上。另外，加工用水余氯应尽可能除去，防止其氧化色素及香料，同时影响制品风味。

(2)臭氧消毒　臭氧(O_3)是强氧化剂。其瞬时灭菌能力优于氯，比氯灭菌快15～30倍。臭氧消毒的作用原理是臭氧极不稳定，在水中极易分解成氧气和氧原子。氧原子性质极活跃，有强氧化性，使微生物因氧化而失去活性，对细菌及其孢子都有很好的灭活作用。

臭氧一般要随时制取随时使用，臭氧发生器可将空气或氧气通过高压放电而产生臭氧。然后，臭氧通过氧化塔进入布气系统与水充分接触、混合，当臭氧达到一定浓度后，即起到杀菌作用。

(3)紫外线消毒　紫外线是波长为136～390 nm的不可见光，其中波长265～266 nm的杀菌力最强。其作用原理是微生物在受紫外线照射后，其体内核酸及蛋白质会吸收紫外光谱能量而变性，引起细胞死亡。紫外线对清洁透明的水有一定的穿透力，可使水消毒。

目前，有专门的汞灯用于紫外线消毒。汞灯功率及数量的选择，应综合考虑环境温度、水处理量及照射时间的影响。灯管使用一段时间后，紫外线发射能力会降低，应及时更换灯管。

5.除铁、锰

含铁量较高的水，需在过滤前进行除铁处理。方法是将水喷成细雾，自2 m高处落下，与空气充分接触，使水中溶解的二价铁盐经氧化形成不溶性三价铁盐，再过滤除去。锰则可通过加氯或氧化剂如高锰酸钾，氧化成二氧化锰沉淀而除去。

复习思考题

1.果蔬加工对原料的种类和品种有什么具体要求？
2.简述食品败坏的原因及其主要保藏方法。
3.果蔬的成熟度和新鲜度对产品加工有何影响？
4.果蔬原料的去皮常用哪些方法？其原理是什么？
5.果蔬烫漂处理的作用是什么？
6.分析果蔬加工工序间变色的原因及其控制的措施。

项目五

果蔬罐藏技术

学习目标

1. 了解罐藏容器的选择和处理方法，掌握果蔬罐藏常见的质量问题及对策。
2. 理解罐制品杀菌和排气的影响因素、罐制品贮藏的影响因素。
3. 掌握罐制品加工基本技术及几种主要果蔬罐头对原料的要求和加工工艺要点。

工作任务及要求

1. 计算果蔬罐制品的杀菌 F 值。
2. 确定果蔬罐制品的杀菌公式。
3. 制备果蔬罐制品的填充液。
4. 明确果蔬罐制品的加工工艺要点。

岗位技术知识

知识点一　罐制品加工的基本理论

罐制品又称罐头，是将食品原料经过预处理，装入容器，经密封、杀菌、冷却等工序制成的食品。罐头食品具有常温下可长时间存放，能较好保存食品原有的色、香、味和营养价值，处于密封杀菌的商业无菌条件下，加工中不需要加入任何防腐剂等许多优点。

罐制品之所以能长期保藏，主要是罐藏条件（排气、密封、杀菌）和杀灭罐内引起败坏、产毒、致病的微生物，破坏原料组织中酶的活性，并保持密封状态，使罐头不再受外界微生物的污染。

（一）罐制品保藏基本知识

食品败坏的主要原因是微生物的生长繁殖和食品内所含酶的活动。而微生物的生长繁殖及酶的活动必须要具备一定的环境条件，食品罐藏机理就是要创造一个不适合微生物生长繁殖活动的环境条件，从而达到能在室温下长期保藏的目的。

1. 罐制品与微生物的关系

微生物的生长繁殖是导致食品败坏的主要原因之一，罐制品如杀菌不充分，残存在罐头内的微生物当条件转变到适宜于其生长活动时，或密封不严而造成微生物重新侵入时，就能造成罐制品的败坏。

食品中常见的微生物主要有霉菌、酵母和细菌。霉菌和酵母广泛分布于大自然中，耐低温的能力强，但不耐高温，一般在加热杀菌后的罐制品中不能生存，加之霉菌又不耐密封条件，因此，这两种菌在罐制品生产中是比较容易控制和杀死的。导致罐制品败坏的微生物主要是细菌，因而，热杀菌的标准都是以杀死某类细菌为依据的。

依据细菌对氧的要求可将它们分为需氧、厌氧和兼性厌氧菌。需氧菌因罐制品的排气密封而受到限制，而厌氧菌仍能活动，如果在加热杀菌时其没有被杀死，则会造成罐制品的败坏。

不同的微生物具有不同的适宜生长的 pH 范围，产品的 pH 对细菌的重要作用是影响其对热的抵抗能力，pH 越低，在一定温度下，降低细菌及芽孢子的抗热力越显著，也就提高了杀菌的效应。食品根据酸性强弱，可分为酸性食品(pH 4.5 或以下)和低酸性食品(pH 4.5 以上)。也有将食品分为低酸性食品(pH 5.0～6.8)、酸性食品(pH 4.5～3.7)和高酸性食品(pH 3.7～2.3)的。在实际应用中，pH 4.5 以下的酸性食品(水果罐头、番茄制品、酸泡菜和酸渍食品等)，通常杀菌温度不超过 100 ℃；pH 4.5 以上的为低酸性食品(如大多数蔬菜罐头和肉禽水产等)，通常杀菌温度要在 100 ℃以上。pH 4.5 这个界限是根据肉毒梭菌在不同 pH 下的适应情况而定的，低于此值，肉毒梭菌的生长受到抑制，不产生毒素；高于此值，适宜肉毒梭菌生长并产生致命的外毒素。

根据对温度的适应范围，将细菌分为嗜冷性细菌、嗜温性细菌和嗜热性细菌。嗜温(热)性细菌对罐制品的威胁很大，因此，罐制品的杀菌主要是杀死这类细菌及其孢子。

2. 罐制品与酶的关系

果蔬原料中含有各种酶，参与并能加速果蔬中有机物质的分解变化，如对酶不加控制，就会使原料或制品发生变质。因此，必须加强对酶的控制，使其不对原料及制品发生不良作用而造成品质变坏和营养成分损失。

酶的活性和温度有着密切的关系。大多数酶适宜的活动温度为 30～40 ℃，如果超过此温度，酶的活性就开始遭到破坏，当温度达到 80～90 ℃时，受热几分钟后，几乎所有的酶活性都遭到了破坏，它们所催化的各种反应速度也会随之下降。

然而生产实践中还发现，有些酶会导致罐藏的酸性或高酸性食品的变质，甚至某些酶经热力杀菌还能促使其再度变化，如过氧化酶在超高温热力杀菌(121～150 ℃瞬时处理)时能再度活化，微生物虽全被杀死但某些酶的活力却依然存在。因此加工处理中，要完全破坏酶活性，防止或减少由酶引起的败坏，还应综合考虑采用不同的措施。

3. 排气处理对罐制品贮藏的影响

罐制品在贮藏期间发生的腐败变质、品质下降以及罐内壁的腐败等不良变化，很大程度上是由于罐内残留了过多的氧气。所以在罐制品生产工艺中，排气处理对罐制品质量好坏也有着至关重要的影响。

排气处理达不到一定要求，容易使需氧菌特别是其芽孢生长发育，从而使罐内食品腐败变质而不能较长时间贮藏。过多的氧会对食品色、香、味及营养物质保存产生影响，如苹果、蘑菇及马铃薯等果蔬的果肉组织与氧气接触特别容易产生酶促变色；加热温度在 100 ℃以上时，如有氧存在，维生素就会缓慢地分解，而无氧存在时就比较稳定；罐内和食品内如有空气存在，则罐内壁常会在其他食品成分的影响下出现严重腐蚀现象，从而大大影响贮藏性。

4. 密封措施对罐制品贮藏的影响

罐制品之所以能长期保存不坏，除了充分杀灭了能在罐内环境生长的腐败菌和致病菌外，主要是依靠罐藏容器的密封，使罐内食品与罐外环境完全隔绝，不再受到外界空气及微生物污染而引起腐败。罐制品密封性的好坏也直接影响着罐制品贮藏期的长短，不论何种包装容器，如果未能获得严格的密封，就不能长期保存，因此，罐制品生产过程中严格控制密封的操作，保证罐制品的密封效果是十分重要的。

(二)罐制品杀菌公式的确定

罐制品能长期保存是因为通过加热将罐内的微生物杀死了，了解高温对微生物的影响以及热在杀菌时的传递情况，然后制定出合理的杀菌条件，才能达到杀菌的目的。

1. 罐制品杀菌的意义

罐头加工、运输和贮藏中，凡能导致罐头食品腐败变质的各种微生物都称为腐败菌。

用于罐头食品加工的蔬菜和水果等原材料不可避免地被许多微生物污染，这些微生物可能使食品成分分解变质，可能导致人体中毒，引发各类疾病甚至死亡，因此在制罐时必须对罐头进行杀菌处理。制罐原料在经过预处理装罐排气后，进行密封以隔绝罐内食品成分与罐外环境的接触，然后进行杀菌处理。此操作在破坏罐内食品成分的酶活性的同时，也实现了罐头食品的商业无菌。

2. 杀菌对象的选择

引起罐头败坏的因素很多，其中微生物是引起罐头败坏的主要因素。原料装罐前引起败坏的微生物主要是细菌、霉菌和酵母菌，制罐后在罐藏条件下导致罐头败坏的微生物则主要是细菌。罐头加工中若杀菌不充分，罐头内残留有害微生物，或因密封缺陷使罐头重新感染新的微生物等都会引起腐败变质。罐头的种类不同，引起败坏的微生物种类也有较大差异。

罐制品的酸度(pH)是选定杀菌对象的重要因素。不同 pH 的罐制品中，腐败菌及其耐热性各不相同。一般来说，在 pH 4.5 以下的酸性或高酸性食品中，霉菌和酵母菌这类耐热性低的作为主要杀菌对象(有时选用酶类作为杀灭对象)，所以比较容易控制和杀灭。而 pH 4.5 以上的低酸性罐制品，杀菌的主要对象是那些在无氧或微氧条件下，仍然活动而且生产芽孢的厌氧菌，这类细菌的芽孢抗热力是很强的。

生产中常以难以杀灭的菌种作为杀菌对象。致病菌中的肉毒梭菌，耐热性很强，其芽孢在 100 ℃经 6 h 或 120 ℃经 4 min 的加热条件下才能被杀死，并且这种菌在食品中出现的概率较高，所以常以肉毒梭菌的芽孢作为 pH 大于 4.5 的低酸性食品杀菌的对象菌。嗜热脂肪芽孢杆菌常出现在蘑菇、青豆和红烧肉等 pH 高于 4.5 的罐头食品中；凝结芽孢杆菌常出现在番茄及番茄制品等 pH 低于 4.5 的食品中，导致罐头食品的平盖酸败。

3. 杀菌 F 值的计算

制定合理的杀菌工艺条件是确保罐制品质量的关键，而制定杀菌工艺条件主要是确定杀菌温度和时间。杀菌工艺条件制定的原则是在保证罐藏食品安全性的基础上，尽可能地缩短杀菌时间，以减少热力对食品品质的影响。

杀菌温度的确定是以对象为依据的，一般以对象平均的热力致死温度作为杀菌温度。杀菌时间的确定则受多种因素的影响，在综合考虑的基础上，通过计算确定。

（1）微生物耐热性的常见参数　微生物的耐热性与罐头食品的杀菌有着密切关系，直接影响杀菌温度和杀菌时间等。影响微生物耐热性的因素有菌种与菌株、热处理前细菌芽孢的培育、热处理时的介质（或食品成分）及热处理时的湿度等。

实验证明，细菌被加热致死的速率与被加热体系里现存细菌数成正比。这表明热致死规律按对数递减进行，意味着在恒定热力条件下，在相等时间间隔内，细菌被杀死的百分比是相等的，与现存细菌多少无关，也就是说，在一定致死温度下，若第一分钟杀死原始菌数的 90%，第二分钟杀死剩余细菌数的 90%，依此类推。据此，我们给出“D 值”的概念，即在一定的环境和一定热致死温度条件下，杀死 90%原有微生物芽孢或营养体细菌数所需要的时间（图 5-1）。D 值的大小，与微生物的耐热性有关，D 值越大，它的耐热性越强。

若以热力致死时间的对数值为纵坐标，以温度变化为横坐标，则可得到一条直线，即热力致死温度时间曲线（图 5-2），我们把热力致死温度时间曲线的一个对数循环周期，即加热致死时间变化 10 倍时所需的温度称为“Z 值”。$Z=10$，表示杀菌温度提高 10 ℃。则热力致死时间就减为原来的 1/10。Z 值越大，说明微生物的抗热性越强。

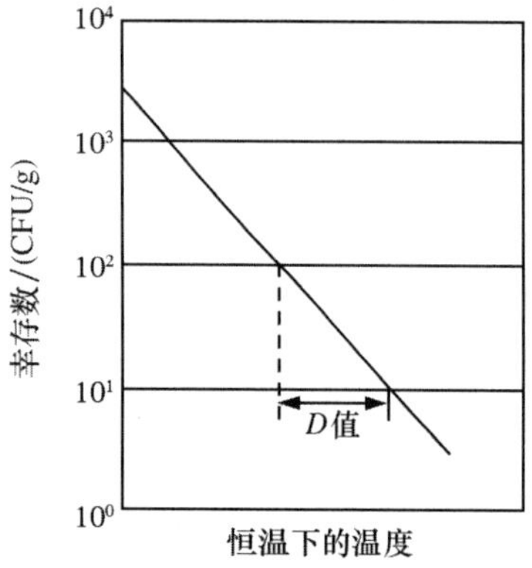

图 5-1　杀菌速率曲线

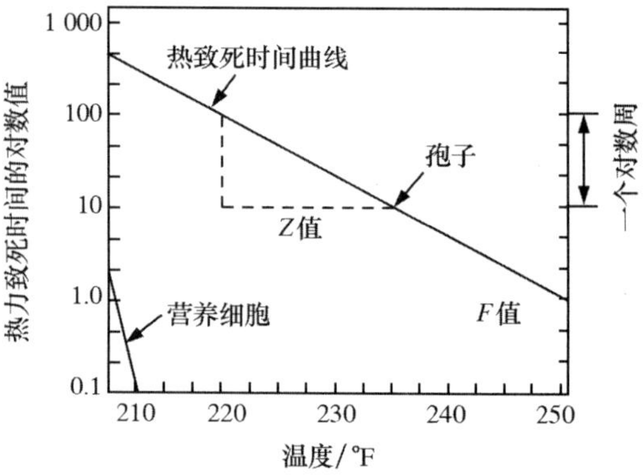

图 5-2　细菌孢子及营养体的热力致死温度时间曲线

在恒定的加热标准温度条件下（121 ℃或 100 ℃）。杀灭一定数量的细菌营养体或芽孢所需的时间（min），称为 F 值，也称为杀菌效率值、杀菌致死值或杀菌强度。

F 值包括安全杀菌 F 值和实际杀菌 F 值。安全杀菌 F 值是在瞬时升温和降温的理想条件下估算出来的，安全杀菌 F 值也称为标准 F 值，它被作为判别某一杀菌条件合理的标准值，它是通过对罐制品杀菌前罐内微生物检测，选出该种罐制品常被污染的全部对象菌的种类和数量并以对象菌的耐热性参数为依据，用计算方法估算出来的，其计算方法如下：

$$F_{安}=D_{T}(\log a-\log b)$$

式中，$F_{安}$——在恒定的加热致死温度下，杀死 90%的对象菌所需的时间，min；

a——杀菌前对象菌的总数；

b——罐制品允许的腐败率。

而实际生产中，罐制品杀菌都有一个升温和降温的过程，在该过程中，只要在致死温度下都有杀菌作用，所以可根据估算的安全杀菌 F 值和罐制品内食品的导热情况根据杀菌公式来进行实验，并测定杀菌过程中罐制品中心温度的变化情况，来算出实际杀菌 F 值。实际杀菌 F 值应略大于安全杀菌 F 值，如果小于安全杀菌 F 值，则说明杀菌不充分，应适当提高杀菌温度或延长杀菌时间；如果大于安全杀菌 F 值很多，则说明杀菌过度，应适当降低杀菌温度或缩短杀菌时间，以提高和保证食品品质。

(2) 杀菌公式　杀菌条件确定后，通常用“杀菌公式”的形式来表示，即把杀菌温度、杀菌时间排列成“公式”的形式。一般“杀菌公式”表示为：

$$\frac{t_1-t_2-t_3}{T}$$

式中，t_1——升温时间，min；

t_2——恒温杀菌时间(保持杀菌温度时间)，min；

t_3——降温时间，min；

T——杀菌温度，℃或℉。

(三)影响杀菌效果的主要因素

影响罐制品杀菌效果的因素很多，主要有微生物的种类和数量、食品的性质和化学成分、传热的方式和速度。

1. 微生物的种类和数量

不同的微生物抗热能力有很大的差异、嗜热性细菌耐热性很强，芽孢又比营养体更加耐热。而食品中所污染的细菌数量，尤其是芽孢数越多，同样的致死温度下杀菌所需的时间越长(表 5-1)。

表 5-1　孢子数量与致死时间的关系

孢子数 /(个/mL)	在 100 ℃下的致死时间 /min	孢子数 /(个/mL)	在 100 ℃下的致死时间 /min
72 000 000 000	230～240	650 000	80～85
1 640 000 000	120～125	16 400	45～50
320 000 000	105～110	328	35～40

食品中细菌数量的多少取决于新鲜程度和杀菌前的污染程度。罐制品在杀菌前污染的菌数越多，耐热性越强，在相同温度下所需的致死时间越长。

2. 食品的性质和化学成分

(1)食品的酸度(pH)　食品的酸度对微生物及其芽孢的耐热性的影响十分显著，对于绝大多数微生物来说，在 pH 中性范围内耐热性最强，pH 升高或降低都会减弱微生物的耐热性。特别是在偏向酸性时，促使微生物耐热性减弱作用更明显。如需氧菌的芽孢在 pH 4.6 的酸性条件培养基中，121 ℃处理 2 min 就可杀死，而在 pH 6.1 的培养基中则需要 9 min 才能杀死。低酸性食品一般采用高温高压杀菌，即杀菌温度高于 100 ℃，酸性食品则采用常压杀菌，杀菌温度不超过 100 ℃。

(2)食品中的化学成分　食品中的糖、淀粉、蛋白质、盐等对微生物的耐热性也有不同程度的影响。糖浓度越高,杀灭微生物芽孢所需的时间越长,浓度很低时,对微生物耐热性的影响很小;淀粉、蛋白质能增强微生物的耐热性;低浓度的 NaCl 对微生物的耐热性具有保护作用,高浓度的食盐对微生物的耐热性有削弱作用。

3.传热的方式和传热速度

罐制品杀菌时,热的传递主要借助热水或蒸汽为介质,因此杀菌时必须使每个罐制品都能直接与介质接触。热量由罐制品表面传至罐制品中心的速度对杀菌效果有很大影响。影响罐头食品传热速度的因素主要有罐藏容器的种类和形式、食品的种类和装罐状态、罐制品的初温、杀菌锅的形式和罐制品在杀菌锅中的状态等几个方面。

知识点二　罐制品加工技术

(一)工艺流程

工艺流程如图 5-3 所示。

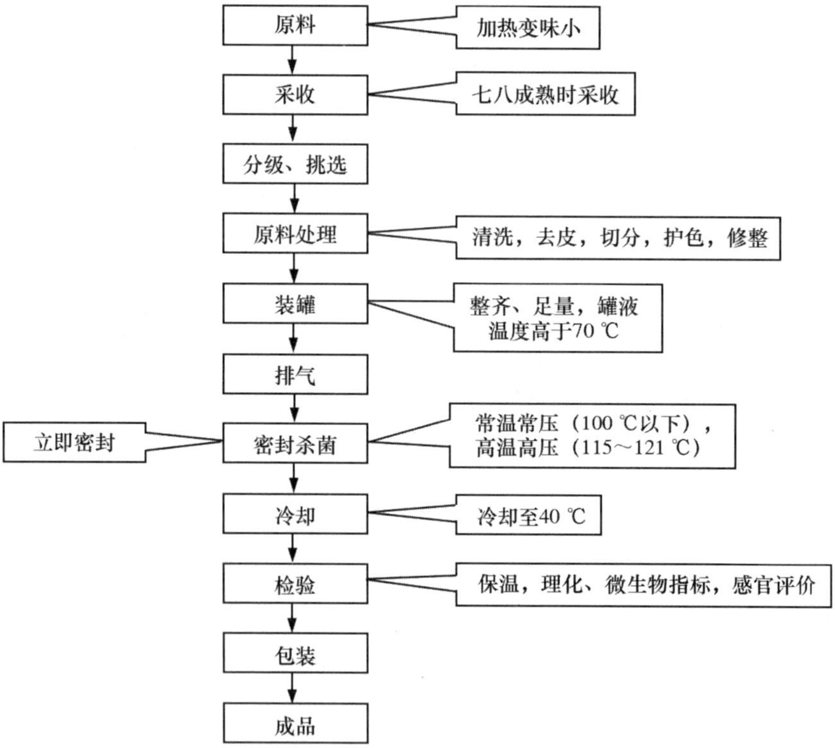

图 5-3　罐制品加工工艺流程

(二)原料的选择

罐藏原料的选择是保证罐制品质量的关键。一般原料要求:具有良好的色、香、味,糖、酸含量高,比例适当,粗纤维少,无异味,大小适当,形状整齐,耐高温等。

水果常用的罐藏原料有柑橘、桃、梨、杏、菠萝等;蔬菜有竹笋、芦笋(石刁柏)、蘑菇、四季豆、甜玉米、荸荠等。

（三）装罐和预封

1. 罐藏容器的选择

（1）对罐藏容器的要求　罐藏容器对于罐头食品的长期保存起重要作用，而容器材料又是关键。容器材料要求无毒、耐腐蚀、能密封、耐高温高压、与食品不发生化学反应、质量轻、价廉易得、能耐机械化操作等。

（2）常用罐藏容器的特性　罐头食品加工中常用的罐藏容器主要有以下几种。

①马口铁罐　由两面镀锡的低碳薄钢板制成。一般由罐身、罐盖、罐底三部分焊接而成、镀锡采用热浸法和电镀法两种，热浸法镀锡厚度为$(1.5\sim2.3)\times10^{-3}$ mm；电镀法镀锡层厚度为$(0.4\sim1.5)\times10^{-3}$ mm，生产上应用较为广泛。

②铝罐　由铝或铝合金制成。一般由罐盖、罐底两部分焊接而成。质轻、传热快、避光，易成型，易变形，不适于焊接，阻气。成本高，寿命短。

③玻璃罐　质量良好的玻璃罐应呈透明状，无色或微带黄色，罐身应平整光滑，厚薄均匀，罐口圆而平整，底部平坦，具有良好的化学稳定性和热稳定性。

④软包装　由一种耐高压杀菌的复合铝箔制成的袋状罐藏包装容器，俗称软罐头。包装材料一般有3～5层，多者可达9层。外层是12 μm的聚酯膜，起加固及耐高温作用。中层为9 μm的铝箔，具有良好的避光性，防透气，防透水。内层为70 μm的聚烯烃膜，有良好的热封性能和耐化学性能，能耐121 ℃高温，又符合食品卫生要求。蒸煮袋的特点是重量轻，体积小，易开启，携带方便，热传导快，可缩短杀菌时间，能较好地保持食品的色香味，可在常温下贮存，质量稳定，取食方便等。

2. 装罐前容器的处理

装罐前首先根据食品的种类、特性、产品的规格要求以及有关规定选定合适的容器，然后按规范要求进行清洗、消毒、罐盖打印等处理。

罐藏容器在加工、运输和存放中常附有灰尘、微生物、油脂等污物，因此，使用前必须对容器进行清洗和消毒，以保证容器的卫生，提高杀菌效率。

罐藏容器清洗的方法有人工清洗和机械清洗两种，金属罐的清洗在大中型现代企业多采用洗罐机进行，小型企业多采用人工清洗消毒。罐头生产企业应尽可能创造条件应用洗罐机进行清洗消毒。

玻璃瓶机械清洗设备常用的有喷洗式洗瓶机、浸喷组合式洗瓶机等。喷洗式洗瓶机工作时先用高压热水进行喷射冲洗，然后再用蒸汽进行消毒。

3. 装罐的基本要求

食品原料在经加工处理后一般要求按规格标准及时装罐，以保证罐头成品的质量。

（1）含量　罐头食品的含量分为净含量和固形物含量。净含量是指罐头的重量减去空罐的重量，即罐内的所有内容物，包括液态部分和固形物部分。固形物含量是指罐内固态食品的重量。

（2）质量　罐藏食品要求在同一罐内的内容物，其大小、色泽和成熟度等基本一致，但即便是同一批次的食品原料，其质量差异也很大，可在尽量满足大小、色泽、成熟度等基本一致的情况下，进行合理搭配，在保证产品质量的同时，提高原料的利用率，降低生产成本。

(3)顶隙　顶隙是指罐内食品的表面与罐盖内表面之间的空隙。通常罐头食品的顶隙为6～8 mm。顶隙是罐头罐装时的重要指标，罐头内的真空度大小、罐头卷边密封的良好程度、罐头是否发生假胀罐（假胖听）或瘪罐、金属罐内壁是否被腐蚀，以及罐头内食品是否变色、变质等，均与顶隙的大小有关。

(4)装罐时间　经加工处理合格的半成品要及时装罐，不能积压，以防被微生物感染变质，影响后期罐头的杀菌效果，影响罐头产品的质量。

(5)严格防止各类杂物混入罐内　装罐时要注重清洁卫生，严防头发、手指套、抹布、绳子、小工具等杂物混入罐内。

4. 装罐方法

装罐方法分为人工装罐和机械装罐两种。根据产品的性质、形状和要求等选用不同的装罐方法。对于块状体的罐头食品，人工装罐较机械装罐更能做到大小、色泽、形态、成熟度等均匀一致和按要求排列装罐，提高原料的利用率，降低成本；机械装罐更适用于浆状体的罐头食品，罐装均匀，而且速度快。机械罐装设备主要有柱塞式浓浆灌浆机、单管半自动充填机、全自动罐装生产线等。

5. 填充液的制备

除了流体食品、糊状、糜状及干制食品外，大多数罐头食品在装罐后要向罐内加注填充液即汤汁。向罐内加注汤汁不仅能增进食品的风味，提高罐内食品的初温，促进对流传热，提高杀菌效果，而且能排出罐内部分空气，降低加热杀菌时罐内压力，减轻罐内食品对罐体内壁的腐蚀，减少罐头食品内容物的氧化变色和变质。根据添加汤汁的主要成分的不同可分为糖液、清渍液和调味液等类，而且对其主要成分有相应要求。

(1)原料

①汤汁用盐　配制汤汁用的盐要求纯度高，氯化钠含量不低于99%，不允许含有微量的重金属和杂质，钙、镁含量以钙计不得超过0.1 g/kg，铁不得超过0.001 5 g/kg，铜不得超过0.001 g/kg。盐中所含微量的铜、铁等可使蔬菜中的单宁、花色素、叶绿素等发生变化；铁的存在还将使部分蔬菜罐头中形成硫化铁。

②汤汁用水　配制汤汁用的水在符合饮用水国家标准的同时必须符合果蔬制罐用水的特殊要求，采用不含铁和硫化物的软质水。硬水中的钙、镁离子存在于汤汁中使果蔬罐头的内容物变硬，因此不能使用硬水。

③汤汁用糖　配制汤汁用的糖要清洁，不含杂物和有色物质（如含有 SO_2 会在罐中形成 H_2S，引起罐壁腐蚀）。

(2)制备方法

①糖液的制备　首先在夹层锅中加入一定比例的水，加热至40 ℃左右，再按比例加入白砂糖，配制糖浆浓度为60%～65%，撇去糖浆液面漂浮的杂质，过滤稀释至要求的糖度。通常用0.15%～0.2%的柠檬酸将糖液调整为需要的酸度。

②渍液的制备　清渍液是指向清渍类蔬菜罐头内添加的汤汁，可以是稀盐水、盐和糖的混

合液、沸水或蔬菜汁。清渍类蔬菜罐头使用最多的是浓度为1%～2%的盐水。

③调味液的制备　根据不同的罐头品种配制不同的调味液,配制方法主要有两种:一种是将用香辛料熬煮制成的香料水与其他调味料按一定比例配制成调味液;另一种是将各种调味料、香辛料用布袋包裹熬煮制成的调味液。

(3)制备设备　汤汁的制备设备主要有立式夹层锅、全自动搅拌锅和全自动真空搅拌锅等。立式夹层锅是高黏度食品物料预煮、糖液配制的主要设备。全自动搅拌锅和全自动真空搅拌锅也是高黏度食品物料预煮、配制、浓缩的设备。这两类设备都具有球形锅体夹套加热、刮边搅拌、无死角的特点。

6.预封

罐盖和罐身分离的罐头在排气前要先进行预封,即用封口机将罐盖与罐身勾连,松紧程度以能使罐盖沿罐身旋转而又不会脱落为度。预封可初步将罐内食品与外界环境隔离。

(四)排气

罐头食品在装罐后密封前均应将罐内顶隙、食品原料组织细胞内的气体尽可能排除,排除这类气体的操作过程就叫排气。罐头食品排气封罐后,使罐外大气压与罐头内残留气体之间形成一定的压力差,即罐头食品的真空度。常用真空计检测罐头食品的真空度。罐头食品罐内的真空可有效抑制需氧性微生物的生长与繁殖,延长罐头产品的保质期。

1.排气的作用

(1)阻止需氧细菌及霉菌的生长与繁殖。

(2)防止或减轻因加热杀菌时空气膨胀而使容器变形或破损,特别是卷边受到压力后,影响其密封性。

(3)控制或减轻罐藏食品贮藏中内容物对罐内壁的腐蚀。

(4)避免或减轻罐藏食品内容物色、香、味的变化,有利于食品色、香、味的保持。

(5)减少罐藏食品维生素和其他营养素的破坏。

(6)有助于避免将假胀罐误认为腐败变质性胀罐。

2.排气的方法

常用的排气方法分为加热排气法、真空密封排气法和蒸汽密封排气法三种。

(1)加热排气　采用热膨胀原理。有热装罐排气和加热排气两种方式,热装罐排气适用于流体、半流体或组织形态不会因加热时搅拌而受到破坏的食品,一般将罐内食品或汤汁加热到70～75 ℃(有的要求达到85 ℃),然后立即装罐密封。加热排气是将装罐后的食品送入排气箱,在具有一定温度的排气箱内经一定时间的排气,使罐头的中心温度达到要求(一般在80 ℃左右)。加热排气的设备有链带式排气箱和齿盘式排气箱。

(2)真空密封排气　借助真空封罐机完成,将罐头置于真空封罐机的真空仓内,在抽气的同时进行密封,真空度可达33.3～40 kPa。

(3)蒸汽密封排气　是一种蒸汽喷射排气方法,它是在罐头密封前的瞬间,向罐内顶隙部位喷射蒸汽,由蒸汽将顶隙内的空气排出,并立即密封,目前尚未普及。

目前使用最广泛的排气方法是真空密封排气法。加热排气法使用最早,现在使用较少,排气条件简单。蒸汽密封排气法是一种较新的排气方法。软罐头的排气常采用抽气管法、加压式排气法和蒸汽喷射法。

(五)密封

罐头食品的密封是借助于封罐机将罐身和罐盖紧密封闭,使罐内长期保持高度的密封状态,使罐内食品与外界完全隔绝而不再受外界环境和微生物的污染,以使罐头食品能长期保存而不变质,是罐头食品生产加工的一道重要工序,根据罐头食品密封容器的不同,有不同的密封要求和方法。

1.金属罐的密封

金属罐的密封是指罐身的翻边和罐盖的圆边在封口机中进行卷封,使罐身和罐盖相互卷合,压紧而形成紧密重叠的卷边的过程。金属罐密封形成的卷边多为二重卷边,部分金属罐头密封形成三重卷边。金属罐的密封设备有半自动封罐机、全自动封罐机和手扳式封罐机。手扳式封罐机不配备抽空装置,加热排气后便进行密封。

2.玻璃罐的密封

玻璃罐罐身是玻璃,罐盖是镀锡薄钢板,玻璃罐靠镀锡薄钢板和密封圈紧压在玻璃瓶口而形成密封。玻璃罐瓶口边缘的造型多种多样,镀锡薄钢板罐盖与玻璃罐瓶口的紧压方式与密封的方法随之不同,通常根据不同的紧压方式和密封方法对玻璃罐进行分类,有采用卷边密封法进行密封的卷封式玻璃罐,有采用旋转式密封法进行密封的旋转式玻璃罐和采用揿压式密封法进行密封的揿压式玻璃罐。玻璃罐瓶口边缘的造型多样,与之相应的玻璃罐密封设备也有卷封式玻璃罐封罐机、旋转式玻璃罐封罐机和揿压式玻璃罐封罐机。

3.软罐头的密封

软罐头密封常采用脉冲热合法,即在低压条件下,极细的电阻丝瞬间通过高密度的电流,加热板温度瞬间上升到需要的高温,使封边内的两膜层因受热而相互黏合。

(六)杀菌

杀菌是罐头生产中至关重要的一环,是决定罐藏食品保存期限的关键因素。

1.杀菌的目的

在加热条件下,杀灭绝大多数对罐内食品起腐败作用和产毒致病作用的微生物,使罐制品在保质期内具有良好的品质和食用安全性。

2.杀菌的方法

(1)常压杀菌法　常压杀菌一般用沸水或蒸汽为加热介质,杀菌温度一般为 100 ℃及以下,通常称为巴氏杀菌。在加热介质达到所需要的温度后,才开始计算杀菌时间。pH 在 4.5 以下的酸性罐头都可采用常压杀菌,此法对铁皮罐、玻璃罐和软罐头均适用,适用于水果类、果蔬汁类罐头。

(2)加压杀菌法　加压杀菌法又称高温杀菌,杀菌温度一般控制在 105～121 ℃,主要杀死罐内食品中的嗜热性微生物,杀菌压力越大,杀菌锅温度就越高。适用于 pH 在 4.5 以上的低酸性蔬菜罐头食品的杀菌。

加压杀菌是在完全密封的杀菌锅中进行的,高压杀菌锅有静止立式和静止卧式两种,立式的安装在工作地面下,用吊车装卸杀菌罐头;卧式的安装在地面上,用推车装卸杀菌罐头。杀菌锅上配备有各种仪表和控制器,便于工作人员操作。加压杀菌的杀菌过程包括排气升温、稳定杀菌和消压降温三个阶段。排气升温阶段是杀菌的初始阶段,即排尽锅内冷空气,将温度升至杀菌温度。稳定杀菌阶段主要是维持杀菌温度以达到要求的杀菌时间。满足杀菌温度和杀菌时间后即进入消压降温阶段，标志杀菌的结束，通入冷水迅速降低温度，通入压缩空气以补充压力，使罐内外压力达到基本平衡，防止罐盖跳脱或玻璃罐破碎。

(3)高温短时杀菌法　高温短时杀菌常与无菌装罐操作相结合。无菌装罐都是在密闭的条件下进行的。加工好的罐头物料经过热交换器杀菌和冷却后传送到装罐器，消过毒的空罐也传送到装罐器，向空罐中装入定量的加工好的罐头物料，再传送到封罐机，消过毒的罐盖落在封罐口上，密封后送出密闭系统，至此在无菌装罐系统中完成高温短时杀菌和密封两项操作。高温短时杀菌与无菌装罐系统相结合，既保证产品质量，又提高生产效率，是一种很好的杀菌方法，适用于大多数果蔬汁罐头的杀菌。

保持食品原有的色香味及各种维生素、能够连续化生产是无菌装罐杀菌的特点。

(4)杀菌设备　食品加工杀菌设备种类繁多，适用于不同层次、不同条件的食品加工厂家，下面介绍几种使用较多的食品加工杀菌设备。

①全自动卧式杀菌锅　适用于对饮料罐头进行杀菌。设备对杀菌、冷却、保压、排水等过程全部采用 PLC 电脑自动控制。

②卧式及立式杀菌锅　适用于对罐头进行杀菌，也适用于蜜饯罐头加工中的加压蒸煮。设备配备压缩空气系统，采用反压式杀菌，杀菌中罐头不会变形，有利于保持食品原有风味。

③转式杀菌锅　罐装食品的蒸煮、杀菌和冷却一次性完成，尤其适用于固体比例大、各种浓度不同的黏性罐头食品，有助于在保质期内使罐头食品不分层和不沉淀。

④淋式双锅杀菌机　区别于蒸汽型杀菌机或热水型杀菌机，杀菌时将罐头放入篮内，罐头和篮一起放入压力式杀菌机中密封，通过杀菌机中热水循环喷淋杀菌，杀菌机的杀菌介质是蒸汽、水、压缩空气三者的结合，杀菌过程中温度可以自动调节，具有杀菌锅内热量分布均匀、传热效果好、杀菌的升温和降温时间短、节约能源的特点，适用于蔬菜、饮料等罐头的高温杀菌与冷却，适用于铝罐、软包装等各种包装材料包装的罐头食品杀菌。

(七)冷却

杀菌后，应立即冷却，冷却不及时，等于人为延长热处理时间，内容物色泽、风味、结构均受到破坏。

冷却分为常压冷却和反压冷却。常压杀菌的铁罐制品，杀菌结束后可直接将罐制品取出放入冷却水池中进行冷却；玻璃罐制品则采用三段式冷却，每段水温相差 20 ℃。高压杀菌的罐制品须采用反压冷却，即向杀菌锅内注入高压冷水或高压空气，以水或空气的压力代替热蒸汽的压力，既能逐渐降低杀菌锅内的温度，又能使其内部的压力保持均衡。

一般冷却至 38～43 ℃即可，然后用干净的毛巾擦干罐表面的水分。

(八)保温检查与贴标签

将杀菌冷却后的罐头擦除罐体表面的水分和污垢，送入保温室内进行保温贮藏检查，检查项目有感官指标和理化指标，擦除过程也是对罐体进行初步感官检查的方法之一，对中性或低酸性罐头食品可在 37 ℃下保温贮藏一周，对酸性罐头食品可在 25 ℃下保温贮藏 7～10 d。如若未发现胀罐、漏罐或其他腐败现象，即罐头检验合格，可贴标装箱，外运销售。罐头标签要求贴得紧实、端正、无皱，同时注意对每一罐进行感官检验。

工作任务

任务一 糖水苹果罐头加工技术

(一)工艺流程

原料选择→分级→清洗→去皮→护色→切分、去心→脱气→漂烫→装罐→注糖液→排气→封口→杀菌→冷却

(二)原料预处理

1. 原料选择

选择组织紧密、风味好、酸度较高、果肉为白色的苹果。要求果实新鲜饱满,成熟度在八成左右,风味正常,无畸形、霉烂、冻伤、病虫害和机械伤害等。按果实大小和成熟度分级,果实横径要求在 60 mm 以上。果实经洗涤后机械去皮或用脱皮剂去皮,然后纵切成瓣,挖去籽巢及蒂梗;挖面要完整、光滑;修去斑疤及残留果皮,用清水洗涤 1~2 次,立即浸入 2%柠檬酸溶液或 2% NaCl 溶液内护色。

2. 分级

苹果按横径分为 60~70 mm、67~75 mm、75 mm 以上三级,个别品种可能在 50 mm 以下。果蔬原料的分级包括按原料的大小、质量和品质分级。按大小分级的目的是便于随后的工艺处理,能够达到均匀一致的加工品质,提高产品质量。例如,同一大小、形状的果实才能采用机械去皮,同一成熟度的果蔬才能采用同样的热烫时间。原料按品质分级,可使成品质量统一,保证能够达到规定的产品质量要求。果实的分级主要运用筛分法。根据果实大小,而选用孔径不等的分级筛、分级盘、分级带以及分级辊等机具进行。

3. 清洗

用清水清洗。洗涤前用水浸泡则污物更易洗去,必要时可用热水浸泡。果皮上残留有毒药剂的原料还必须用化学药品洗涤。常用的化学药品有 0.5%~1.5%的盐酸溶液或 0.1%的高锰酸钾溶液等。在常温下浸泡数分钟,再用清水洗去化学药品。清洗时,必须使水流动或使果品震动及摩擦,以提高洗涤效果。根据各果品被污染的程度,耐压耐摩擦的能力以及表面状态的不同洗涤方法也不同。常用的洗涤机械有洗涤水槽、滚筒式洗涤机、淋式和气压式洗涤机。

4. 去皮

用手工或旋皮机去皮,削去的果皮厚度一般在 2 mm 以内,以减少原料的消耗。由于苹果的果肉极易变色,因此去皮后应立即进行护色处理。

5. 护色

去皮后的苹果,应投入 1%~2%的盐水或 0.1%~0.2%的柠檬酸溶液中,防止苹果褐变。

6. 切块、去心

用不锈钢水果刀对半纵切,大型果实可切四块,切面光滑。切好的果块立即浸入

1%～2% 的盐水中护色。用刀挖去果心、果柄和花萼，削去残留果皮，及时浸入 1%～2% 的盐水中护色。

7. 脱气和漂烫

脱气可在 94.6～98.6 kPa 的真空度下进行，脱气时间为 10 min 左右，脱气后可将蒸汽直接引入真空罐，破除真空的同时进行漂烫。蒸汽的温度在 116 ℃时，漂烫时间为 14～45 s。漂烫后冷凝蒸汽充入果实组织内，果片呈半透明状。在此过程中，果片的损失很少，一般其质量损失在 1.4%左右。其中糖和酸的损失大约占 1%。

（三）装罐

1. 空罐的准备

空罐在使用前要进行清洗和消毒，以除去污物、微生物及油脂等。马口铁空罐可先在热水中冲洗，然后放入清洁的沸水中消毒 30～60 s，倒置沥水备用。罐盖也进行同样的处理。清洗消毒后的空罐应及时使用，不宜长期搁置，以免生锈和重新污染。玻璃罐容器常采用带毛刷的洗瓶机刷洗，然后用清水或高压水喷洗数次，倒置沥水备用。

2. 糖液的配制

糖液的浓度依苹果品种、成熟度、果肉装量及产品质量标准而定。我国目前生产的糖水果品罐头，一般要求开罐糖度为 14%～18%。装罐时糖液浓度的计算方法如下式：

$$Y=\frac{W_3Z-W_1X}{W_2}\times100\%$$

式中，Y——需配制的糖液浓度，%；

W_1——每罐装入果肉重量，g；

W_2——每罐注入糖液重量，g；

W_3——每罐净重，g；

X——装罐时果肉可溶性固形物的含量，%；

Z——要求开罐时的糖液浓度，%。

糖液的浓度可按计算的结果配制，这样可以直接使用。但是常常配制成浓度高的糖液，在使用时再进行稀释。糖液配制好以后要煮沸过滤才能使用，煮制时先把温度保持在 60 ℃左右，把液面漂起的杂质撇去，然后将其煮沸。

3. 注糖液

将处理好的原料先装入消好毒的空罐内，然后注入适量糖液，糖液温度要求保持在 80 ℃左右，以便提高罐头初温。装罐时要求及时、量够、形均、留顶隙。量够指罐头的净重符合要求，苹果的重量为净重的 55%～60%。形均指同一罐头内果块大小、形状、色泽应基本一致，排列有形，对于整形罐头尤其如此。留顶隙是指装罐后罐内苹果表面与罐盖之间要保留 4～8 cm 的距离。

（四）排气、封口

苹果装罐和注液后要进行排气，然后再封罐。排气的主要方法有热力排气法、真空排气法和蒸汽喷射排气法。

(五)杀菌

罐头封口后要进行杀菌,苹果罐头为酸性食品,其 pH 较低,一般采用沸水杀菌。杀菌时间与物料的原始温度和罐头的大小有关,罐头的中心温度应达到 82～85 ℃。最简单的方法是用夹层锅沸水杀菌,也可使用常压连续杀菌设备。

(六)冷却

杀菌后要立即将罐头冷却,一般使内容物冷却至 36～42 ℃,冷却所用的水质要符合国家标准,不能使产品受到污染或对容器造成腐蚀。冷却方式:常压杀菌常采用锅外冷却,冷却介质有空气冷却和水冷却,以水冷却效果最好。水冷却时为加快冷却速度,一般采用流水冷却法最为常见。

任务二　糖水橘子罐头加工技术

(一)工艺流程

原料→分级→烫煮→去皮、去橘络、分瓣→酸碱处理→去囊衣→漂洗→整理→加糖液→装罐 →排气、密封→杀菌、冷却→保温→检验、擦罐→贴标签、装箱→入库

(二)原料选择

加工中用于罐藏的橘子,要求剥皮容易,橘瓤紧密,色泽鲜艳,香味浓郁,糖分含量高,糖酸比合适。果形扁圆,大小适中,果形指数在 1.30 以上,橘瓤形状接近圆形且整齐,容易分瓤,以无核为佳,果肉橙红色,囊瓣大小均一,呈肾形,不要呈弯月形,无种子或少核,囊衣薄;果肉组织紧密、细嫩、香味浓、风味好,糖含量高,可溶性固形物在 10%左右,含酸量为 0.8%～1%,糖酸比适度(12∶1),不苦;易去皮;八九成熟时采收,果皮薄,橙皮苷含量低,果实横径 50～70 mm,耐热力强,有利于杀菌,耐贮运。

(三)选果分级

原料进厂后应在 24 h 内投产,若不能及时加工,可按短期或长期贮藏所要求的条件进行贮藏。加工时应首先除去畸形、干瘪、霉烂、重伤、裂口的果子,再按大、中、小分为三级。

(四)热烫

烫橘的温度、时间根据品种大小、果皮厚薄而异,一般以剥皮能连带除去橘络、橘皮,无热感为度。温度 50～90 ℃,时间 30～120 s,后期原料成熟时,可不热烫。

(五)去皮、去橘络、分瓣

按果实大、中、小分别投入沸水中,热烫 0.5～1 min,趁热撕去外果皮及橘络,逐瓣分开。撕下的橘皮、橘络分别收集加工利用。选出畸形、僵瓣、干瘪、破伤橘瓣。剥皮后的橘子,需放在盘中及时分送到分瓣处,及时在果盘中加入适量水,分瓣时双手要保持干燥,用弹弓分瓣,不得用指尖分,同时剔除黑斑、虫害、软烂橘瓣,防止双瓣、连瓣的产生。

(六)酸碱处理

囊衣中含有一定量的橘皮苷,因此囊衣去除的程度与橘皮苷的含量是有很大关系的,一般去除囊衣的方法为酸碱处理法,控制盐酸、氢氧化钠的处理浓度、温度和时间是关键,使处理后

的橘瓣达到相应的质量标准要求。

1. 浸酸

将0.5%～0.8%盐酸溶液用不受酸碱腐蚀的容器盛装，按质量比，橘瓣：盐酸溶液=1：(1.2～1.5)，将橘瓣浸入并轻轻搅动片刻，稀盐酸溶液必须淹没橘瓣。常温下(25～35 ℃)酸处理30～40 min，取出后用清水淘洗2～3次，洗去酸液。

2. 浸碱

将酸处理后的橘瓣浸于0.3%～0.5%氢氧化钠溶液中，橘瓣：氢氧化钠溶液=1：(1.2～1.5)，轻轻搅动，在常温下处理8～12 min，使绝大部分囊衣溶去，迅速取出，用清水淘洗3～4次，洗尽碱液，以不太滑手为度。

(七)去囊衣

去囊衣是橘子罐头生产中的一个关键工序，目前常用酸碱处理法去囊衣，即先用酸处理，再用碱处理脱去囊衣。它与产品汤汁的清晰程度、白色沉淀产生情况及橘瓣背部砂囊柄处白点形成直接相关，脱囊衣的程度一般由肉眼观察；全脱囊衣要求能观察到大部分囊衣脱落，不包角，橘瓣不起毛，砂囊不松散，软硬适度。

(八)漂洗

将去囊衣的橘瓣用清水漂洗1～2 h，漂洗期中每隔15～20 min换水一次，务必洗净残留碱液，以橘瓣不滑手为度。

(九)糖水配制

糖水水果罐头所用的糖液主要是蔗糖溶液。蔗糖应该是优质白砂糖。

糖液的配制方法：糖液的配制有直接法和稀释法两种。直接法就是根据装罐所需的糖液浓度，直接按比例称取白砂糖和水，置于溶糖锅中加热搅拌溶解并煮沸5～10 min，以去除白砂糖中残留的SO_2并杀灭部分微生物，然后过滤、调整浓度。稀释法就是先配制高浓度的糖液，也称为母液，一般浓度在65%以上，装罐时再根据所需浓度用水或稀糖液稀释。

(十)装罐

空罐及盖洗净，用沸水或常压蒸汽消毒8～10 min，倒置滤干备用。按照开罐时糖水浓度14%～18%配制糖液，加入0.1%～0.3%柠檬酸溶液溶化，溶解后过滤备用。选取片形完整、大小一致的橘瓣装入罐内，装量为开罐时固形物达到50%～55%，一般按照罐内容物含量60%～65%装罐。

(十一)排气、密封

橘子罐头在排气时，罐中心温度要求不低于70 ℃，密封与杀菌的时间间隔不宜超过2 min。调整罐内pH，不超过3.7，可以使细菌失去繁殖能力。真空抽气时真空度保持在47～53 kPa，立即封罐，封罐后马上杀菌。

(十二)杀菌、冷却

糖水橘子罐头的杀菌方法为常压沸水杀菌，设备为立式开口杀菌锅。先在锅中注入适量水，然后再通入蒸汽加热。待锅内水沸腾时，将装满罐头的杀菌篮放入锅内，罐头应全部浸没在水中，宜先将罐头预热至60 ℃再放入杀菌锅内，以免杀菌锅内水温急剧下降导致玻璃罐破裂。当锅内水再次沸腾时，开始计算杀菌时间，并保持水沸腾至杀菌结束。加强生产时的卫生管理，严格对器具进行消毒。杀菌后要迅速冷却至 38 ℃左右，减少橘瓣受热的时间，保证成品质量。

（十三）保温、检验、擦罐、贴标签、装箱

杀菌后迅速冷却至 40 ℃以下，送入 25～28 ℃恒温库中（玻璃罐倒放或卧放），保温检验 5 d，看有无胖听、漏罐。并抽样做感官、理化、微生物指标检验。合格完好的罐擦干后，用石蜡擦罐身及罐后。贴标签，随即包装打捆成件。贮存于干燥、低温冷库中。

（十四）入库

罐头贮藏温度为 10～15 ℃，应避免仓库温度剧烈变化。库房宜干燥通风，有较低的湿度，保持相对湿度在 70%～75%，不超过 80%。

知识拓展

果蔬罐头加工中常见的质量问题及解决途径

罐头质量是罐头食品加工的关键，它不仅影响食品加工企业的经济效益，也深刻影响着消费者的身心健康。但罐头食品总会因各种主观和客观原因，在加工成品中出现各种各样的质量问题，下面从罐头的外部和内部两方面分析常见的罐头加工质量问题和解决这些问题的途径。

（一）罐头外形的变化

罐头外形变化的质量问题较多，下面从胀罐、漏罐、变形罐、瘪罐和玻璃罐头的跳盖几方面加以说明。

1. 胀罐

罐头底或盖不像正常情况下呈平坦状或向内凹陷，而在贮藏、运输、销售过程中出现外凸的现象称为胀罐，也称为胖听。根据罐头底或盖外凸的程度分为隐胀、轻胀和硬胀三种；根据胀罐产生的原因分为物理性胀罐、化学性胀罐和细菌性胀罐三类。具体的胀罐原因有以下三种。

(1)由装罐密封时排气不足或装填过多、密封温度过低等物理因素引起，或者是外界气温气压的变化所引起的物理性胀罐。在制定装罐、排气、密封和真空度等工艺参数时充分考虑成品的销售季节、销售地区的气温与气压，并严格按制定的工艺规程操作，装罐适量而不超量，预留顶隙适量，排气要充分，可防止此类物理性胀罐的发生。

(2)罐头内部发生变化，产生气体而造成的氢胀，属化学性胀罐。可从消除罐头内容物的腐蚀因素和提高罐头容器的耐腐蚀性能两方面防止和减轻氢胀的发生。

(3)杀菌不彻底、密封不严的二次污染，造成腐败菌在罐内滋生繁殖而形成的胀罐，属细菌性胀罐。在酸度不同的罐头品种中，引起胀罐的微生物种类不同，低酸性食品罐头胀罐时常见的腐败菌大多数属于专性厌氧嗜热芽孢杆菌或厌氧嗜温芽孢杆菌；巴氏固氮芽孢杆菌、酪酸梭状芽孢杆菌等厌氧嗜温芽孢杆菌是引起梨、菠萝、番茄等酸性食品罐头胀罐的主要微生物；小球菌、乳杆菌和明串珠菌等非芽孢菌是引起高酸性食品罐头胀罐的主要微生物。采用新鲜的原料，加快加工进程，严格控制卫生条件，严格按操作规程进行密封、杀菌等的操作，是控制细菌性胀罐的主要措施。

总之，预防胀罐现象，要求装罐时严格控制装罐量，并留顶隙；罐头排气要充分，密封后罐内真空度较高；采用加压杀菌时，降压与降温速度不能太快。

2. 漏罐

由于罐头卷边腐蚀生锈穿孔，或者腐败微生物在罐内产生气体，使罐内压过大，损坏罐头卷线，或者罐头加工过程中造成的机械损伤等原因，致使罐头内容物从缝线或孔眼部分漏出的现象。

3. 变形罐

罐头加热杀菌后，冷却速度过快，造成罐头内部压力高，罐头外部压力低，形成内外压力差，致使罐底罐盖不整齐地向外凸起。罐头冷却后，仍然保持这种凸起，但此时罐内压力已经消除，对凸起处稍加压力便可恢复正常。

4. 瘪罐

罐头内部真空度过高，外压过大或反压冷却操作不当等致使罐壁呈不规则地向内凹入的变形状态，常出现在大型罐上。

5. 玻璃罐头的跳盖

原因：罐头排气不足；罐头内真空度不够；杀菌时降温、降压速度快；罐头内容物装得太多，顶隙太小；玻璃罐本身的质量差，尤其耐温性差是产生跳盖的主要原因。

预防措施：罐头灌装内容物适量，不能太多，顶隙适当；罐头密封时充分排气，保证罐内的真空度；杀菌冷却时，降温降压速度适当，常压冷却禁止用冷水直接喷淋罐体；必须保证玻璃罐具有一定的耐温性；利用回收的玻璃罐，装罐前必须认真检查罐头容器，并剔除所有不合格的玻璃罐。

（二）罐头内部的变化

引起罐头内部变化的原因很多，这里主要从变色、变味、生霉、产毒和固形物软烂与汁液浑浊等几方面讨论。

1. 变色

（1）黑变或硫臭腐败　在致黑梭状芽孢杆菌的活动下，蛋白质分解并产生 H_2S 气体，与罐头内壁上的铁、锡反应生成黑色的硫化物，沉积在罐壁上，进入汤汁后引起罐内食品发黑并有腐臭味。此种情况只有在罐头杀菌严重不足时才会出现。

（2）叶绿素黄变　叶绿素具有光不稳定性和酸不稳定性，即使采取各种护色措施，也很难达到护绿的效果。玻璃罐罐装的绿色蔬菜罐头经长期光照，也会变黄。因此，在制作绿色蔬菜罐头时，尽量在热烫工序的热烫液中添加少量锌盐进行护绿处理，同时，调整绿色蔬菜罐头灌注液的 pH 至中性偏碱，并且最好选用不透光的灌装容器。

（3）褐变现象　指果蔬原料在加工制罐时，由于原材料处理不当，发生褐变。保证热烫处理的温度与时间进行护色；灌装密封时彻底排净原材料中和罐内氧气进行护色；在灌注液中添加护色剂防止褐变；严禁果蔬原材料与铁器接触。

2. 变味

变味多数情况是由微生物侵染引起罐内食品变质而发生的，也可由罐装容器气味污染罐内食品而发生；原材料与金属器皿接触出现金属味、罐头杀菌过度引起的烧焦味等也属罐头变味。

3. 生霉

主要指罐装容器裂、漏或罐内真空度过低时，微生物在低水分或高浓度糖分的罐内食品表面生长繁殖，而出现菌丝体的现象。此种现象一般不常见。

4. 产毒

主要由肉毒梭菌、金黄色葡萄球菌等微生物所引起。肉毒梭菌相对于其他微生物耐热性较强，杀菌不彻底，肉毒梭菌在罐头食品内繁殖生长，产生毒素，食用此类罐头引发食物中毒。也正因肉毒梭菌的耐热性较强，罐头食品的杀菌均以肉毒梭菌作为杀菌对象加以考虑。

5. 固形物软烂与汁液浑浊

制罐头用果蔬原材料成热度过高；原材料进行热处理或杀菌的温度过高、时间过长；原材料和成品在运销中的急剧震荡、内容物的冻融、微生物对罐内食品的分解等均是产生罐头食品固形物软烂与汁液浑浊的原因。选择成熟度适宜的原材料，尤其不能选择成熟度过高而质地较软的原料；适度的热处理，特别是烫漂和杀菌处理，既达到烫漂和杀菌的目的，又不使罐内果蔬软烂；原材料在热烫处理时配合硬化处理；避免原材料和成品罐头在贮运与销售中的急剧震荡、避免罐头食品的冻融交替、避免被微生物的污染等。

复习思考题

1. 简述罐制品变质的原因及控制方法。
2. 影响罐制品杀菌效果的因素有哪些?
3. 罐制品质量与真空度的关系及影响因素?
4. 罐头排气的定义及其目的是什么?
5. 罐头胀罐的常见类型及其原因有哪些?
6. 怎样选择罐头杀菌的对象，主要的对象有哪些?
7. 低酸性食品和酸性食品的划分依据是什么? 为什么?

项目六

果蔬干制技术

学习目标

1. 理解果蔬干制保藏的原理。
2. 掌握影响果蔬干制速度的因素。
3. 了解果蔬干燥过程的特性，以及恒速干燥阶段和降速干燥阶段。
4. 了解果蔬在干制过程中的各种物理和化学变化。
5. 了解各种干燥方法及设备的优缺点和选用原则。

工作任务及要求

1. 选择合适的果蔬原料和正确的清洗、去皮、烫漂等处理方法。
2. 根据不同种类的果蔬选择合适的升温方法。
3. 果蔬干制品包装前处理方法和包装材料的选择。
4. 果蔬干制品贮藏条件的选择和控制。
5. 果蔬干制品的复水处理。

岗位技术知识

干制是干燥和脱水的统称，就是在自然或人工控制的条件下促使果蔬原料水分蒸发脱除的工艺过程。干制包括自然干制和人工干制。

中国干制技术历史悠久，许多果蔬干制品如红枣、柿饼、葡萄干、荔枝干、笋干、金针菜、香菇、木耳等，都是畅销国内外的传统特产。

果蔬干制在中国果蔬加工业中占有重要地位。干制设备可简可繁，生产技术容易掌握，可以就地取材，就地加工，生产成本比较低廉。果蔬干制品种类多、体积小、质量轻、携带方便，并且易于运输和保存。

近年来，干制技术的研究不断深入，先进的干制技术得以应用，干制品的产量和质量不断提高，干制品的品质与营养更接近新鲜原料，因此干制品加工具有很大的发展潜力。

知识点一　干制品加工的基本原理

果品蔬菜的腐败主要是微生物繁殖的结果。微生物在生长和繁殖过程中离不开水和营养物质。果品蔬菜既含有大量水分，又富有营养，是微生物良好的培养基，只要遇到适当的机会（如创伤、衰老），微生物就乘虚而入，造成果蔬腐烂。

果蔬干制就是借助热能减少果蔬中的水分，将其可溶性固形物的浓度提高到微生物不能利用的程度，同时果蔬本身所含酶的活性也受到抑制，使产品得以长期保存。

（一）果蔬中的水分与干制品保藏

1. 果蔬中水分的存在状态

新鲜果蔬中含有大量的水分。一般果品含水量为70%～90%，蔬菜为75%～95%。无论含水量多少，一般认为，果蔬中的水分是以游离水（自由水）、结合水两种不同的状态存在于组织中的。

（1）游离水　是指以游离状态存在于食品组织中的水。果蔬中的水分绝大多数以游离水的状态存在。如苹果总含水量为88.7%，其中游离水占64.6%；甘蓝总含水量为92.2%，游离水占82.9%。游离水具有水的全部性质，流动性大，借毛细管和渗透作用可以向外或向内迁移，所以在干燥时容易被蒸发排除。

（2）结合水　是指与果蔬中的蛋白质、淀粉、果胶物质、纤维素等水性胶体物质通过氢键形式相结合的水。结合水仅占总水量的极小部分。结合水被结合着，比较稳定，难以蒸发，一般加热手段不能将其从食品中分离出来，所以在干制过程中，只有自由水蒸发完后，结合水才能被排除一部分（这部分结合水也称准结合水）。结合水不能作溶剂，不能被微生物和酶利用，不易引起食品腐烂变质。

2. 水分活度与干制品的保藏性

（1）水分活度与食品含水量的关系　水分活度的经典定义是指溶液中水的蒸气压（P）与纯水蒸气压（P_0）之比。通常以 a_W 表示水分活度，即 $a_W=P/P_0$。食品中的水分，由于其中溶有各种无机盐和有机物，且总有一部分是以结合水的形式存在的，食品中水的蒸气压远低于纯水的蒸气压，故食品中的 $a_W<1$。食品中结合水含量越高，食品的水分活度就越低。可见，水分活度可用来表示食品中水分被束缚的程度和被微生物利用的程度。

食品的水分活度与食品含水量是两个不同的概念。通常食品的含水量是指在一定温度、湿度等外界条件下，处于平衡状态时食品的水分含量。而水分活度主要决定自由水的含量。一般情况下，食品的含水量越高，水分活度也越高，但当食品的含水量处于低含水量区，水分含量的微小变化即可引起水分活度极大的变动。另外，不同类型食品的水分活度虽然相同，但含水量却可能相差很大（表6-1）。

表 6-1　a_W=0.7 时几种果蔬的含水量(以干物质计)　g/g

果蔬	含水量	果蔬	含水量
凤梨	0.28	干马铃薯	0.15
苹果	0.34	干淀粉	0.13
香蕉	0.25	大豆	0.1

(2)水分活度与保藏性

①水分活度与微生物　微生物的活动离不开水分,它们的生长发育需要适宜的水分活度(表 6-2)。减小水分活度时,首先抑制腐败性细菌,其次是酵母菌,最后才是霉菌。

表 6-2　一般微生物生长繁殖的最低 a_W 值

微生物种类	生长繁殖的最低 a_W 值
革兰氏阴性杆菌、一部分细菌的孢子、某些酵母	1.00～0.95
大多数球菌、乳杆菌、杆菌科的营养体细胞、某些霉菌	0.95～0.91
大多数酵母	0.91～0.87
大多数霉菌、金黄色葡萄球菌	0.80～0.75
耐干燥霉菌	0.75～0.65
耐高渗透压酵母	0.65～0.60
任何微生物不能生长	<0.60

当食品的 a_W 值高于微生物发育所必需的最低 a_W 值时,微生物即可导致食品变质。由此可见,测定 a_W 值对于估计食品的耐贮性和腐败情况有着重要的作用。大多数果蔬的水分活度在 0.99 以上,所以各种微生物都能导致果蔬的腐败。一般认为,在室温下贮藏干制品,其水分活度应降到 0.7 以下方为安全,但还要根据其他条件,如果蔬种类、贮藏温度和湿度等因素而定。

在果蔬水分蒸发的同时,也蒸发掉了微生物体内的水分,但果蔬干燥过程并不是一个杀菌过程,而是随着水分活度的下降,微生物慢慢进入休眠状态的过程,也就是说,干制品并非无菌,在一定环境中吸湿后,微生物仍能恢复,引起干制品变质,因此,干制品要想长期保存,还要进行必要的包装。

②水分活度与酶的活性　引起干制品变质的原因除微生物外还有酶。酶的活性也与水分活度有关,水分活度降低,酶的活性也降低。果蔬干制时,酶和底物两者的浓度同时增加,使得酶的生化反应速率变得较为复杂。只有当干制品的含水量降到 1%以下时,酶的活性才算消失,但实际干制品的含水量不可能降到 1%以下。因此,在干制前需进行热烫处理以钝化果蔬中酶的活性。

(二)干制机理

果蔬的干燥过程实质上就是果蔬中水分蒸发的过程。水分的蒸发是依靠水分外扩散和内扩散完成的。在干制初期,原料表面的水分吸热变为蒸汽而向周围介质中蒸发,称为水分的外扩散。它取决于果蔬原料的表面积、空气流速、空气的温度和相对湿度,表面积越大,空气流速越快,空气温度越高以及相对湿度越小,则水分的外扩散速度越快;当表面水分低于内部水分时，水分由内部向表面转移，称为水分的内扩散，水分的内扩散的作用借助于内外层的湿度梯度，使水分由含水量高的部位向含水量低的部位转移，湿度梯度越大，水分内扩散的速度就越快。

当原料与干燥介质相接触时，由于原料与干燥介质之间存在温度梯度和湿度梯度，促使水分由果蔬表面向干燥介质中转移，即外扩散。这种水分转移又形成了原料外层与内层之间的湿度梯度，也促使水分由原料内层向外层扩散，即内扩散。由于水分不断蒸发，而使原料内容物浓度逐渐增加，水分向外扩散的速度也逐渐缓慢，直至原料与干燥介质之间达到扩散平衡，干燥作用结束，完成干制过程（图 6-1）。

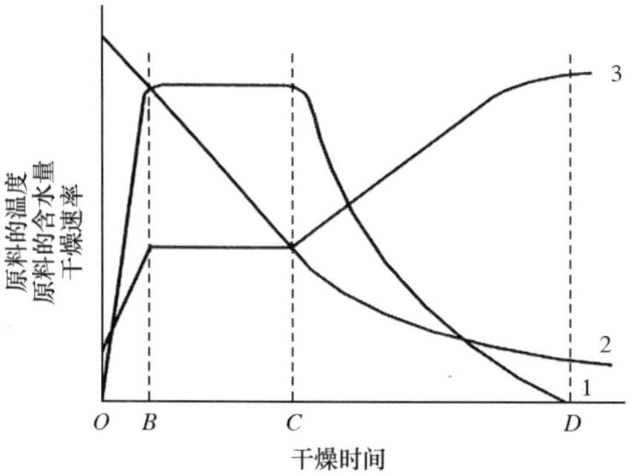

1. 干燥曲线　2. 原料的含水量曲线　3. 原料的湿度曲线

图 6-1　果蔬干制过程曲线

在干制过程中，水分的外扩散和内扩散是同时进行的，两者相互促进，不断打破旧的平衡，建立新的平衡，完成干制过程。在干燥过程中，要合理控制干燥介质的条件，使内、外扩散互相衔接，保持相对平衡，促使原料内外水分均匀、快速蒸发。如果外扩散的速度远远大于内扩散，就会使果蔬表层水分蒸发太快，原料表面就会因过度干燥而形成硬壳，这种现象称为“结壳”。结壳的形成，隔断了水分内扩散的通道，阻碍了水分的继续蒸发。若这时原料内部水分含量高，蒸气压大，原料较软的组织往往会被挤破并使结壳的原料发生开裂，汁液流失。结壳的形成，既影响干燥速度，又影响干制品的质量。

不同种类、不同形状的原料在不同的干燥介质作用下，其水分扩散的方式和速度不同。一般可溶性固形物含量低、干燥时切片薄的果蔬如萝卜片、黄花菜、苹果片等干燥时，内部水分的扩散速度往往大于表面水分的气化速度，这时干燥速度取决于水分的外扩散；对于一些可溶性固形物含量高、个体较大的果实或蔬菜如枣、柿等，在干燥时内部水分的扩散速度要小于表面的汽化速度，这时干燥速度就取决于水分的内扩散。

（三）影响干燥速度的因素

干制过程中，干燥速度的快慢对于干制品品质的好坏起着重要作用。当其他条件相同时，干燥速度越快，产品品质越好。干燥速度受许多因素的相互制约和影响。

1. 干燥介质的温度和相对湿度

果蔬干制时，多使用预热空气作为干燥介质。干燥介质的温度和相对湿度决定着干燥速度的快慢。干燥的温度越高，果蔬中的水分蒸发越快；干燥介质的相对湿度越小，水分蒸发越快，干燥速度就越快。但温度过高反而会使果蔬汁液流出，糖和其他有机物质发生焦化或者褐变，影响干制品品质；反之，如果温度过低，干燥时间延长，产品容易氧化褐变，严重者发霉变味。一般来说，对于含水量高的原料，干燥温度可维持高一些，后期则应适当地降低温度，使外扩散与内扩散相适应；对含水量低和可溶性固性物含量高的果蔬原料，干燥初期不宜采用有过高的温度和过低的湿度的介质，以免引起表面结壳、开裂和焦化。具体所用温度，应根据干制品的种类来决定，一般为 40～90 ℃。

2. 空气流速

空气流速越大，果蔬干燥速度也就越快。因为加大空气流速，可以将表面蒸发出的聚集在果蔬周围的水蒸气迅速带走，及时补充未饱和的空气，使果蔬表面与其周围干燥介质始终保持较大的湿度差，从而促使水分不断蒸发。同时促使干燥介质所携带的热量迅速传递给果蔬原料，以维持水分蒸发所需的温度。人工干制设备中，常用鼓风的办法增大空气流速，以缩短干燥时间。

3. 原料的种类和状态

果蔬原料种类不同，其理化性质、组织结构也不同，即使在相同的干燥条件下其干燥速度也不同。一般来说，果蔬的可溶性物质较浓，水分蒸发的速度也较慢，物料切成片状或小颗粒后，可以加速干燥。因为这种状态缩短了热量向物料中心传递和水分从物料中心向外扩散的距离，从而加速了水分的扩散和蒸发，缩短了干制的时间。显然，物料的表面积越大，干燥的速度就越快。

4. 原料的装载量

原料的装载量和装载厚度对于果蔬的干燥速度影响很大，载料盘上原料装载过多、厚度大时，不利于空气流通，影响水分的蒸发。干燥过程中可以随原料体积的变化改变其厚度，干燥初期宜薄些，干燥后期可以厚一些。

（四）原料在干制过程中的变化

1. 质量和体积的变化

体积减小、质量减轻是果蔬干制后最明显的变化。果品一般干制后体积为原来的 20%～35%，蔬菜约为 10%；果品质量为原重的 20%～30%，蔬菜为 5%～10%。原料种类、品种以及干制成品含水量的不同，干燥前后重量差异很大，可用干燥率（原料鲜重与干燥成品之比）来表示。

2. 颜色的变化

果蔬在干制过程中或干制品在贮藏中，常会变成黄色、褐色或黑色等，一般统称为褐变。根据褐变发生的原因不同，可将其分为酶促褐变和非酶褐变。

（1）酶促褐变　酶促褐变是由氧化酶类在有氧的情况下，引起果蔬所含的单宁、酪氨酸等成分氧化而产生褐色物质的变化。如苹果、梨、桃、香蕉、马铃薯、茄子等在去皮、剖切、破碎时所发生的褐变。

影响果蔬酶促褐变的因素为底物（单宁、酪氨酸）、酶活性（氧化酶和过氧化物酶）和氧气。三者中只要控制其中之一，即可抑制酶促褐变。其中，单宁是果蔬褐变的主要基质，其含量因原料的种类、品种及成熟度不同而异。同一品种的果实，一般未成熟的单宁含量远高于充分成熟的。因此。干制时应尽量选择单宁含量少而且充分成熟的原料。

氧化酶系统包括氧化酶和过氧化物酶，它们是酶促褐变中不可缺少的酶系。如果破坏酶系的一部分，即可中止酶促褐变的进行。酶是一种蛋白质，在一定温度下，可被钝化而失去活性。氧化酶在 71～73.5 ℃、过氧化物酶在 90～100 ℃的温度下 5 min 可遭到破坏。因此，干制前采用沸水或蒸汽进行热处理、硫处理，都可破坏酶的活性，有效地抑制酶促褐变。

氧也是酶促褐变的必备条件。通过亚硫酸溶液浸泡、盐水浸泡或清水浸泡能隔绝氧，防止酶促褐变。

(2)非酶褐变　凡没有酶参与而发生的褐变均可称为非酶褐变。在果蔬干制和干制品贮藏过程中都有可能发生这种褐变。非酶褐变的主要原因之一是果蔬中氨基酸的游离氨基与还原糖的游离羰基发生羰氨反应，生成复杂的深色络合物——类黑素而引起的，又称美拉德反应。

羰氨反应引起变色的程度和快慢取决于糖的种类、氨基酸的含量和种类、温度等。糖类主要是还原糖，即具有醛基的糖；类黑素的形成与氨基酸含量呈正相关，即氨基酸含量越高，则类黑素形成越多，颜色也越深。尤以赖氨酸、胱氨酸及苏氨酸等与糖的反应较强；温度升高，羰氨反应明显加速，褐变加重，温度每上升 10 ℃，褐变率增加 5～7 倍。

此外，金属也会促进非酶褐变，金属对褐变作用的促进顺序为锡、铁、铅、铜，如单宁与铁作用可生成褐色化合物；单宁与锡长时间加热可生成玫瑰色化合物；单宁遇碱容易变黑。果蔬中含有的叶绿素和花青素因受热与其他物质反应变色也属于非酶褐变。果蔬中的糖类加热到其熔点以上时会产生黑褐色的色素物质，被称为焦糖化作用，也属非酶褐变。

原料的硫处理对于果蔬非酶褐变具有抑制作用，因为二氧化硫与不饱和糖反应可形成磺酸，从而减少色素的生成。在干制加工与干制品保存时控制温度也可减轻非酶褐变。

3.透明度的变化

干制过程中，原料受热后细胞间隙的空气被排出，使干制品呈半透明状态。通常制品越透明，其质量就越好。干制前进行热烫处理，既可排除果蔬细胞内的空气，减少氧化作用，又可增加制品的透明度。

4.营养物质的变化

果蔬中的主要营养成分有糖类、维生素、矿物质、蛋白质等，在干制过程中，会发生不同程度的变化。一般情况下，糖类和维生素损失较多，矿物质和蛋白质则较稳定。

(1)糖类的变化　糖普遍存在于果品和蔬菜中，是果蔬甜味的主要来源。它的变化直接影响果蔬干制品的质量。

果蔬中所含的果糖和葡萄糖均不稳定，易氧化分解。因此，果蔬在自然干制过程中，由于干燥速度缓慢，酶的活性不能很好地被抑制，其自身呼吸作用仍缓慢进行，从而会消耗部分糖及其他有机物质。干制时间越长，糖损失越多，干制品的质量越差。人工干制果蔬能很快抑制酶的活性和呼吸作用，干制时间又短，可减少糖的损失，但过高的干燥温度对糖也有很大影响。一般来说，糖的损失随温度的升高和时间的延长而增加，温度过高时糖类焦化，颜色加深，味道变差。

(2)维生素的变化　果蔬中含有多种维生素。在干制时，各种维生素的破坏损失是值得注意的问题，其中以维生素C的氧化损失最为严重。维生素C的破坏程度除了与干制环境中的氧含量和温度有关外，还与抗坏血酸酶的活性和含量密切相关。氧化与高温的共同影响，往往会使维生素C全部被破坏，其在阳光照射和碱性环境中也不稳定。

另外，其他维生素在干制时也有不同程度的损失。如维生素B_1（硫胺素）对热敏感，维生素B_2（核黄素）对光敏感；胡萝卜素也会因氧化而遭受损失。

5.表面硬化现象

有两种原因会造成表面硬化：其一是产品表面水分的汽化速度过快，而内部水分扩散速度慢，不能及时移动到产品表面，从而使表面迅速形成一层硬膜；其二是果蔬干制时，内部的溶质分子随水分不断向表面迁移，积累在表面上形成结晶而硬化。产品表面硬化后，水分移动的毛细管断裂，水分移动受阻，大部分水分封闭在产品内部，形成外干内湿的现象，致使干制速度急剧下降。前一种表面硬化现象与干燥条件有关，是人为可控制的，如干制初期温度低一些、湿度大一些。后一种现象常见于含糖或含盐多的果蔬的干制。

6.物料内多孔性的形成

快速干燥时物料表面硬化及其内部蒸气压的迅速建立会促使物料成为多孔性制品。例如，快速干制的马铃薯丁有轻度的干硬表面，内部有较多的裂缝和孔隙。缓慢干制的马铃薯丁则没有这种现象。

知识点二　干制方式和设备

（一）自然干制

在自然条件下，利用太阳辐射能、热风等使果蔬干制的方法。自然干制方法可分为两种：一种是原料直接受阳光暴晒，称为晒干或日光干制；另一种是原料在通风良好的室内、棚下以热风吹干，称为阴干或晾干。

晒干的方法是选择空旷通风、地面平坦处，将果蔬直接铺于地上或苇席、晒盘上直接暴晒，夜间或下雨时，堆积一处，并盖上苇席，次日再晒，直到晒干为止。

阴干或晾干主要采用干燥空气使果蔬产品脱水。中国西北，特别是新疆吐鲁番一带干制葡萄常采用此法。在葡萄收获季节，这一带气候炎热干燥，将葡萄整串挂在用土坯筑成的多孔干燥室内，借助热风将葡萄吹干。

自然干制方法简便、设备简单、成本低。但自然干制受气候条件影响大，如在干制季节遇阴雨连绵，会延长干制时间，降低干制品质量，甚至会霉烂变质。

（二）人工干制

人工干制是人为控制干制条件和干制过程的干燥方法，可以大大缩短干制时间，获得较高质量的产品。与自然干制相比，人工干制的设备和安装费用高，操作技术比较复杂，成本较高。

人工干制设备必须具备以下条件：一是具有良好的加热装置及保温设施，保证干制过程所需的较高且均匀的温度；二是要有完善的通风设施，能及时排出蒸发出的水分；三是要有良好的卫生条件和劳动条件，避免产品污染，便于操作管理。

使用最多的人工干制设备是靠热空气加热的对流式干燥设备，除此之外还有以热辐射加热的热辐射式加热设备和借助电磁感应加热的感应式干燥设备。近些年来，冷冻干燥、远红外干燥、微波干燥和膨化干燥等新技术也在果蔬干制中得以应用。现介绍几种生产中常用的有代表性的干燥设备。

1.烘房

烘房是一种较为传统的干制设备，适用于大量生产，干制效果好，设备费用也比较低。在广大农村果蔬集中产区可大量普及推广。

烘房的主要组成部分包括烘房主体结构、加热设备、通风排湿设备和装载设备。

(1)烘房主体结构　烘房的主体结构如地基、房架等可按一般民用建筑要求修建，对其他建筑结构的要求如下。

烘房墙壁必须不透风、不漏气、保温性能好。墙壁的保温性能可用建筑材料的导热系数来衡量，多孔性砖墙的导热系数小，所以保温性能好，砖墙次之，石块砌体的保温性能最差。但多孔砖墙的强度较差，不宜建筑得过高。墙壁厚度最好能保证在 0.4～0.5 m。烘房屋顶要求保温、防雨、耐用，如果降雨量较多、风大、烘防屋顶可用水泥预制板或现浇筑。

(2)加热设备　烘房的加热设备包括火炉、火道和烟囱三部分。火炉一般设置在前墙的正中，火炉大小由炉膛高度和炉箅面积决定。中型烘房，炉膛高度为 45～50 cm；大型烘房炉膛高度为 60 cm。火道的长短关系火道总散热面积的大小。火道长，总散热面积大，能充分利用火道里的高温烟道气，烘房升温快，耗煤量少。但火道过长，增加了烟道气的流动阻力，故火道长度一般为烘房长度的 3～4 倍较合适。烟囱的实际高度一般为 6～6.5 m。

(3)通风排湿设备　烘房通风排湿设备包括进气口和排气窗。进气口的作用是通入冷空气，通常设在烘房两侧墙基部，每边均匀设置 4～5 个，内小外大，呈喇叭状，外口略向上翘，以利于冷空气进入。排气窗的主要作用是排出烘房内的湿热空气，通常设在烘房顶部中线或紧靠中线的左右两侧，一般均匀设置 2～3 个。

(4)装载设备　装载设备要求坚固耐用、灵巧轻便，主要有烘架和烘盘。根据实际工作情况，烘盘可用木制或竹制，长和宽以 0.4～0.7 m 为宜。烘架可用木结构或钢结构，上下相邻两支撑杆之间的距离为 15 cm，最下层支撑杆的上缘与底端的距离为 7 cm，架高不应高于 1.9 m，过高操作不便。

2.隧道式干燥机

这种干燥机的干燥室为狭长的隧道形，地面铺铁轨，装好原料的载车沿轨道以一定速度向前移动而实现干燥。干燥间一般长 12～18 m，宽约 1.8 m，高为 1.8～2.0 m。在干燥间的侧面有一加热间，其内装有加热器和吹风机，推动热空气进入干燥间，使原料水分受热蒸发，湿空气一部分自排气孔排出，一部分回流到加热间继续使用。

隧道式干燥机可根据原料与干燥介质的运动方向不同，分为顺流式、逆流式和混合式三种形式。

(1)顺流式干燥机　载车前进方向与空气流动方向相同，原料从高温低湿的热风端进入。开始水分蒸发很快，随着载车的前进，湿度增大，温度降低，干燥速度逐渐减缓，因而不能将干制品的含水量降至最低标准。这种干燥机的开始温度为 80～85 ℃，终点温度为 50～60 ℃，适宜于干制含水量高的蔬菜(图 6-2)。

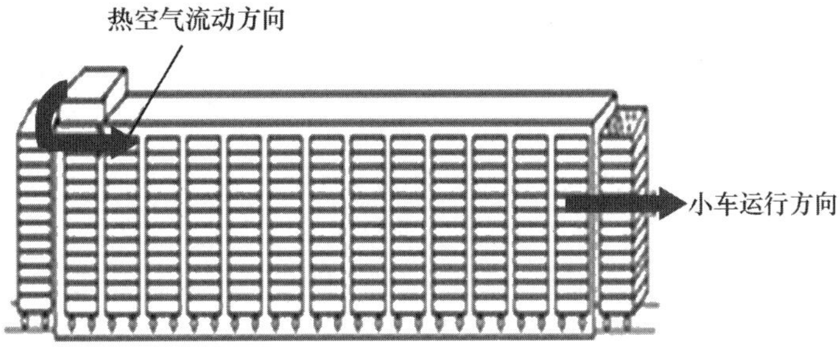

图 6-2　顺流式隧道干燥机

(2)逆流式干燥机　载车前进方向与空气流动方向相反(图 6-3)。原料首先接触到的是低温(40～50 ℃)高湿的空气,虽然原料这时含有很多的水分,尚能迅速蒸发,但蒸发速度相对较缓慢。随着载车的推进,温度则逐渐升高,终了时温度较高(65～85 ℃)、湿度低。这种干燥机较适宜于含糖量较高、汁液黏厚的果实的干制,如桃、李、杏、葡萄等的干制加工。但应注意的是,干燥后期温度不能太高,否则易引起硬化和焦化。

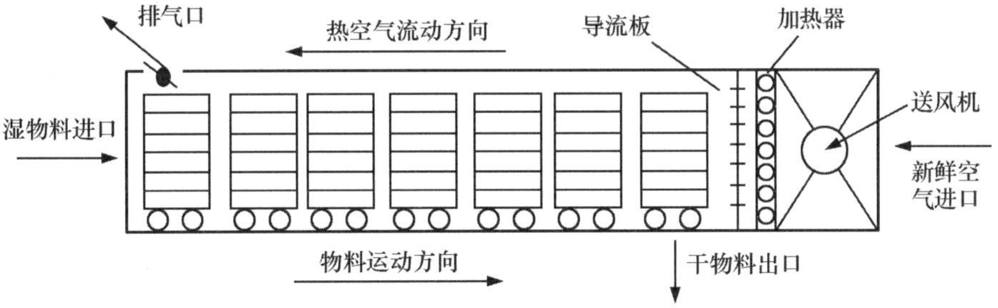

图 6-3　逆流式隧道干燥机

(3)混合式干燥机　又称对流式或中央排气式干燥机,混合式干燥机综合了两种干燥机的优点,克服了它们的缺点。混合式干燥机有两个鼓风机和加热器,分别设在隧道的两端,热风由两端吹向中央。通过原料后的湿热空气,一部分从中部集中排出部分回流加热再利用(图 6-4)。原料载车首先进入顺流式隧道,使温度高、风速大的热风吹向原料,加快原料水分的蒸发。随着载车向前推进,温度逐渐下降,湿度逐渐增大,水分蒸发趋于缓慢,有利于水分的内扩散,不致发生表面硬化现象;待原料大部分水分蒸发以后,载车又进入逆流隧道,从而使原料干燥得比较彻底。混合式干燥机具有能连续生产、温湿度易控制、生产效率高、产品质量好等优点。

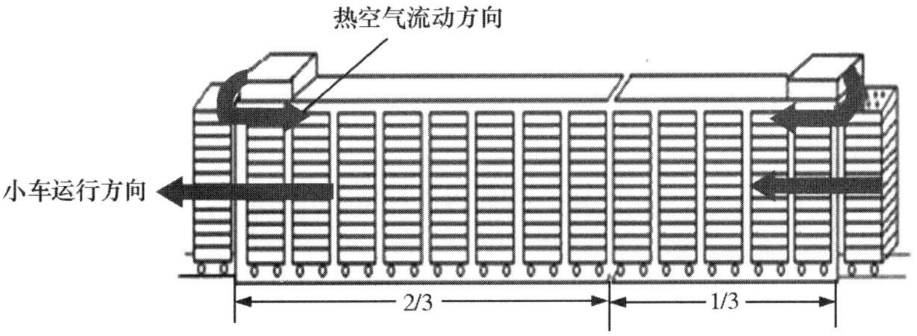

图 6-4　混合式隧道干燥机

3. 带式干燥机

带式干燥机是使用环带作为原料输送装置的干燥机，常用的输送带有帆布带、橡胶带、涂胶布带、钢带和钢丝网带等。原料铺在带上，借助机械力而向前转动，与干燥室的干燥介质接触而使原料干燥(图 6-5)。为四层传送带式干燥机，能够连续转动，当上层温度达 70 ℃时，将原料由顶部入口定时装入，随着传送带的转动，原料由最上层逐渐向下移动，至干燥完毕后，从最下层的一端出来。这种干制机可用蒸汽加热，散热片装在每层传送带中间，新鲜空气由下层进入，湿空气由上部出气口排出。

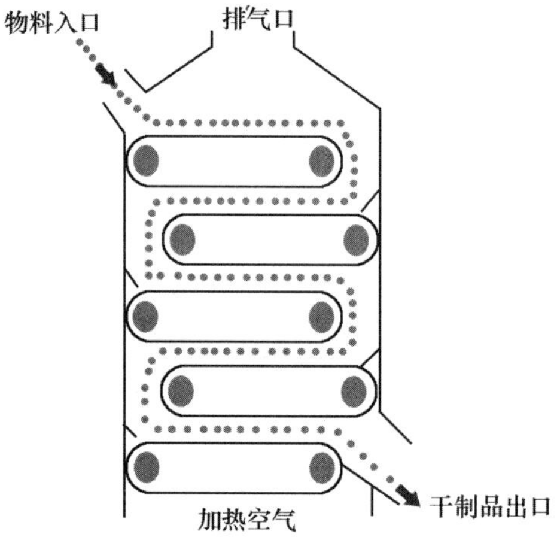

图 6-5 带式干燥机

4. 滚筒干燥机

滚筒式干燥机由一只或两只金属圆筒组成，滚筒的直径为 20～200 cm，中空，有加热介质。干燥时，滚筒回转，筒外壁与浆状或泥状原料接触，在筒表面铺成薄层，转动一周，原料即可达到干燥，由附带的刮料器刮下，收集至盛料器中，干燥可以连续进行。转速以每转一周足以使原料干燥为准。

5. 真空干燥

真空干燥又称减压干燥。它是使用真空干燥机，将物料在真空条件下进行加热干燥的一种方法。真空干燥机主要由密闭箱体(干燥室)、真空泵、加热系统、冷凝器四部分组成。干燥箱内有数层固定的夹层加热板(管)。干燥时，用真空泵进行抽气抽湿，使干燥室内抽成真空状态，利用蒸汽(或热水、热油)通入加热板(管)对物料进行加热，物料中的水分在真空状态下易被蒸发，蒸发出的水蒸气被吸入冷凝器经冷凝后排出。例如，采用真空干燥可将香蕉片(5 mm 厚)干燥到含水量 10%以下，而且色泽美观、质地松脆、口感好。真空干燥若用于浆状物料和散粒物料，干燥效率更高。

知识点三 干制品加工技术

(一)工艺流程

原料选择→清洗→切分→烫漂(硫处理)→烘干→后处理→包装→成品

(二)原料处理

果蔬原料在进行干制前,不论是晒干还是人工干制,都要进行一些处理以利于原料的干制和产品质量的提高。

1.原料选择

选择适合于干制的原料,能保证干制品质量、提高出品率、降低生产成本。对原料的一般要求是:干物质含量高,肉质厚,组织致密,粗纤维少,风味色泽好,不易褐变。对蔬菜来说,大部分蔬菜均可干制,但黄瓜、莴笋干制后即失去柔嫩松脆的质地,失去食用价值。石刁柏干制后质地粗糙,组织坚硬,不可食用。

2.原料预处理

对原料的预处理包括清洗、去皮、切分、烫漂和硫处理等。

(三)干制过程中的管理

1.温度管理

不同种类的果品蔬菜分别采用不同的升温方式。根据升温方式的不同,可分三种情形。

(1)干制初期温度较低,中期较高,后期温度降低直至干燥结束。这种升温方式适宜于可溶性物质含量高的果蔬,或不切分、整果干制的红枣、柿饼等。原料进入干燥室后,要求在6～8 h内温度平稳上升至55～60 ℃,在此温度下维持5～8 h,再将温度升至65～70 ℃,维持4～6 h,最后使温度逐步下降至50 ℃,直到干燥结束。这种方式操作技术易掌握,干制品质量好,生产成本低,目前普遍采用。

(2)初期急剧升高干燥室温度,最高可达95～100 ℃,然后放入原料,由于原料大量吸热,而使干燥室温度很快下降,一般降至25～30 ℃,此时继续加大火力,使干燥室温度升至70 ℃左右,并维持一段时间,根据产品干燥状态,逐步降温至烘干。这种升温方式适宜于可溶性物质含量低或切成薄片、细丝的原料如黄花菜、辣椒等的干制。这种方法干燥时间短,产品质量好,但技术较难掌握。

(3)在整个干制期间,温度始终保持在55～60 ℃,直至干燥临近结束时再逐步降温。这种方式适宜于大多数果蔬的干制,操作技术易于掌握,成品质量较好,但干燥时间过长,耗能高。

2.通风排湿

果蔬干制过程中水分大量蒸发,使得干燥室内相对湿度急剧上升,要使原料尽快干燥,必须注意通风排湿。一般当干燥室内相对湿度达70%时,就应通风排湿。通风排湿的方式和时间,要根据室内相对湿度的高低和外界风力的大小来决定。每次通风时间以10～15 min为宜。时间过短,排湿不足,影响干燥速度和产品质量;时间过长,则造成室内温度下降过多,加大能耗。

3.倒换烘盘

利用烤架烘盘的干燥设备,由于烘盘位于干燥室上下位置不同,往往会使其受热程度不同,使干制品干燥不均匀。因此,为了使成品的干燥程度一致,尽可能避免干湿不匀,需倒换烘盘。在倒盘的同时应抖动烘盘,使物料在盘内翻动,这样可促使物料受热均匀,干燥程度一致。

(四)干制品的包装

1.包装前的处理

果蔬干制品在包装前通常要进行一系列的处理,以提高干制品的质量,延长贮存期,降低包装和运输费用。

(1)分级　分级的目的是使成品的质量合乎规格标准。分级工作可在固定的木质分级台上,也可在附有传动带的分级台上进行。分级时,根据品质和大小分为不同等级,剔除过湿、结块、破损、霉烂等不符合标准的产品。

(2)回软　回软又称均湿或水分平衡。果蔬干制后,产品的干燥程度不一定均匀一致,有的部分可能过干,有的部分可能干燥不够,往往形成外干内湿的情况。因此,在包装之前需进行回软处理,其目的是使干制品内外水分分布均匀一致,使其适当变软,便于后续处理。

回软的方法是将干燥后的产品,剔除过湿、结块、细屑等不合格制品,待冷却后立即堆积起来盛放在密闭容器中,使水分在干制品内部及干制品之间相互扩散和重新分布,最终达到均匀一致的要求。回软所需的时间视干制品的种类而定,一般菜干需 1～3 d,果干需 2～5 d。

(3)防虫处理　果蔬干制品容易遭受虫害,所以干制品也必须进行防虫处理,以保证贮藏安全。防虫的方法有物理防治和化学药剂防治。物理防治就是利用自然的或者人为的物理因子变化,扰乱害虫正常的生理代谢机能,从而达到抑制害虫发生、发展,直至引起死亡的杀虫方法。常用的物理防治方法有高温杀虫、低温杀虫、气调杀虫、辐射杀虫等几种。化学药剂防治是利用有毒的化学物质直接杀灭害虫的方法,能迅速、有效地杀灭害虫,并具有预防害虫再次侵害食品的作用,是目前应用最广泛的一种防治方法。但所用的化学物质对人体毒性也大,应用时要谨慎小心。化学药剂主要是一些熏蒸剂,常用的有二硫化碳、二氧化硫、氯化苦等。

(4)压块　压块是将干燥后的产品压成砖块状。脱水蔬菜大多要进行压块处理。因为蔬菜干燥后呈蓬松状,体积大,包装和运输均不方便。进行压块后,可使体积大为缩小。一般干制的蔬菜,压块后体积可缩小 3～7 倍。因此,所需的包装容器和仓库容积也就大大减少。同时压块后的蔬菜减少了与空气的接触,降低氧化作用,还能减少虫害。

蔬菜压块一般在干燥结束时趁热进行。如果蔬菜已经冷却,则组织坚脆,极易压碎,须喷蒸汽,然后再压块。但喷过蒸汽的干制品含水量可能超标,所以压块后还需干燥处理。生产上常将干制品和干燥剂一起放在常温下,使干燥剂吸收脱水蔬菜里的水分。一般用生石灰作为干燥剂,经过 2～7 d,水分即可降低。

2.包装

包装对于干制品的贮存效果影响很大,因此,要求包装材料应达到以下几点要求:①防潮防湿;②避光隔氧;③密封性好;④符合食品卫生要求。生产中常用的包装材料有:木箱、纸箱、金属罐以及软包装复合材料。用纸箱或纸盒包装时内衬有防潮纸或涂蜡纸以防潮。金属罐是包装干制品较为理想的容器,具有防潮、密封、防虫和牢固耐用等特点,适合果汁粉、蔬菜粉等的包装。软包装复合材料由于能热合密封,可用于抽真空和充气包装。有时在包装内附装干燥剂、拮抗剂(硬脂酸钙)以增加干制品的贮藏稳定性。干燥剂的种类有硅胶和生石灰,可用能透湿的纸袋包装后放于干制品包装内,以免污染食品。

(五)干制品贮藏

合理包装的干制品受环境因素影响小,未经密封包装的干制品在不良环境条件下,就容易发生变质现象。因此,良好的贮藏环境是保证干制品耐贮性的重要保证。

1. 温度

干制品的贮藏温度以 0～2 ℃为最好,一般不宜超过 10～14 ℃。高温会加速干制品的变质,贮藏温度每增加 10 ℃,干制品褐变速度可增加 3～7 倍。

2. 湿度

贮藏环境相对湿度最好在 65%以下,空气越干燥越好。

3. 光线与空气

光线和空气的存在也会降低制品的耐贮性。光线能促进色素分解;空气中的氧气能引起制品变色和维生素的破坏。因此,干制品最好贮藏在避光、缺氧的环境中。

(六)干制品复水

复水就是干制品吸收水分恢复原状的过程,如干制品重新吸收水分后在质量、大小、形状、质地、颜色、风味、成分、结构等各方面恢复原来新鲜状态的程度越高,说明干制品的质量越好。因此,干制品的复水性是反映干制品质量好坏的一个重要指标。实际上,干制品复水后很难百分之百地达到新鲜原料的品质。这不但与干制品的种类、品种、成熟度、干燥方法有关,还与复水方法有关。

复水时,水的用量和质量与干制品关系很大。如用水过多,可使水溶性色素(如花青素和花黄素)和水溶性维生素溶解损失,一般用水量为菜重的 12～16 倍。水的酸碱度不同,也能使色素的颜色发生变化。水中若含有金属离子,会促进色素和维生素的氧化破坏;若含有亚硫酸钠或亚硫酸氢钠,会使干制品复水后组织软烂;用硬水复水,会使豆类质地变粗硬、影响品质。因此,复水用水一定要经过严格处理,才能提高复水干制品的质量。

工作任务

任务一 葡萄干制技术

(一)工艺流程

原料选择→处理→熏硫→清洗→干制→包装→成品

(二)操作要点

1. 原料选择

选择皮薄、果肉丰满、粒大、含糖量高(20%以上)的品种,以无核品种,如无核白、无核黑等为好。有核品种如马奶葡萄、玫瑰香葡萄、香妃红葡萄、黑加仑等也可。要求果实充分成熟。

2. 浸碱处理

为缩短干燥时间,加速水分蒸发,可采用碱液处理。将选好的果穗或果粒浸入 1.5%～4%的 NaOH 溶液中 1～5 s,薄皮种也可用浓度为 0.5%的碳酸钠或碳酸钠与氢氧化钠的混合液处理 3～6 s,使果皮外层蜡质破坏并呈皱纹状。浸碱处理后的原料立即用清水冲洗 3～4 次,置木盘上沥干。经过浸碱处理的果实干制时间可缩短 8～10 d。

3.熏硫

将放置果粒的木盘放入密闭室内，每吨葡萄用硫黄1.5～2 kg。

4.干制

(1)自然干制　将处理后的葡萄装入晒盘内，在阳光下暴晒10 d左右，当表面有一部分干燥时，可以全部翻动一遍，湿的放在表层继续晒，至2/3的果实呈干燥状，用手捻果实无葡萄汁液渗出时，即可将晒盘叠放起来，阴干一周。在晴朗的天气下，全部干燥时间共20～25 d。

新疆吐鲁番等地夏秋气候炎热干燥，空气相对湿度为35%～47%，风速3 m/s左右，故葡萄不需在阳光下暴晒，在搭制的荫房内风干就行了。用砖搭成的荫房，四壁布满梅花孔，中间是木棍搭成的支架，将成熟的无核葡萄搭上，经过大约40 d的干热风吹晾即成。这种阴干法制成的葡萄干，质量优良，呈半透明状，不变色，且制品的品质比晒干的优良。

(2)人工干制　将处理好的葡萄装入烘盘，使用逆流干制机干燥，初温为45～50 ℃，终温为70～75 ℃，终点相对湿度为25%，干燥时间为16～24 h。

5.回软

将葡萄干堆放15～20 d，使之干燥均匀，同时除去果梗，即成制品。

6.包装

葡萄干包装有布袋包装和木箱装两种，布袋分50 kg或25 kg装两种，木箱一般装25 kg。

任务二　脱水蒜片的加工

(一)工艺流程

原料选择→去皮→切片→护色→漂洗→脱水→挑选→包装

(二)操作要点

1.原料选择

加工脱水蒜片的原料要求色泽洁白，蒜瓣大，形态正常，老熟健康，品种一致。

2.去皮

用手工或机械的方法剥去蒜皮，分开蒜瓣，再除去蒜瓣表皮。

3.切片

用切片机切成厚度为2～3 mm的薄片。太厚不易烘干，太薄难以保持形状。

4.护色

将蒜瓣于0.1%～0.2% $NaHSO_3$ 或 Na_2SO_3 溶液中浸泡20 min左右进行护色，阻止蒜氨酸的氧化损失。

5.漂洗

护色后的蒜片用清水充分洗涤，冲去蒜片表面的黏液和糖分，直至水清澈透明为止。然后沥去水滴或用离心机甩干。

6.脱水

清洗后的蒜片均匀地摊于烘筛上，立即入烘房脱水。烘房温度控制在60～65 ℃，不超过

65 ℃，时间为 6～7 h。当蒜片含水量在 4.5%时，即迅速移出烘房。

7. 挑选

脱水后及时挑选片形正常、色泽净白的蒜片为正品，其余的作为次品，潮片要拣尽，拣出的潮湿蒜片需及时复烘。

8. 包装

包装时的成品含水量应不超过 6%，一般用纸箱包装，箱内垫复合塑料袋，扎口密封，每箱 20 kg。

任务三　苹果干的加工

(一)工艺流程

选料→清洗→去皮→切片→护色→干制→包装

(二)操作要点

1. 选料、清洗

选择肉质致密、含糖量高、单宁含量少的成熟苹果，用 0.5%～1%的稀盐酸溶液浸泡 3～5 min，以除去果实表面的农药，再用清水冲洗干净。

2. 去皮、切片

用不锈钢果刀去皮，去心，将果实横切成 5～7 mm 的环状果片，投入 1%的食盐水中，以防变色。

3. 护色

按 10 kg 原料用 20～30 g 硫黄，熏硫 15～30 min，防止果块氧化变色；或配制 0.5%的亚硫酸氢钠溶液，将切好的苹果片投入浸泡约 10 min。另取一部分苹果不经处理作对照。

4. 干制

采用人工干制，装载量为 4～5 kg/m^2，干制初期温度为 80～85 ℃，以后逐渐降至 50～60 ℃，干燥 5～6 h，以用手紧握再松手互不黏着而富有弹性为宜。干燥率为(6～8)∶10。

5. 包装

干燥后将成品堆积密闭，回软 1～2 d 使水分平衡，最后挑选分级，用 PE 袋包装。

(三)产品质量标准

片形完整，片厚及大小基本均匀，无杂质；呈淡黄色，色泽一致；具有苹果特有的风味，无异味；含水量 18%～20%；致病菌不得检出；产品保质期半年以上。

任务四　胡萝卜干制技术

胡萝卜的食用部分是地下的肉质根，含有丰富的蛋白质、糖类、胡萝卜素等，每 100 g 鲜重含 1.67～12.10 mg 的胡萝卜素，高于番茄 5～7 倍。胡萝卜素在人体消化道内分解成维生素 A，可防治夜盲症等疾病，且胡萝卜香气浓郁，素有“小人参”之称。目前我国胡萝卜的加工已形成了产业化规模，其中胡萝卜干制加工已具备了自主的技术体系，在国际市场上也具有较强的竞争能力。

(一)工艺流程

原料选择→整理清洗→去皮→切片→烫漂→脱水干燥→挑选包装

(二)操作要点

1. 原料选择

应选择外观为鲜艳的橘红色、表皮光鉴、根直无分叉、个体间粗细较均匀、无病虫害的新鲜胡萝卜。长度 18～20 cm，两端粗细均匀，直径 2.5～3.0 cm，锥度小，中柱细。

2. 整理清洗

切除青头和尾尖，剔除须根、疤块、泥沙后，用清水洗去泥沙等杂质，送入下道工序。

3. 去皮、切分

去皮可有多种方法，如手工去皮、机械去皮、蒸汽去皮、化学去皮和酶法去皮等。目前蒸汽去皮和化学去皮使用较多。蒸汽法是在 0.5 MPa 压力的蒸汽中 40～60 s，或在 0.7 MPa 的蒸汽中 30 s，或在 1.5 MPa 的蒸汽中 10 s，之后迅速排放蒸汽至大气压下，冲刷去皮。化学去皮是将 3%～6%的氢氧化钠溶液加温至 80～90 ℃，浸渍胡萝卜 2～4 min，使表皮组织软化或崩溃，再用清水冲洗去皮，但勿使碱液透入内层组织。用碱法去皮时若浓度、温度、时间掌握不当，易使原料表皮过多地腐蚀，果肉表面粗糙、凹凸不平，可用 0.8%～1%的氢氧化钠溶液加入 50～100 mL 植物油和 3%的碳酸氢钠，加热到 85～90 ℃，浸渍 2 min，去皮效果优于单一碱液去皮。

将去皮后的原料到去心子(中柱)，做到肉中无芯。然后用切粒机切成边长为 0.6～0.8 cm 的方形颗粒，用清水清洗干净。

4. 烫漂

用沸水热处理 2～4 min，目的是使之软化、钝化酶活性，以及使颗粒色泽鲜艳，增强透明度。烫漂时也可以加入 0.1%～0.5%的氯化钠，对增强干制品的复水性有一定的作用。

或将胡萝卜粒置于 0.1%碳酸氢钠的沸水溶液中烫漂至软而不糊、稍带弹性。其时间为 1.5～2.0 min，具体按原料颗粒大小、鲜嫩度而定。烫漂后应迅速用清洁的冷水冷却，以冷透为原则，目的是防止原料受热过度而引起组织软化和褐变。然后沥去原料表面水滴或用离心机甩干，装盘待烘。

5. 脱水干燥

将处理好的物料，均匀摊入烘筛上，装载量为 5～6 kg/m^2，用隧道烘房干燥时可适当减少。烘干温度分三段控制，初始 80 ℃，2 h；中期 65 ℃，4～5 h；后期 65～70 ℃，1～3 h。在果蔬专用干燥机中烘干时，采用稳定的温度烘干效果较好。一般温度控制在 68～70 ℃，经 7～8 h，烘至产品含水量在 6%时，即迅速结束干燥，可达到干燥要求。胡萝卜干粒的成品率为 6%～10%，含水量为 5%～8%。

6. 挑选、包装

筛去碎屑，拣去杂质和变色的产品。操作应快，以防产品吸潮；装箱时的产品含水量不得超过 7.5%。用纸箱外包装，内衬复合袋，密封。

（三）产品质量标准

要求色呈橙黄或橙红，无杂质，具有胡萝卜特有的气味，无异味等，产品质量符合《绿色食品　脱水蔬菜》NY/T 1045—2014 相关要求。

知识拓展

干制品加工中常见的质量问题及解决途径

（一）色泽的变化

果蔬在干制过程中或干制品贮藏中，处理不当往往会发生颜色的变化。最常发生的是褐变，分为酶促褐变和非酶褐变。

1. 酶促褐变

酶促褐变是由氧化酶类在有氧的情况下，引起果蔬中的单宁等成分氧化而变色。解决途径：①选择单宁含量低的果蔬原料。②加热处理，干制前对原料进行热烫处理，可以钝化果蔬中酶的活性。③硫处理，可使用亚硫酸盐和二氧化硫。二氧化硫较亚硫酸盐穿透果蔬组织的速度更快，所以更有效。④调节 pH，添加某些酸（如柠檬酸、苹果酸和磷酸）降低 pH，在某种程度上有助于抑制褐变。⑤排出空气，由于酶促反应是需氧过程，可通过排出空气或限制与空气中的氧接触而得以防治。可将干制前去皮切开的原料浸没在水、盐液或糖液中处理。

2. 非酶褐变

非酶褐变主要是果蔬中氨基酸的游离氨基与还原糖的游离羰基发生羰氨反应，生成类黑素物质而引起的。解决途径：①硫处理，硫处理对非酶褐变有抑制作用。因为二氧化硫与不饱和的糖反应形成磺酸，可减少类黑素的形成。②降低加热温度，缩短受热时间。温度是影响非酶褐变的一个主要因素。温度越高变色越深。③用半胱氨酸处理。用半胱氨酸处理果蔬原料。能显著抑制褐变程度。原因是半胱氨酸同还原糖反应生成无色化合物。而且，半胱氨酸还可以作为一种营养补充剂。④避免接触金属离子，一般铜和铁可以催化还原酮类的氧化而促进褐变，因而避免这些物质混入可以减少褐变。

（二）营养的损失

果蔬干制过程中，由于长时间受热处理，会造成果蔬营养物质的大量损失。各种营养成分中损失最为严重的是维生素和糖分。

1. 维生素的损失

水果蔬菜是人体摄取维生素的最好来源，但其干制品却不然。果蔬干制时维生素受到严重破坏，其中维生素 C 很容易被氧化破坏，其破坏程度与干制环境中的氧气含量、温度和抗坏血酸酶的含量及活性有关。解决途径：①排出氧气；②降低温度；如采用真空冷冻干燥就可以实现隔氧降温的条件，从而较大程度地保存果蔬中的准生素 C；③干制前用酸液浸泡原料，因为维生素 C 在酸性溶液中稳定。另外，其他维生素在干制时也有不同程度的破坏，如维生素 B_1（硫胺素）对热敏感，维生素 B_2（核黄素）对光敏感，胡萝卜素也会因氧化而遭受损失。

2. 糖分的损失

果蔬中所含的果糖和葡萄糖均不稳定，易氧化分解。干制温度越高、时间越长，糖分损失越多，干制品的质量越差。解决途径：尽量降低干制温度和缩短干制时间。

干制新技术

现代化的干燥设备是干制技术发展的基础，近年来不断有新型、高效的干制技术出现，下面介绍几种国内外比较先进的干制技术。

(一)冷冻干燥

真空冷冻干燥又称为冷冻升华干燥、升华干燥，简称“冻干”。它是将物料中的水分冻结成固体的冰，然后在真空条件下，使冰直接升华变成水蒸气逸出，从而达到物料的干燥。水有三种存在状态，即固态、液态和气态，三种状态之间既可以相互转换又可以共存。当空气压力为101.33 kPa时，水的沸点温度为100 ℃。若压力下降，水的沸点也随之下降，当空气压力下降到0.61 kPa时，水的沸点温度为0 ℃，而这个温度同时也是水的冰点。即在这种条件下水可以以固态、液态、气态同时存在，故称为水的三相点。如果再将压力继续下降到0.61 kPa以下，或将温度降到0 ℃以下时，纯水形成的冰晶则会直接升华成为水蒸气。真空冷冻干燥就是利用物料中的水冻结成冰后，在一定的真空条件下使之直接升华为水蒸气而干燥的方法。

真空冷冻干燥的物料，首先要在低温条件下冻结，一般预冻到－30 ℃左右，而后在高度真空下使冻结的冰晶由外至内逐步升华，还要施加热量于冻结物料以加速升华，但温度不能高到使冰融化。

冷冻干燥能较好地保持产品的色、香、味和营养价值，且复水性好，复水后产品接近新鲜状态。但真空冷冻干燥设备投资费用和操作费用高，因而生产成本很高。

(二)远红外线干燥

红外线是介于可见光与微波之间，波长为0.72～1 000 μm的电磁波，一般将5.6～1 000 μm波长区域的红外线称为远红外线。获得远红外线主要靠能发射远红外线的物质，主要有金属氧化物如氧化钴、氧化锆、氧化铁、氧化钛以及氮化物、硼化物、硫化物等。

远红外干燥具有穿透率高、干燥速度快、生产效率高、节约能源、设备规模小、建设费用低等优点，目前已在谷物干燥、果蔬干燥方面研究应用。

(三)微波干燥

微波干燥就是利用微波为热辐射源，加热果蔬原料使之脱水干燥的一种方法。微波是指300～300 000 MHz的电磁波，波长为0.001～1.0 m，常用的加热频率为915～2 450 MHz。

微波的穿透能力比红外线更强，能很快深入到物质内部。微波加热的热量不是由外部传入，而是在被加热物体内部产生的，所以加热很均匀，不会出现外焦内湿的现象。因此，微波干燥是一种干燥速度快、干制品质好、热效率高的果蔬干燥方法。

(四)膨化干燥

膨化干燥又称加压减压膨化干燥或压力膨化干燥，其干燥系统主要由一个体积比压力罐大5～10倍的真空罐组成。果蔬原料经预干燥后，干燥至水分含量为15%～25%(不同果蔬要求的水分含量不同)，然后将果蔬置于压力罐内，通过加热使果蔬内部水分不断蒸发，罐内压力上升至 40～480 kPa，物料温度大于 100 ℃，因而和大气压下水蒸气温度相比，它处于过热状态，随着迅速打开连接压力罐和真空罐的减压阀，由于压力罐内瞬间降压，使物料内部水分迅速蒸发导致果蔬表面形成均匀的蜂窝状结构。在负压状态下维持加热脱水一段时间直至达到所需的水分含量(3%～5%)，停止加热，使加热罐冷却至外部温度时破除真空，打开盖，取出产品进行包装，即得到膨化果蔬脆片。

膨化技术已成功地应用于土豆、苹果、胡萝卜、蓝莓等果蔬。采用这种技术生产出的果蔬制品除了具有蜂窝状结构、高复水率外，产品的质地松脆，极大限度地保持了新鲜果蔬的风味、色泽、营养，膨化干燥与传统干燥方法相比较，可节约蒸汽 44%，同时，比传统干燥法快 21 倍。

(五)真空油炸脱水

真空低温油炸脱水是利用减压条件下，产品中水分汽化温度降低，能在短时间内迅速脱水，实现在低温条件下对产品的油炸脱水，热油脂作为产品的脱水供热介质，还能起到膨化及改进产品风味的作用。真空油炸技术的关键在于原料的前处理及油炸时真空度和温度的控制，原料处理除常规的清洗、切分、护色外，对有些产品还需进行渗糖和冷冻处理。渗糖浓度为 30%～40%，冷冻要求在－18 ℃左右的低温冷冻 16～20 h。油炸时真空度一般控制在 920～98.7 kPa，油温控制在 100 ℃以下。

目前国内外市场出售的真空油炸果品有苹果、猕猴桃、柿子、草莓、香蕉等；蔬菜有胡萝卜、南瓜、西红柿、四季豆、甘薯、土豆、大蒜、青椒、洋葱等。近年来随着这项技术研究的深入，能使制品更好地保留其原有风味和营养，松脆可口，具有广阔的开发前景。

复习思考题

1. 果蔬中水分的存在状态及其特性是什么？
2. 果蔬干制过程中水分的内扩散作用有什么特点？
3. 影响果蔬干制速度的因素有哪些？
4. 果蔬干制过程中有哪些物理和化学方面的变化？
5. 什么是冷冻干燥？其原理及优缺点是什么？
6. 什么是回软处理？果蔬干制后为什么要进行回软？

项目七

果蔬汁制技术

学习目标

1. 掌握原果蔬汁(包括澄清汁、浑浊汁、浓缩汁)加工工艺流程
2. 分清澄清汁、浑浊汁和浓缩汁加工工艺的相同点与不同点,并掌握制作关键工序。
3. 掌握原果蔬汁加工工艺各工序的操作要点。
4. 掌握果蔬汁饮料制造所需的原辅料和制造工艺。
5. 了解最新的果蔬汁饮料包装技术。
6. 了解果蔬汁生产中易出现的问题,并能够分析解决。

工作任务及要求

1. 根据不同的加工原料选择适宜的清洗方法。
2. 根据不同的加工原料选择破碎、加热、果胶酶处理的条件。
3. 根据不同的加工原料选择合适的取汁方法。
4. 根据不同的果蔬汁选择合适的澄清和过滤方法。
5. 根据不同的果蔬汁选择合适的均质和脱气方法。
6. 根据不同的果蔬汁选择合适的浓缩脱水方法。
7. 果蔬汁加糖、加酸量的计算。
8. 根据不同的果蔬汁选择合适的杀菌和包装方法。

岗位技术知识

果蔬汁是指挑选和清洗后的新鲜果蔬,经破碎、压榨、过滤等工序制得的一种汁液,装入包装容器中,经密封杀菌,能得以长期保藏的果蔬饮料。果蔬汁有近似于新鲜果蔬的风味和营养价值,易被人体吸收,有“液体水果蔬菜”之称。果蔬汁工业化生产的历史较短,1869 年,瓶装葡萄汁第一次进行了巴氏杀菌,到 1920 年才出现了工业化生产的果汁。随着果汁生产技术的

进步，浓缩果汁加工设备的发展，促进了果汁生产量的迅速提高。我国近几年果蔬汁产量稳定增加，其中 2022 年中国果蔬汁产量约 1 886 万 t。当前世界各国主要生产柑橘汁、菠萝汁、苹果汁、葡萄及其他浆果类果汁，我国以苹果汁、柑橘汁为主。

知识点一　果蔬汁的分类

果蔬汁的分类有许多方法，通常按制品状态和加工工艺可以分为人工配制果蔬汁和天然果蔬汁两大类。天然果蔬汁是以果品蔬菜为原料经各种加工而成的饮料；人工配制果汁是用糖、柠檬酸、食用色素、食用香精和水模拟天然果汁的状态配制而成的制品。天然果蔬汁又可分为原果蔬汁、浓缩果蔬汁、果汁粉等几类。

(一)原果蔬汁

原果蔬汁又称非浓缩果蔬汁，是从果蔬原料榨出的原果汁经稀释或加糖调整及其他处理后的果蔬汁。因未经浓缩，其成分与鲜果汁液十分接近，含原果蔬汁 100%。这类果汁又可分为澄清汁和浑浊汁两种类型。

1. 澄清汁

澄清汁又称透明汁。在制作时经过澄清、过滤等关键工艺，其特点是汁液澄清透明，无悬浮物，稳定性高。澄清汁的果肉微粒、蛋白质和果胶物质等均被除去，制品稳定性较高，但风味、色泽和营养价值也因此受损失。

2. 浑浊汁

新鲜果蔬直接榨出的汁(浆)液经过均质、脱气处理，外观呈浑浊均匀状态，果蔬汁中含有果肉微粒，且均匀分散在汁液中，含果胶物质。如柑橘汁、番茄汁常制成浑浊汁，这类果蔬汁制品能较好地保持原果蔬的风味、色泽和营养，只是稳定性稍差。

(二)浓缩果蔬(浆)汁

由新鲜果蔬原汁浓缩而成，要求可溶性固形物含量达到 40%～60%，含有浓度较高的糖分和酸分。一般浓缩 3～6 倍，如浓缩橙汁(浆)、浓缩苹果汁(浆)等。这类制品的营养价值高且体积小，便于运输和保存。

(三)果汁粉

果汁粉又称果汁型固体饮料。用原果汁或浓缩果汁脱水而成，含水量在 1%～3%，一般需加水冲溶后饮用。如果珍、橘子粉等。

知识点二　果蔬汁加工技术

(一)果蔬汁的加工工艺流程

原料选择→预处理(挑选、分级、清洗)→破碎(热处理、酶处理等)→榨汁→粗滤→

{ 澄清、过滤(澄清汁)
{ 均质、脱气(浑浊汁)→杀菌→灌装→冷却→成品
{ 浓缩(浓缩汁)

(二)原料的选择

原料要求具有良好的风味和香味,无异味,色泽美好而稳定、糖酸比合宜并且在加工贮藏中能保持这些优良的品质,出汁率高、榨汁容易。果汁加工对原料的果形大小和形状虽无严格要求,但对成熟度要求较严,未成熟或过熟的果蔬均不合适。除少数后熟作用明显的种类外,大多数宜在九成左右成熟时采收和加工,其汁液中可溶性固形物及芳香物质含量都较高,色泽鲜艳,香味浓郁,榨汁容易。橙类、苹果、梨、猕猴桃、菠萝、葡萄、桃、番茄、胡萝卜、芹菜等具有优良的色泽、香味和风味特性,且汁液丰富,都符合果汁加工的要求。

(三)挑选与清洗

挑选与清洗是为了保证果汁的质量。原料加工前必须进行挑选,剔除霉变、腐烂、未成熟和受伤变质果实;清洗是减少杂质污染、降低微生物数量和农药残留的重要措施。清洗时一般先浸泡后喷淋或流水冲洗,对于农药残留较多的果实,可加用稀盐酸溶液或脂肪酸类洗涤剂进行处理。

(四)原料取汁前预处理

为了便于榨汁操作,提高出汁率和果蔬汁的质量,取汁前通常要进行破碎、加热和加酶等预处理。

1. 破碎

除了柑橘类果汁和带肉果汁外,一般在榨汁前都先进行破碎,以提高原料的出汁率,尤其是对于皮、肉致密的果实,更有必要先行破碎。但果实破碎程度要适当,破碎后的果块应大小均匀。果块太大出汁率低,破碎过度则又会造成外层的果汁很快地被压榨出,形成了一层厚皮,使内层果汁榨出困难,反而影响了出汁率。同时汁液中的悬浮物较多,不易澄清。通过压榨取汁的果蔬,如苹果、梨、菠萝、杧果以及某些蔬菜,其破碎粒度以 3～5 mm 为宜;草莓和葡萄以 2～3 mm 为宜;樱桃为 5 mm。所用的破碎机有磨破机、锤式破碎机、挤压式破碎机、打浆机等,并通过调节器控制粒度大小。果实在破碎时常喷入适量的氯化钠及维生素 C 配成的抗氧化剂,以防止或减少氧化作用的发生。

2. 加热处理

由于在破碎过程中和破碎以后果蔬中的酶被释放,活性大大增加,特别是多酚氧化酶会引起果蔬汁色泽的变化,对果蔬汁加工极为不利。加热可以抑制酶的活性,使果肉组织软化,使细胞原生质中的蛋白质凝固,改变细胞膜的半透性,有利于细胞中可溶性物质向外扩散,使胶体物质发生凝聚,使果胶水解,因而提高了出汁率。红葡萄、樱桃和草莓等果实,破碎后的预热有利于色素和风味物质的溶出和提取,并能抑制酶的活性和降低汁液中果胶黏度以提高出汁率;橙若带皮压榨取汁,应先预煮 1～2 min,可减少榨出汁中果皮精油的含量。一般热处理条件为温度 70～75 ℃,时间 10～15 min。也可采用瞬时加热,加热温度 85～90 ℃,保温时间 1～2 min,通常采用管式热交换器进行间接加热。

3. 果胶酶处理

榨汁时果实中果胶物质的含量对出汁率影响很大。果胶含量高的果实由于汁液黏性较大,榨汁比较困难。果胶酶可以有效地分解果肉组织中的果胶物质,使汁液黏性降低,容易榨汁过滤，提高出汁率。因此在制取透明果蔬汁时，为了去除过量的果胶物质，榨汁前有时需要在果浆中添加果胶酶，对果蔬浆进行酶解。可以在果蔬破碎时，将酶液连续加入破碎机中，使酶均匀分布在果浆中。也可以用水或果汁将酶配成1%～10%的酶液，用计量泵按需要量加入。果胶酶制剂的添加量一般为果蔬浆重量的0.01%～0.03%，酶反应的最佳温度为45～50 ℃，反应时间2～3 h。酶作用时的温度不仅影响分解速度，而且影响产品质量。果浆在40～50 ℃条件下用果胶酶处理50～60 min，可使出汁率从75%增加到85%左右。

为了防止酶处理阶段的过分氧化，通常将热处理和酶处理相结合。简便的方法是将果浆在90～95 ℃下进行巴氏杀菌，然后冷却到50 ℃时再用酶处理，并用管式热交换器作为果浆的加热器和冷却器。

(五)榨汁和浸提

取汁是果蔬汁生产的重要环节，不同的果蔬原料采用不同的取汁方式，同一种原料也可用不同的取汁方式。含果汁丰富的果实，如苹果等，大都采用压榨法提取果汁；含汁液较少的果实，如山楂等，可采用浸提的方法提取汁液；对于一些浆果类，可直接打浆处理，粗滤时筛孔为2～3 mm，制取橘汁也可使用打浆机来破碎和取汁。

1.压榨取汁

利用外部的机械挤压力，将果蔬汁从果蔬或果蔬浆中挤出的过程称为压榨。榨汁方法因果实的结构、果汁存在的部位及其组织性质、成品的品质要求而异。大多数果实通过破碎就可榨取果汁，但某些水果如柑橘类和石榴等果实，有一层很厚的外皮，榨汁时外皮中的不良风味物质和色素物质会一起进入果汁中；同时柑橘类果实外皮中的精油含有极容易变化的萜类化合物，容易生成萜品，产生萜品臭；果皮、果肉皮及种子中存在柚皮苷和柠檬碱等导致苦味的化合物，为了避免上述物质进入果汁中，这类果实不宜采用破碎压榨法取汁，应该采用逐个榨汁方法取汁；石榴皮中含有大量单宁，故应先去皮后进行榨汁；加工带肉果汁的桃和杏等果实，也不宜采取破碎压榨取汁法，而是以磨碎机将果实磨制成浆状的制汁法。榨汁机的种类很多，主要有杠杆式压榨机、螺旋式压榨机、液压式压榨机、带式压榨机、离心分离式榨汁机等。

果蔬榨汁要求榨汁时间短，防止和减轻榨汁过程中果蔬色、香、味的损失，防止营养质的分解，以及减少空气的混入。果实的出汁率因果品种类和品种、加工季节、压榨方法和压机效能而异。

2.浸提取汁

山楂、酸枣、梅子等含水量少，难以用压榨法取汁的果蔬原料需要用浸提法取汁；苹果、梨通常用压榨法取汁的水果，为了减少果渣中有效物质的含量，有时也用浸提取法。浸提法通常是将破碎的果蔬原料浸入水中，由于果蔬原料中的可溶性固形物含量与浸汁(溶剂)之间存在浓度差，果蔬细胞中的可溶性固形物就要透过细胞进入浸汁中。果蔬浸提汁不是果蔬原汁，是果蔬原汁和水的混合物，即加水的果蔬原汁，这是浸提与压榨取汁的根本区别。浸提时的加水量直接影响出汁量，浸提时要依据浸汁的用途，确定浸汁的可溶性固形物的含量。对于制作浓缩果汁，浸汁的可溶性固形物含量要高，出汁率就不会太高；对于制造果肉型果蔬汁的浸汁，可溶性固形物的含量也不能太低，因而加水量要合理控制。以山楂为例，浸提时的果水重量比一般以1∶(2.0～2.5)为宜。一次浸提后，浸汁的可溶性固形物的浓度为4.5%～6.0%，出汁率

为 18%～23%

浸提温度、浸提时间和破碎程度除了影响出汁率外，还影响果汁的质量。浸提温度一般为 60～80 ℃，最佳温度为 70～75 ℃，一次浸提时间为 1.5～2.0 h，多次浸提累计时间为 6～8 h。并进行适当破碎，以增加与水接触的机会，有利于可溶性固形物的浸提。

果蔬浸提取汁主要有一次浸提法和多次浸提法等方法。

(1)一次浸提法　浸提过程一般是在浸提容器内进行的。料水装量为容器容量的 80%～85%。按料水比 1∶(2.0～2.5)的比例，放入所需要的 90～95 ℃的热水，再加入相应量的已破碎的果蔬原料，略加搅拌，浸提 1.5～2.0 h 或 6～8 h，放出果汁。果汁经过过滤和澄清作为原料汁使用，滤渣不再浸提取汁。

一次浸汁的可溶性固形物含量一般为 4.5%～6.0%，果汁中的果胶含量低，透明度高，色泽和风味均佳。但一次浸提的浸提率较低，果蔬内还有一半以上的可溶性物质未提取出来，因此，一次浸提的果渣可用作加工原料，生产其他副产品以进行综合利用。

(2)多次浸提法　一次浸提后的果蔬渣中含有较多的糖、酸、果胶和维生素 C 等营养成分。为了提高果蔬原料的利用率多次浸提法是对分离果汁后的果渣，依次用相同方法再行浸提，然后将各次浸提后的汁液混合，经过过滤、澄清，作为原料汁使用。例如，将压碎的果蔬放入其重量的 2 倍的沸水中，浸提 1.5～2 h 后分离，得到第一次浸汁。在分离出的果渣中再放入渣重 2 倍的沸水，按以上方法再次浸提。一般新鲜果蔬可以浸提 3～4 次，干果原料可以浸提 7～8 次。

多次浸提法的浸提率高，果蔬中各种成分的提取比较彻底，果渣中残留的营养成分含量很低，利用价值不大，可以废弃。多次浸提得到混合汁，可溶性固形物含量低，浓缩时耗能大，果汁中维生素 C 损失较多，芳香物质的损失也较严重。因而多次浸提的各次浸汁可根据用途分别使用，以提高经济性。

(六)粗滤

新鲜的粗榨果蔬汁一般含有各种形式和数量的悬浮物质，不仅影响果汁的外观状态和风味，也会使果汁很快变质。需要进行筛滤，除去分散在果汁中的粗大颗粒或悬浮颗粒。生产上粗滤常安排在榨汁的同时进行，也可在榨汁后独立操作。如果榨汁机设有固定分离筛和离心分离装置时，榨汁与粗滤可在同一台机械上完成；单独进行粗滤的设备为筛滤机，如水平筛、回转筛、圆筒筛、振动筛等，此类粗滤设备的滤孔大小为 0.5 mm 左右。此外，框板式压滤机也可以用于粗滤。

(七)澄清汁的澄清与精滤

制取澄清汁时，通过澄清和精滤可除去汁液中的全部悬浮物及容易产生沉淀的胶粒。悬浮物包括种子、果心、果皮等的颗粒，将影响果汁的品质和稳定性，故须清除；果汁中的胶体主要是果胶质、树胶质和蛋白质等，胶体的吸附作用、离子化作用和能与其他胶体相互反应的性质，致使果汁产生沉淀。

1. 澄清

果汁生产上常用的澄清方法有以下几种。

(1)自然沉降澄清法　将破碎压榨出的果汁置于密闭容器中，经过一定时间的静置，悬浮物沉淀;果胶质逐渐水解而沉淀;蛋白质和单宁也可逐渐形成不溶性的单宁酸盐而沉淀,从而降低果汁的黏度,使果汁澄清。但果汁在长时间的静置过程中易发酵变质,因此必须加入适当的防腐剂或在-1～2 ℃的低温条件下保存。此法常用在亚硫酸保藏果汁半成品的生产上;也用于果汁的预澄清处理,以减少精制过程中的沉渣。

(2)加热凝聚澄清法 果汁中的胶体物质受到热的作用会发生凝集从而形成沉淀。将果蔬汁在 80～90 s 内加热至 80～82 ℃,并保存 1～2 min,然后以同样的时间冷却至室温,由于温度的剧变,果汁中蛋白质和其他胶体物质变性凝聚析出,从而使果汁澄清。但一般不能完全澄清,加热也会损失一部分芳香物质。一般可采用密闭的管式热交换器和瞬时巴氏杀菌器进行加热和冷却,可以在果汁进行巴氏杀菌的同时进行。

(3)加酶澄清法 加酶澄清法是利用果胶酶水解果汁中的果胶物质,使果汁中其他物质失去果胶的保护作用而共同沉淀,达到澄清的目的。酶制剂用量因果蔬汁及酶的种类而异,通常通过预先实验确定,一般使用量为果蔬汁质量的 0.2%～0.4%。酶制剂可以在榨出的新鲜果汁中直接加入,也可以在果汁加热杀菌后加入。榨出的新鲜果汁未经加热处理,直接加入酶制剂,果汁中的天然果胶酶可起到协同作用,使澄清作用较经过加热处理得快,因此果汁在加酶制剂之前不经热处理为宜。若榨汁前已用酶制剂以提高出汁率,则不需再加酶处理或加少量的酶处理即能得到透明、稳定的产品。酶反应温度通常在 45～55 ℃,酶作用的时间由温度、果汁种类、酶制剂种类和数量决定。

(4)明胶单宁澄清法 明胶单宁澄清法是利用单宁与明胶、干酪素等物质络合形成明胶单宁酸盐络合物,此络合物沉降的同时,果汁中的悬浮颗粒被缠绕而随之沉降。明胶、单宁的用量取决于果汁种类、品种、原料成熟度及明胶质量,应预先实验确定。一般明胶用量为 100～300 mg/L,单宁用量为 90～120 mg/L。此法在酸性和温度较低的条件下易实现澄清,以 3～10 ℃ 为佳。适用于苹果、梨、山楂、葡萄等果汁。

(5)冷冻澄清法 利用冷冻可以改变胶体的性质、解冻时可破坏胶体的原理,将果蔬汁置于-4～1 ℃的条件下冷冻 3～4 d,解冻时可使悬浮物形成沉淀。故雾状浑浊的果汁经过冷冻后容易澄清,此法对于苹果汁尤为明显。但此法不容易达到完全澄清。

(6)蜂蜜澄清法 用蜂蜜作澄清剂不仅可以强化营养,改善产品的风味,抑制果汁的褐变,而且可将已褐变的果汁中的褐色素沉积下来,澄清后的果汁中天然果胶含量并未降低,但果汁却长期保持透明状态。蜂蜜的添加量一般为 1%～4%。

2.精滤

为了得到澄清透明且稳定的果蔬汁,澄清之后的果蔬汁必须进行过滤,目的在于除去细小的悬浮物质和沉淀物。常用的精滤设备主要有硅藻土过滤机、板框压滤机、纤维过滤器、真空过滤器、离心分离机及超滤膜过滤等。

(八)浑浊果蔬汁的均质与脱气

1.均质

均质是浑浊果蔬汁加工中的特殊操作,其目的在于使果蔬汁中所含的悬浮颗粒进一步破碎,使微粒大小均一,促进果胶渗出,使果胶和果蔬汁亲和,均匀而稳定地分散于果蔬汁中,保持果蔬汁的均匀浑浊度,获得不易分离和沉淀的果蔬汁。不经均质的浑浊果蔬汁,由于悬浮颗粒较大，在重力作用下会逐渐沉淀而失去浑浊度，使浑浊果蔬汁质量变差。生产中常用的均质设备有高压均质机(图 7-1)、超声波均质机及胶体磨。

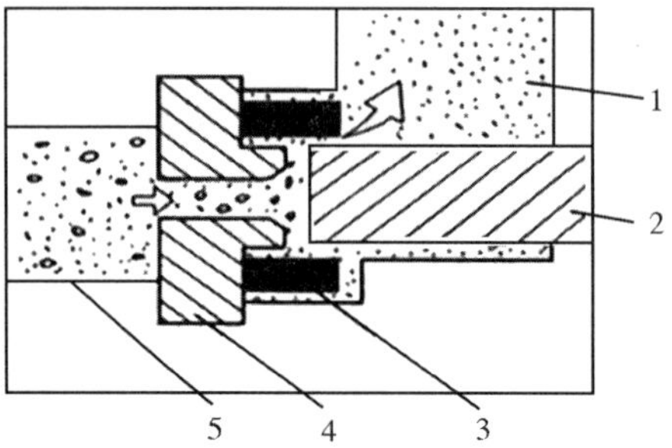

1. 均质产品　2. 阀杆　3. 碰撞杆　4. 阀座　5. 未均质原料

图 7-1　高压均质机工作原理

2. 脱气

果蔬细胞间隙存在着大量的空气，原料在破碎、取汁、均质和搅拌、输送等工序中也会混入大量的空气，其中的氧气可导致果汁营养成分损失和色泽变差，必须加以去除，所以脱气又称去氧或脱氧。脱氧可防止或减轻果蔬汁色素、维生素 C、香气成分或其他物质的氧化，防止品质变劣；减少或避免微粒上浮，以保持良好的外观；防止和减少装罐和杀菌时产生的泡沫；减少马口铁罐内壁的腐蚀。然而脱氧也会导致果汁中挥发性芳香物质的损失，必要时可进行回收，加回果汁中。

果蔬汁脱气有真空脱气法、氮交换脱气法、酶法脱气法和抗氧化剂脱气法等。真空法和酶法是目前生产上常用的除氧方法。真空法是在一定的真空条件下，使氧气逸出并通过真空泵抽除；酶法是在果蔬汁中加入葡萄糖氧化酶，通过反应消耗氧气，减少果蔬汁中氧气的含量，达到脱除氧气的目的；置换法是将氮气、二氧化碳等惰性气体通过专门的设备压入果蔬汁中，形成强烈的泡沫流，在泡沫流的冲击下，氮气、二氧化碳等惰性气体将果蔬汁中的氧气置换出来，达到脱气目的。

(九)浓缩果蔬汁的浓缩与脱水

浓缩果蔬汁体积小，可溶性物质含量达到 65%～68%，可节约包装及运输费用；能克服果实采收期和品种所造成的成分上的差异，使产品质量达到一定的规格要求；浓缩后的汁液，提高了糖度和酸度，所以在不加任何防腐剂的情况下也能使产品长期保藏；而且适于冷冻保藏。因此，目前浓缩果蔬汁饮料生产增长较快。常用的浓缩方法有真空浓缩法、冷冻浓缩法、反渗透浓缩法、超滤浓缩法等。

1. 常压浓缩法

常压浓缩法即在常压下加热浓缩，水分蒸发慢，加热时间长，芳香物质和维生素损失比较严重，产品色泽差。

2. 真空浓缩法

在低于大气压的真空状态下，使果蔬汁的沸点下降，加热使果蔬汁在低温条件下沸腾，使水分从原果蔬汁中分离出来。真空浓缩由于蒸发过程是在较低温度下进行的，既可缩短浓缩时间，又能较好地保持果蔬汁的色香味。真空浓缩温度一般为 25～35 ℃，不超过 40 ℃，真空度约为94.7 kPa。这种温度适合于微生物繁殖和酶作用,故果蔬汁在浓缩前应进行适当的高温瞬时杀菌。果汁在真空浓缩过程中,由于芳香成分的损失,制品风味趋于平淡,浓缩后应将回收的香精油回加于浓缩果汁中,以克服以上缺点。

真空浓缩方法可分为真空锅浓缩法和真空薄膜浓缩法等多种方法,目前真空薄膜浓缩设备主要有强制循环蒸发式、降膜蒸发式(薄膜流下式)、升膜蒸发式、平板(片状)蒸发式离心薄膜蒸发式和搅拌蒸发式等多种类型。这类设备的特点是果蔬汁在蒸发中呈薄膜流动,果蔬汁由循环泵送入薄膜蒸发器的列管中,分散呈薄膜状,由于减压在低温条件下脱去水分,热交换效果好,是目前广泛使用的浓缩设备。

3. 冷冻浓缩法

冷冻浓缩法是将果蔬汁进行冷冻,果蔬汁中的水即形成冰结晶,分离除去这种冰结晶,果蔬汁中的可溶性固形物含量提高,即可得到浓缩果汁。果汁的浓缩程度取决于果蔬汁的冰点温度,冰点温度越低,浓缩程度就越高。如糖度为10.8%的苹果汁冰点为-1.30 ℃,而糖度为63.7%的苹果汁冰点为-18.6 ℃。

冷冻浓缩避免了热及真空的作用,没有热变性,挥发性风味物质损失极微,产品质量远比蒸发浓缩的产品为优。同时,热量消耗少,在理论上冷冻浓缩所需的热量约为蒸发浓缩热量的1/7。但是,冰结晶的生成与分离时,冰晶中吸入少量的果蔬汁成分及冰晶表面附着的果蔬汁成分要损失掉,浓缩效率比蒸发效率差,浓缩后浓度很难达到55%以上。

4. 反渗透浓缩法

反渗透浓缩是一种现代的膜分离技术,与真空浓缩等加热蒸发方法相比,物料不受热的影响,不改变其化学性质,能保持物料原有的新鲜风味和芳香气味。

渗透是高浓度溶液利用其自身高渗透压通过半透膜吸收低浓度溶液中的水分,较高浓度的溶液所产生的压力称为渗透压。半透膜两侧溶液的浓度差越大,渗透压也就越大,即渗透压与膜两侧溶质质量之差成正比。反渗透是在浓度较大的溶液一侧加上足以克服渗透压的压力,水分则通过半透膜由较浓的一侧流向较稀或溶质浓度为“0”的一侧,这种反方向透过半透膜的扩散现象称为反渗透或逆渗透。

反渗透膜孔径较小,只能透过水分子而不能通过其他可溶性固形物,截留范围为0.000~0.001 μm,操作压力为2.94~14.7 MPa,使用的半透膜是乙酸纤维及其衍生物、聚丙烯系列膜等。反渗透浓缩度可达35%~42%。操作所需能量约为蒸发式浓缩的1/17,为冷冻浓缩法的1/2,是节能的有效方法。

5. 超滤浓缩法

超滤浓缩法是溶质被膜截留,水分子穿过膜,使溶质得以浓缩的方法。其操作压力为0.49~5.81 MPa。使用的半透膜为聚丙烯腈和其他聚烯烃膜。

反渗透法和超滤法是通过膜移动物质的,因此不需要加热,可节约能源,营养物质损失也比较少,加工过程中的成本较低。膜使用一段时间后通过反向加压而使其恢复透性,可以重复使用,是目前果蔬汁浓缩技术中值得推广的一项高新技术。

(十)果蔬汁的调整与混合

1. 糖、酸及其他成分调整

为使果蔬汁符合一定规格要求和改进风味,常需要适当调整。使果蔬汁的风味接近新鲜果蔬，但调整范围不宜过大，以免丧失果汁原来的风味。调整主要为糖酸比例的调整及香味物质、色素物质的添加。调整糖酸比及其他成分，可在特殊工序如均质、浓缩、干燥、充气以前进行，澄清果汁常在澄清过滤后调整，有时也可在特殊工序中间进行调整。

果蔬汁饮料的糖酸比例是决定其口感和风味的主要因素，不浓缩的果蔬汁适宜的糖分和酸分的比例在(13∶1)～(15∶1)范围内，适宜于大多数人的口味。果蔬汁饮料调配时，首先需要调整含糖量和含酸量，一般果蔬汁中含糖量在8%～14%，有机酸的含量在0.1%～0.5%。调配时用折光仪或百利糖表测定并计算果蔬汁的含糖量，然后通过公式计算补加浓糖液和柠檬酸的量。

$$X=\frac{W\times(B-C)}{D-B}$$

式中，X——需加入的浓糖液(酸液)的量，kg；

D——浓糖液(酸液)的浓度，%；

W——调整前原果蔬汁的质量，kg；

C——调整前原果蔬汁的含糖(酸)量，%；

B——要求调整后的含糖(酸)量，%。

糖、酸调整时，先按要求用少量水或果蔬汁使糖或酸溶解，配成浓溶液并过滤，然后加入果蔬汁中放入夹层锅内，充分搅拌，调和均匀后测定其含糖量，如不符合产品规格，可再行适当调整。

果蔬汁除进行糖酸调整外，还需要根据产品的种类和特点进行色泽、风味、黏度、稳定性和营养价值的调整。所使用的食用色素的总量按规定不得超过0.005%；各种香精的总和应小于0.005%；其他如防腐剂、稳定剂等按规定量加入。

2. 混合

许多果品蔬菜如苹果、葡萄、柑橘、番茄、胡萝卜等，虽然能单独制得品质良好的果蔬汁，但与其他种类的果蔬配合风味会更好。不同种类的果蔬汁按适当比例混合，可以取长补短，制成品质良好的混合果汁，也可以得到具有与单一果蔬汁不同风味的果蔬汁饮料。如“汇源”的混合果蔬汁是由胡萝卜汁、苹果汁、橙汁、柠檬汁复合而成的，其风味良好。混合汁饮料是果蔬汁饮料加工的发展方向。

(十一)果蔬汁的杀菌与包装

1. 杀菌

杀菌是果蔬汁生产必需的操作步骤，其目的一是杀死有害微生物，防止果蔬汁败坏；二是钝化各种酶类，以免引起种种不良变化。杀菌的方法有沸水杀菌、巴氏杀菌、高温短时杀菌和超高温瞬时灭菌。

(1)沸水杀菌　将果蔬汁装罐密封后置于沸水中10～30 min，然后迅速冷却至37 ℃保存。

(2)巴氏杀菌　即在80～85 ℃杀菌20～30 min，然后迅速放入冷水中冷却。此法适用于pH在4.5以下的果汁。

无论是沸水杀菌还是巴氏杀菌，由于加热时间太长，果蔬汁的色泽和香味都有较多的损失，尤其是浑浊果汁，容易产生煮熟味。因此，常采用高温短时杀菌或超高温瞬时灭菌。

(3)高温短时杀菌　一般高温短时杀菌条件为(93±2) ℃保持15～30 s，但对于低酸性的蔬菜汁，均采用 106～121 ℃的高温处理 5～20 s，然后迅速冷却至 37 ℃。此法营养物质损失小，适宜于热敏性果汁。

（4）超高温瞬时灭菌（UHT）　将果蔬汁在 120～135 ℃温度范围内，2～10 s 内的瞬时灭菌，冷却后在无菌条件下灌装密封。由于加热时间短，对于果蔬汁的色、香、味及营养成分保存非常有利。

果蔬汁的杀菌原则上是在装填之前进行的，装填方法有高温装填法和低温装填法两种。高温装填法是在果蔬汁杀菌后，处于热状态下进行装填的，利用果蔬汁的热对容器的内表面进行杀菌。低温装填法是将果蔬汁加热到杀菌温度之后，保持一定时间，然后通过热交换器立即冷却至常温或常温以下，将冷却后的果蔬汁进行装填。高温装填法或低温装填法都要求在果蔬汁杀菌的同时对包装容器、机械设备、管道等进行杀菌。

2. 包装

果蔬汁的包装因果蔬汁品种和容器种类而有所不同。常见的有铁罐、玻璃瓶、纸质容器、铝箔复合袋等。灌装前应将所采用的容器彻底消毒处理，使其符合使用标准。装罐时要注意在顶部留有一定的空隙，罐的顶隙度为 2～3 mm；瓶的顶隙度为 10～15 mm。果实饮料的灌装除纸质容器外均采用热灌装，使容器内形成一定的真空度，较好地保持成品品质。一般采用灌装机热装罐，装罐后立即密封，罐头中心温度控制在 70 ℃以上。如果采用真空封罐，果蔬汁温度可稍低些。

结合高温短时杀菌，果蔬汁常用无菌罐装系统进行灌装。目前，无菌灌装系统主要有纸盒包装系统（各种利乐包和屋脊纸盒包装）、塑料杯无菌包装系统、蒸煮袋无菌包装系统和无菌罐包装系统等。所谓无菌包装是指食品在无菌环境下进行的一种新型包装方式，这种包装方式的程序是先对食物杀菌，杀菌通常采用蒸汽超高温瞬时杀菌方式，随后在无菌的环境下把食物放入已经杀菌的包装容器内，并进行封闭。容器一般用过氧化氢溶液或环氧乙烷气体进行灭菌。

换言之，无菌包装要求包装前食物本身无菌、包装容器无菌和包装环境无菌，这种包装由于灭菌过程相当短，食物的色、香、味变化不大，较其他包装方式优越。果蔬汁无菌包装容器有纸盒、塑料杯、蒸煮袋、金属罐和玻璃瓶等。

工作任务

任务一　柑橘原汁加工技术

柑橘类果汁酸甜适口，气味芳香，色泽柔和，含有多种人体必需的维生素和矿物质，且柑橘的加工季节每年可有 6～9 个月，因此柑橘汁形成了大规模的工业化生产。

1. 工艺流程

原料→验收、暂存→洗涤、选果→全果榨汁→果汁→过滤→调和→脱油、脱气→杀菌装填→冷却→成品

2. 操作要点

（1）原料的选择　原料按制汁质量要求进行检验，经验收合格后暂时库存或直接加工，贮

存时间不能过长以防止果实新鲜度下降影响果汁品质。加工时通过流水槽进行输送，利用提升机送至选果传送带。传送过程中，操作人员将病害果、青果、苦果、过熟果、软果、机械损伤果等剔除。

(2)清洗　利用装有回转刷的滚筒清洗机或鼓风式清洗机进行原料的清洗，可采用食用脂肪酸系洗涤剂，经短时间的浸泡，用含氯 10～30 mg/kg 的清洗水喷淋后再用清洁水洗净。同时进一步进行选果，剔除不合格果实。

(3)榨汁　甜橙、柠檬、葡萄柚等严格分级后用压榨机和布朗榨汁机取汁；宽皮橘可用螺旋压榨机、刮板式打浆机及特殊压榨机取汁。如无压榨机可用简易榨汁机或手工去皮取汁。

(4)过滤　榨汁机一般附有果汁粗滤设备，果汁经粗滤后迅速排除果渣及种子，然后送至精滤机进行精滤，筛孔的孔径为 0.3 mm，可以通过调节精滤机的压力与筛筒的筛孔大小来控制果汁的质地。适量的微细果肉可以赋予果汁良好的色泽和浊度，过量则会使果汁黏稠。对于柑橘原汁，3%～5%的果肉浆为最适含量。

(5)调和　先调节果汁中果肉浆的含量，然后将其置于带搅拌器的不锈钢调配罐中，调和果汁的糖度、酸度及其他理化指标。不同批次的果汁可进行调配，以保证果汁品质和成分的一致性。如有必要，可按产品标准添加适量的蔗糖和柠檬酸。经调和的果汁，可溶性固形物含量为 15%～17%，总酸度达到 0.8%～1.6%(以柠檬酸计算)，糖酸比为 12.5～19.5。

(6)脱油、脱气　甜橙汁中含有少量的甜橙油，可使果汁产生愉快的香气并增加风味。但某种条件下也会产生令人不愉快的气味，如果贮藏条件不当会使果汁风味恶化。因此，调和后的果汁需利用脱油机脱去过量的甜橙油。一般常采用类似于小型真空浓缩蒸发器的装置进行脱油，让果汁喷入真空度 90.66～93.33 kPa 的脱油器中，并加热到 51 ℃，使多余的甜橙油蒸发。果汁中甜橙油的含量以容量计算，保持在 0.025%～0.15%较为适宜。

调和后的果汁中含有多种气体，其中空气会氧化果汁，使其品质降低。因此，常采用离心喷雾式、加压喷雾式、降膜式等脱气装置将果汁中的气体脱去。脱气时的果汁温度比真空室内饱和蒸气压相应的温度稍高些，果汁进入后会发生突沸，气体便能迅速脱去，通常情况下，可使 2%～3%的水分蒸发，但也损失部分挥发性芳香成分。进行真空脱油的同时也可起到脱气的作用。因此脱油和脱气常在同一个容器内进行。

(7)加热杀菌　通过加热可以杀灭果汁中的微生物、钝化果胶分解酶和抗坏血酸氧化酶。通常采用板式热交换器进行瞬时杀菌，加热、保温和冷却在同一台设备内进行。脱气后的果汁通过杀菌器，在 15～20 s 内达到 93～95 ℃，保持 15～20 s，等热交换器中果汁温度降到 90 ℃左右，迅速送往装瓶机进行热装填。

(8)装填、冷却　装填时，除纸质容器外几乎都采用热装填的方式，先将果汁装满，冷却后果汁容积缩小，顶隙便会形成真空度，从而减少果汁的品质败坏。杀菌后，依生产线的长短，果汁温度一般下降 1～3 ℃，到装瓶时温度在 90 ℃左右。

①对于罐装容器，将洗净后的空罐进行自动定量装罐后立即进行密封，然后倒置 30～60 s，从而可利用果汁的余热对罐盖进行杀菌，再进行冷水喷射，快速冷却至 38 ℃左右。

②对于瓶装容器，杀菌后的果汁通过热交换器，使温度降低 3～6 ℃，送至装填机时温度约为 88 ℃，然后进行装填、压盖，并将瓶倒置数分钟后快速冷却至 40 ℃左右。

③对于纸质容器，常采用三种方式进行：一是冷冻果汁的纸盒装填，将果汁杀菌后通过热交换器和冷却器冷却到 5 ℃左右，然后进行灌装和密封；二是保藏期较长的纸质容器灌装，容

器要用过氧化氢进行灭菌，整个灌装过程在无菌条件下进行；三是纸质容器的热灌装，根据内层聚乙烯的熔点和密封性等特性，灌装温度比罐装、瓶装稍低，常在80～85 ℃下进行操作。

任务二　苹果原汁加工技术

苹果原汁是指以苹果为原料制取，未经发酵、具有苹果风味的纯果汁产品，可分澄清苹果汁、浑浊苹果汁、浓缩苹果汁等。

（一）工艺流程

1. 澄清苹果汁

原料的选择→清洗→破碎→榨汁→过滤→杀菌→冷却→离心分离→澄清过滤→调配→杀菌→灌装→冷却→澄清苹果汁

2. 浑浊苹果汁

原料的选择→清洗→破碎→榨汁→过滤→杀菌→冷却→调配→均质→脱气→杀菌→灌装→冷却→浑浊苹果汁

3. 浓缩苹果汁

原料的选择→清洗→破碎→榨汁→过滤→杀菌→冷却→芳香成分提取→离心分离→浓缩→调配→杀菌→灌装→冷却→浓缩苹果汁

（二）操作要点

1. 澄清苹果汁

当前市场上出售的苹果汁大部分为澄清苹果汁，即苹果汁产品中无任何沉淀物，清晰透明。苹果较适于制成澄清汁，澄清汁比较爽口，也可配制成其他果汁饮料。苹果经破碎和压榨后，汁液内含有多种微粒，其加工的关键是过滤、澄清。

（1）原料的选择　生产时应选用果汁丰富、取汁容易、酸度适当、含有较高的糖分，且酶促褐变不太明显的苹果原料。未熟果的果汁甜味少，偏酸偏涩；过熟果则缺少风味，出汁率低，且压榨、澄清和过滤都较为困难。制汁苹果应选用红玉、国光等优良的榨汁品种。

（2）清洗　清洗是为了除去果皮上的灰尘、泥土、农药、霉菌、枝叶和其他杂物。原料若有污染或腐烂，会影响产品的色、香、味。果实清洗前，其表面携带的微生物量一般有10^4～10^8个/g；清洗后微生物的数量可降至原来的2.5%～5.0%。清洗方法有流水槽清洗、刷洗、喷淋等，生产中常将以上几种方法结合起来进行。

①水槽式清洗　在金属制成的长形槽中装水，果实在输送带运送下边向前运动边冲洗，移动过程中果实之间、果实与水之间发生摩擦和碰撞从而将果实表面洗净，而泥土等相对密度大的杂物则沉在水底。另外，在水槽的末端必须装有提升机，以便将果实送入下一道工序。

②刷洗　设备有批量式和连续式两种。批量式洗刷机在一个水箱内装有许多刷子，箱内注入水，刷子旋转刷洗箱内的苹果。刷洗干净后将苹果送出；连续式刷洗机是由许多旋转的刷子和一个大水箱组成的，苹果由水箱的一端进入，一边将苹果向前输送，一边刷洗果实，最后由水箱另一端出来。

③喷淋式洗果机　喷淋式洗果机一般都是连续式的，清洗效果与喷水压力、喷水量、水温、

果实与喷头的距离和喷头的数量有关。

苹果的清洗常是几种方法组合而成，如首先在水槽中将苹果进行初步清洗，然后由斗式提升喷淋机将果实从水槽内淘出并进一步清洗，若仍未清洗干净，可再经滚轴式喷洗机清洗一次。组合的方法很多，可根据实际要求进行设计。

洗净后的果实置于含1%氢氧化钠和0.1%～0.2%洗涤剂的混合液中，浸泡10 min。洗涤液温度越高，洗涤效果越好。但温度过高苹果会软化，造成榨汁时的困难。一般情况下洗涤液温度控制在40 ℃以下。浸泡洗涤液后再用水洗，冲掉果实表面的洗涤液，同时切除果实病虫害及腐败部位。

(3)破碎　苹果属于仁果类果，它比浆果类水果的硬度高，皮和肉质致密、坚韧。为了提高果汁出汁率，在榨汁前首先要进行破碎。破碎的果块要适当，大小要均匀。若果块过大，则会因为压力不易作用到果块的中心部分，而造成出汁率低；若果块过于细小，在榨汁时水果外层的果汁很快地被榨出，果渣被压实，内部的果汁流出的通道被堵塞而不能畅通流出，也会造成出汁率降低。破碎时，果块的直径或当量直径最好控制在3～4 mm，并尽量避免物料与空气的接触，以防果肉氧化而发生色变。破碎的粒度大小可由底部带孔板的孔径大小调节，过熟的果实往往会破碎过度，造成榨汁困难。可以根据苹果的硬度调节破碎机的锤片回转速度。若使用离心分离机榨汁，破碎后须用碎浆机进行处理，使粒子微细从而增加榨汁率。

常用的破碎设备有：锤片式破碎机和离心式破碎机。

(4)榨汁　榨汁是获取苹果原汁的一种主要方法，也是一道关键工序。榨出的果汁质量直接影响其后的加工工序及最终的产品质量。

榨出的汁液应满足以下条件：内含的空气和果肉颗粒少、褐变和营养成分的损失少、生产率高和劳动强度低等。这与苹果的品种、榨汁机的类型、物料的前处理以及工人的操作水平等因素有关。适于苹果榨汁的机型很多，果浆在榨汁机中不是静止的而是运动的，制得的苹果汁中含有大量的高聚物，成熟的新鲜原料出汁率在68%～86%，平均在78%～81%，贮存的原料或过熟的原料的出汁率会显著下降。通常可采取加酶脱果胶或增加助榨剂等措施来提高榨汁质量。

①脱果胶　由于苹果果肉和果皮内含有丰富的果胶，汁液黏度较大，易造成榨汁的困难；果胶同时还会造成果汁浑浊。为了提高出汁率及产品的澄清度，榨汁前必须进行脱果胶处理，促使果胶裂解、沉淀。

通常采取的预处理方法有两种：一种是将破碎的果肉进行加热，加热温度在85 ℃以上，加热时间约1 min；另一种是用果胶酶进行处理，生产中常用后一种处理方法。

果胶酶有固态和液态两种，固态果胶酶的活性高，可在常温下保存，便于运输。液态果胶酶的活性较低，须冷藏且不便于运输，但其价格较低，使用方便。

酶处理的效果与酶的浓度、pH、处理温度和处理时间等因素有关。在一定条件下，酶的浓度与反应初速度成正比。增加酶的浓度，可加快反应速度。澄清苹果汁的最适pH一般在3.2～4.0，通常市售的果胶酶的最适pH就处于此范围内或低于这个值。温度升高时，酶促反应加快，但由于酶本质为蛋白质，温度过高会使酶发生变性，被处理的底物中的营养成分也会损失。所以生产中处理温度一般不超过50 ℃，时间一般在2～3 h，时间过长也会降低产品质量。若向果胶酶中加入0.005%～0.01%的明胶，则可促进苹果汁的澄清。

为确定果胶酶的合理用量，在生产使用前要进行小样试验：取一定量已破碎的苹果，按要求称取相应数量的果胶酶，用水稀释后，均匀地混合在苹果肉内，在 40～50 ℃的温度下恒温保持 2～3 h，然后进行榨汁，再检测出汁率和果胶去除情况。

②加助榨剂　榨汁过程中，随着果肉细胞内的汁液的排出，果渣逐渐被压实，细胞内的汁液难以流出。为了使果汁易于流出，通常在榨汁前向果肉内加入一些助榨剂，如稻壳、木浆纤维等，以在果渣内形成通道。助榨剂的使用量一般为果肉的 1.5%～4.0%。助榨剂加入前应清洗干净，然后均匀地混合在果肉浆内。

(5)过滤　榨出的果汁立即通过筛滤器，其目的是将榨汁后果汁内的固体粒子除去，筛滤器使用的是不锈钢的回转筛或振动筛，滤网以 60～100 目筛为宜。

(6)杀菌　为防止微生物及其酶的活动，促使热凝固物质凝固，榨出的果汁应立即进行加热杀菌。生产上常采用多管式或片式瞬时杀菌机加热到 95 ℃以上，维持 15～30 s，随即冷却到 45 ℃以防止氧化。

(7)离心分离　澄清苹果汁杀菌后到加酶澄清前，应先分离出一部分沉淀物以提高酶作用的效果，便于澄清后果汁的过滤。离心分离可造成 2%～4%的果汁损失。

(8)澄清过滤　澄清苹果汁的生产中，澄清是很重要的一道工序，也是难度较大的一道工序，常用的澄清方法有以下几种。

①果胶酶澄清法　果胶、蛋白质、淀粉和多酚物质是造成苹果汁浑浊的主要因素。其中，果胶是最主要的影响因素之一。因此，需要把苹果汁内的果胶彻底清除，但仅在压榨前用果胶酶处理一次是远达不到质量要求的，果汁榨出以后要再次用果胶酶进行澄清处理。

根据实验，一般在 5～50 ℃的温度下，澄清所需要的时间与酶的浓度成正比，时间在 2～16 h。添加明胶可将澄清时间缩短一半。

生产中，也可在室温下进行酶澄清处理，澄清需要的时间为 10～16 h，如此长的静置澄清时间，不仅可将果胶彻底除去，而且可将其他非稳定性浑浊物沉淀下来，从而得到透明的清汁，而且果汁的营养成分破坏得也少。

果汁中的果胶是否除净，简便的检查方法是用酒精试验：将澄清的苹果汁抽取 5 mL 放入试管内，滴加 95%的酒精，若产生絮状物，表示果胶还未除净，可增加果胶酶的用量或调整温度和时间等参数，直到无絮状物形成为止。

果胶选用时尤其要注意其质量，质量差的果胶酶不仅处理时间长，达不到相应的效果，有时还会带来沉淀。果胶酶的质量及使用参数可先行进行小样试验确定。

②明胶单宁澄清法　一般先将明胶和单宁制成 1%的水溶液。明胶溶于冷水中浸泡数小时至一夜，然后边加热边搅拌，直至沸腾。明胶是细菌的良好基质，溶液应即配即用。在 5 ℃下可保存数天，但使用前一定要检测其是否被细菌污染。

明胶的加入量因果汁和明胶的种类而异，对每一种果汁、明胶和单宁均需在使用前进行澄清试验：取数份果汁（一般为 5 份），每份 100 mL，分别注入量筒内，在各量筒内分别加入不同量的 1%明胶溶液（2～10 mL）和 1%单宁溶液（1～5 mL），然后混合均匀，在 8～12 ℃的温度下静置 6～10 h，观察哪一个量筒中的上清液最清，即可采用该明胶、单宁配量。

③膨润土澄清法　膨润土是高岭石型矿土（$Al_2O_3 \cdot 4SiO_4 \cdot nH_2O$），含有带负电荷的微细血小板，和蛋白质有很强的亲和力。蛋白质在膨润土的血小板之间起桥梁作用，形成絮状凝聚。这种絮凝物沉淀速度比膨润土本身要快，而且絮凝物还可牵带果汁内微粒子及浑浊物沉淀下来。

一般将膨润土配制成4%～5%浓度的悬浮液备用。把膨润土边慢慢倒入水中边搅拌，直至均匀混合为止。放置一夜后再进行搅拌，其目的是使膨润土变成水合物。膨润土在果汁中的使用量应根据果汁中的蛋白质含量确定，最高使用量可达450 g/100 L左右。但也不可过量使用，否则会给以后的过滤操作带来困难。

④硅胶澄清法　硅胶由胶体二氧化硅(SiO_2)构成，它可吸附蛋白质。当硅胶和蛋白质出现在可溶性溶液中时，它们会形成浅色的凝乳状絮凝物。一般生产厂家供应的硅胶是液态悬浮液，含有30%的固形物，粒子尺寸为20 mm。二氧化硅去除果汁蛋白质的效果最好，但二氧化硅的粒子太小时，难以将其过滤掉，一般常和少量的明胶和硅胶共同使用。

⑤明胶膨润土澄清法　由于非絮状的膨润土的沉淀速度很慢，有时将膨润土和明胶联合使用来去除蛋白质。明胶的用量约为膨润土重量的1/10。明胶加入膨润土果汁的悬浮液中时要进行充分搅拌。

⑥明胶硅胶澄清法　将明胶和硅胶结合起来去除蛋白质，明胶的用量远低于硅胶，一般1 L的果汁中加入1.2 g的硅胶和0.06～0.2 g的明胶。首先将硅酸和果汁混合均匀，然后边搅拌边加入明胶，经0.5～3 h后，果汁内会出现絮状物，静置一段时间后即可得到清汁。

⑦加热澄清法　通过加热也可使果汁内的蛋白质产生絮凝，其关键是要控制好加热温度和加热时间。一般加热温度在80～85 ℃，加热时间在20～30 s。加热法的缺点是不能去除果胶，而且会造成营养成分的损失。

澄清后的果汁用硅藻土过滤器进行过滤，即可得到清澈透亮的苹果汁。100 kg的苹果汁用0.1～0.2 kg的硅藻土。

(9)调配　主要是糖度和酸度的调整，只有通过成分调配才能到满意的风味。用一般果实制成的果汁，糖酸比为(10～15)∶1，但在实际生产中，因为采用的原料不同，糖酸比有所差异。苹果原汁根据原料的糖度，添加白砂糖调整糖度为12%，酸度为0.4%左右，并添加适量的香料，即可得到酸甜适口的成品，香料的添加要符合国家有关的食品法规。

(10)杀菌、灌装和冷却　榨出的果汁应立即进行杀菌，这样既可以杀灭引起腐败的微生物，还可以钝化引起褐变的酶，促使热凝固物质凝固。常用的杀菌方法是巴氏杀菌或高温瞬时杀菌。因苹果汁的pH低于4.5，杀菌温度低于100 ℃也能杀灭果汁中的微生物。在实际生产中，常采用多管式或片式瞬时杀菌器，加热至95 ℃以上，维持15～30 s，杀菌后趁热灌装。

果汁的灌装方法有热灌装、冷灌装和无菌灌装等。热灌装是将果汁加热杀菌后立即装到清洗过的容器内，封口后将瓶子倒置10～30 min，对瓶盖进行杀菌，然后迅速冷至室温。若使用玻璃瓶时，要对玻璃瓶进行预热。若使用塑料瓶，应先将果汁冷却至40 ℃以下，再进行灌装封口。若灌装后杀菌，则先将果汁灌入瓶内并封口，再放入杀菌釜内用90 ℃的温度杀菌10～15 min；也可装入回转式杀菌设备中，以85 ℃的温度杀菌5 min。上述两种方法是目前生产上常用的方法，热灌装比较简单，但由于灌装过程中易受到污染，货架期较短。灌装后杀菌较彻底，货架期较长，但盛装容器需能承受高温。澄清苹果汁常采用热灌装工艺。

无菌灌装是指苹果汁和包装容器分别彻底杀菌，然后灌装在无菌的环境下进行，灌装后的容器应立即密封好，防止再次污染。无菌灌装的优点是分别连续加工出无菌果汁和对容器进行杀菌，从而使得产品的经济性和质量都得到提高。产品经高温瞬时处理，然后迅速冷却，物料劣变少。果汁冷却到常温下进行灌装，则可选用较经济卫生的包装材料，不需用耐热的包装容器，从而可节约包装材料和能耗。无菌灌装可使产品最终达到商业无菌。苹果汁的贮藏温度不能太高，应尽可能在低温下贮藏，否则色泽和风味都会恶化。

2. 浑浊苹果汁

浑浊苹果汁的加工与澄清苹果汁基本相同，其特点是不必澄清而需进行脱气和均质处理。苹果浑浊汁中含有非常细小的果肉颗粒，果肉微粒均匀地分布在液体内，但不造成沉淀和分层。浑浊苹果汁的营养价值较澄清汁高，它含有果胶、蛋白质和纤维素等。另外，浑浊汁的加工工艺较澄清汁简单些，但它不易配制成其他各种饮料。近年来市面上流行的"NFC果汁"是水果经过榨汁后直接进行巴氏杀菌，在低温环境中加工而成的。由于这种鲜榨果汁在加工过程中受热时间比较短，所以营养损失比较少，而且更好地保持了新鲜水果的原汁原味。这种果汁的缺点是只适合低温保存，保质期相对较短；此外，由于它是真正的纯果汁，加上储存不易，所以成本也较高。

(1)脱气　脱气操作一般在0.08～0.09 MPa的真空度和40 ℃左右的温度下进行，可以将果汁中的空气含量降低为1.5%～2.0%(体积分数)，但也会蒸发1%～2%的水分和造成芳香物质的损失。

(2)均质　均质操作常采用高压、回转和声波等方式，一般采用的高压均质机的压力为9.8～18.6 MPa，粒子细度可达到0.02 mm左右。

3. 浓缩苹果汁

浓缩苹果汁是由澄清苹果汁或浑浊苹果汁浓缩而来的，是保藏苹果汁的一种重要方式。浓缩苹果汁体积小，可溶性固形物含量达到65%～68%，可节约包装及运输费用，通过冷藏或冷冻可使产品可以保存较长时间。

(1)取果汁　选取成熟、健全、优质的苹果原料才能生产出优质的浓缩苹果汁。

(2)芳香物质的回收　果汁除去浑浊物后经过热交换器加热后泵入芳香物质回收装置中，芳香物质随着水分蒸发一同逸出。通常情况下，芳香物质回收时以果汁水分蒸发量为15%、苹果芳香物质浓缩液的浓度为1∶150时最佳。苹果芳香物质浓缩液的成分主要是羰基化合物，如己烯醛和己醛等，在1∶150的浓缩液中，其含量一般为520～1 500 mg/L，含酯量仅为190～980 mg/L，游离酸含量仅为70～620 mg/L。优质的芳香物质浓缩液的乙醇含量低于2.5%。

(3)澄清　澄清是浓缩前的一项重要预处理措施，通常采用以下几种工艺：①在50 ℃下加入果胶酶处理1～2 h；②在室温下，果汁在大罐中进行冷法酶处理6～8 h；③在无菌的果汁中加入无菌的酶制剂和澄清剂进行酶处理，经2～3 d苹果汁中的果胶便会完全溶解。分解果胶后不必进行进一步澄清就可以浓缩。

(4)浓缩　苹果汁浓缩常采用真空浓缩设备，蒸发时间通常为几秒钟到几分钟，蒸发温度为55～60 ℃，有些浓缩设备的蒸发温度可低至30 ℃。若蒸发温度过高或时间过长，浓缩苹果汁会因蔗糖的焦化及其他的反应产物的出现而造成变色和变味。低的蒸发温度和短的蒸发时间不会造成产品成分和感官质量出现不利的变化。澄清苹果汁在真空浓缩设备中一般浓缩到1/7～1/5，糖度为65%～68%；浑浊苹果汁糖度为48%～50%，因果胶、糖和酸共存会形成一部分凝胶，一般只浓缩到1/4左右。羟甲基糠醛的含量可以用来判断果品浓缩汁和果汁的热处理效果。

除此之外，还有冷冻、反渗透等浓缩方式。

(5)灌装、贮存　从浓缩设备取出的浓缩苹果汁应立即冷却到 10 ℃下进行灌装。若使用的是低温蒸发浓缩设备，则需用板式换热器将浓缩汁加热到 80 ℃，保温几十秒后进行热灌装，封口后迅速冷却。灌装后的浓缩汁置于 0～4 ℃的冷库中冷藏或低温直售。

任务三　番茄汁加工技术

(一)工艺流程

原料选择→挑选、冲洗、修整→预热、破碎→榨汁→配料→脱气、均质→高温罐装、密封→杀菌→冷却→检验→成品

(二)工艺要点

1. 原料的选择

番茄原料的成熟度直接影响产品的质量，成熟的番茄色香味均较适宜，过熟的番茄香气会有所降低。在选择原料时，必须掌握其适当的成熟度，且购进的原料应及时加工，贮藏时间不宜超过 24 h。同时应选择适宜加工汁类制品的番茄品种，合理选择采收时间，对于早熟品种可选在 6 月下旬采收。为保证生产的均衡。不同季节可以选择不同的品种，保证番茄成熟适当，颜色鲜红，个大汁多，果香浓郁。优先选用成熟、无损伤、新鲜、无病虫害及腐烂变质，可溶性固形物含量在 5%以上，糖酸比例适宜(6∶1)的优良番茄。

2. 挑选、冲洗、修整

番茄原料在加工前应进行严格的挑选和清洗，将病果、裂果、绿肩果等不能加工的果实挑出、剔除，最好选用球形或卵形果实，果蒂尽可能地小、易剔除、无隐埋，果皮、果肉富有弹性、强韧。选中的果实要洗净其上附着的泥土、农药的残存物和微生物。

常用的清洗方法有：

(1)浸渍法　将果实浸泡在水槽中，采用螺旋式输送机使水流动，添加次氯酸钠或进行氯处理，使水中氯浓度保持在 2～10 mg/kg，必要时可添加单甘油酸酯、磷酸盐、柠檬酸钠、脂肪酸酯等洗涤剂以进一步提高清洗效果。提高水温也可提高洗净效果，但会促使微生物繁殖。

(2)化学法　在洗涤水中添加有界面活性的物质，通常采用柠檬酸和其他酸除去杀菌剂中的铜和其他重金属，从而提高清洗效果。

(3)气泡法　利用鼓风机从洗槽底部喷出空气，使气泡和洗涤液均匀地接触果实表面可提高清洗效果。但气泡的粒径、流量与洗涤效果的关系尚未进行深入研究。

(4)喷射法　果实在洗槽浸渍一段时间后，送入选装洗涤机，使果实一边回转，一边受一定压力和流量的水的喷洗。洗涤效果根据水的量与时间决定，喷射压力过高容易使番茄受到损伤。

为了进一步加强清洗效果，可以将清洗方法中的两种或多种方法混合使用。虽然用两种或多种洗涤法结合起来洗涤，生产成本会有所增加，但可以大大改善清洗效果，提高产品的质量。

修整是指进一步除去不良果实或切除果实不宜加工的部分，如剔除烂果、坏果和果蒂、果梗等。

3. 预热、破碎

目前，番茄的预热和破碎工艺已不再使用传统的热烫、预煮后进行破碎的方式，而改为热破碎或瞬间加热到 90～95 ℃高温进行破碎的新工艺，解决了酶的均匀失活、营养成分在预煮过程中溶出较多的问题，同时使加热和破碎结合在一起，工艺更加紧凑、高效。

4. 榨汁

榨汁是番茄汁生产中的一道重要工序，直接影响番茄的出汁率和汁液的品质。一般优良品种的番茄，出汁率在 75%～80%。选择机械榨汁时，应选择效率高，与空气接触少的机械，如采用螺旋榨汁机等进行榨汁，这样可以减少空气中的氧气对色素、维生素及其他营养成分的氧化作用。

5. 配料

配料工艺主要是强化番茄汁的口感和独特的香味、鲜味。向番茄汁中加入 0.5%左右的 NaCl 可以提高鲜味。有时还要加入 1%左右的食糖，以调整番茄汁的酸甜口感。

6. 脱气、均质

配料后的番茄汁要进行脱气处理，脱去汁液中溶入的氧气，防止维生素 C 和其他营养成分的氧化。真空脱气条件为真空度 80 kPa，时间 3～5 mim。

为了延迟或避免沉淀和分层，番茄汁需要进行均质。均质可以提高汁液的均匀度，提高产品的品质。

7. 高温杀菌热装罐和密封

番茄汁的杀菌装罐工艺可以采用两种方式：一是均质后加温到 85～90 ℃趁热装罐，以满为准，然后密封，再进行杀菌，条件为温度 100 ℃，时间 20 min；二是均质后的番茄汁进行高温瞬间杀菌，条件为温度 120 ℃，时间 40～60 s，然后冷却到 90 ℃进行热装罐和密封。相比之下，瞬间杀菌效果好，汁液的风味和口感保持好，易于保存，是目前汁液加工的发展趋势。

8. 冷却

密封完的番茄汁要立即用冷水冷却到 35 ℃以下。因为番茄汁的稠度高，自然冷却缓慢，长时间保持高温，其品质易变坏，人工降温可以保证产品的质量。

9. 贴标、入库、成品

合格的番茄汁贴上标签就可入库作为成品进入市场销售。

原汁或浓缩的番茄汁通常作为配制饮料的原料，因为它黏度较高，口感厚重、浓郁、清爽感差。一般将番茄原汁稀释到 65%～70%的浓度，再添加一些香料，就可以制成清爽可口、香味独特的番茄汁饮料；还可以将番茄汁稀释后加入一定量的果汁，如柠檬汁等配制成番茄果汁饮料；番茄汁还可以与其他蔬菜汁调配制成混合蔬菜汁饮料。

知识拓展

果蔬汁加工中常见的质量问题及解决途径

(一)变色

不同的果蔬汁饮料会呈现果蔬特有的天然色素的颜色,如卟啉色素、类胡萝卜素类色素和类多酚类色素。在加工、贮藏过程中,因酶促影响和其他化学、物理变化的影响造成一些的颜色变化,包括色素引起的变化和褐变引起的变化。

1. 色素引起的变色

果蔬汁在进行加热处理时,叶绿素蛋白变性释放出叶绿素,同时细胞中的有机酸也释放出来,促使叶绿素与有机酸生成脱镁叶绿素而失去绿色。叶绿素受到光照时会发生光敏氧化反应,生物无色的化合物。若有铜离子存在,就可生成叶绿素铜盐,形成稳定的绿色;类胡萝卜素类色素属于脂溶性色素,性质较稳定,但对光敏氧化作用非常敏感;多酚类色素包括花青素、花黄素、单宁物质等,都属于水溶性色素,其颜色容易随着环境中 pH 的改变而变化。

2. 褐变引起的变色

果蔬汁发生的褐变包括酶促褐变和非酶褐变,褐促褐变易使其颜色加深,常在果蔬汁加工初期较明显,非酶褐变则对浅色果蔬汁较为明显。果蔬汁在加工过程中发生的变色多为酶促褐变,在贮藏期间发生的变色多为非酶褐变。

(1)酶促褐变　主要发生在破碎、取汁、粗滤、泵输送等工序中。由于果蔬组织破碎,酶与底物的区域化被打破,在有氧条件下,果蔬中的氧化酶(如多酚氧化酶)催化酚类物质氧化变色。对于酶促褐变主要的控制方法如下:

①果蔬原料在加工初期进行适当的酶钝化处理,尽快用高温使酶失去活性。一般在 90 ℃热处理 5～7 s 即可使大部分多酚氧化酶失活。

②柠檬酸、苹果酸、磷酸或抗坏血酸等调节 pH,使其偏离酶活性最高的最适 pH 范围。多酚氧化酶的最适 pH 在 6～7,若将果蔬汁饮料 pH 调整到 4.0 以下,则可明显地抑制酶的产生。柠檬酸有降低 pH 和螯合酶中含铜辅基的作用,可作为褐变抑制剂与抗坏血酸联合使用,切开后的水果浸在这类酸的稀溶液中即可。苹果酸是苹果汁中的主要有机酸,在苹果汁中对酶的抑制作用显著。抗坏血酸使用更方便,浓度大时也无异味,对金属无腐蚀作用,可更有效地抑制酶活性,只是费用较高。

③加工中注意脱氧　氧气是酶发生氧化反应的必需底物之一,脱去果蔬汁原料或产品中的氧气,则可明显地抑制偶联褐变。

④对于含胡萝卜素的果蔬汁饮料必须采用避光包装和避光贮存。

⑤加工中产品要避免接触铜、铁等非不锈钢容器和用具等。

(2)非酶褐变　包括三种主要机制,即羰氨反应褐变、焦糖化褐变和抗坏血酸氧化褐变。对于非酶褐变控制的办法如下:

①防止过度的热力杀菌和尽可能地避免过长的受热时间。

②控制 pH 在 3.3 以下,羰氨反应一般在碱性条件下较易进行,降低 pH 是控制这类褐变

的方法之一。

③降低温度可减缓所有的化学反应速度，使制品贮藏在较低温度下。如 10 ℃或更低的温度可以延缓非酶褐变的进程。

④亚硫酸及其盐类进行处理，羰基可与亚硫酸根生成加成产物，可抑制碳氨反应褐变。

⑤用不易发生褐变的糖类。游离羰基的存在是发生羰氨反应的必要条件，因此在蔗糖不发生水解的条件下，可用蔗糖代替还原糖。果糖比带有醛基的葡萄糖更难与氨基结合，必要时可用来代替葡萄糖。

⑥用葡糖氧化酶及过氧化氢酶的混合酶制剂除去食品中的微量葡萄糖和氧气。葡糖氧化酶可把葡萄糖氧化为不与氨基化合物结合的葡萄糖酸。

⑦钙离子可与氨基酸结合为不溶化合物，因此钙盐具有协同二氧化硫控制褐变的作用。

⑧贮藏中注意避光。

(二)浑浊果蔬汁的稳定性

浑浊果蔬汁是一个果胶、蛋白质等亲水胶体物质组成的胶体系统，为多相不稳定体系，可以从减少固体颗粒体积、减少固体颗粒与果蔬汁体系的密度及增大果蔬汁黏度等方面增加浑浊果蔬汁的稳定性。

浑浊果蔬汁产生分层主要由于以下几个方面原因：

(1)浑浊果蔬汁在残留果胶酶的作用下逐步水解而失去胶体性质，从而造成果蔬汁的黏度下降，引起悬浮颗粒沉淀。

(2)加工用水中的盐类与果蔬汁中的有机酸等发生反应，破坏了果蔬汁体系的 pH 和电平衡，也会引起胶体物质和悬浮颗粒产生沉淀。

(3)微生物的大量繁殖可分解果蔬汁中的果胶，并产生沉淀物质。

(4)果蔬汁中的果肉颗粒太大。

(5)果蔬汁中含有气体，当气体吸附到果肉上时会使果肉的浮力增大，从而造成分层。

(6)果蔬汁中果胶含量较少，且未加其他增稠剂，造成体系的黏度低，导致果肉颗粒因缺乏浮力而沉淀。

因为引起浑浊果蔬汁沉淀的原因是多方面的，其防止措施也因情况而定。在榨汁前后对果蔬原料和果蔬汁进行加热处理，破坏果胶酶的活性，然后进行严格的均质、脱气和杀菌，这是防止浑浊果蔬汁沉淀的主要措施。

(三)绿色果蔬汁的色泽保持

绿色果蔬汁的色泽源于叶绿素，叶绿素在酸性条件下容易变成脱镁叶绿素，色泽变暗。其护绿步骤为：

(1)洗后的绿色蔬菜在稀碱液中浸泡 30 min，使游离出的叶绿素皂化水解为叶绿酸盐等产物，绿色则更加鲜亮。

(2)用稀的 NaOH 溶液烫漂，沸水中浸 2 min，使叶绿素酶钝化，同时中和从细胞中释放出来的有机酸。

(3)用极稀的硫酸铜溶液(如 0.02%，pH＝8.0)浸泡 8 h，然后用流动水漂洗 30 min，最后使得叶绿酸钠变成叶绿酸铜钠。

(四)柑橘类果汁的苦味与脱苦

柑橘类果汁在加工过程中或加工后易产生苦味,其成分主要是黄烷酮糖苷类和三萜类化合物。属于黄烷酮糖苷类的主要有柚皮苷、橙皮苷、枸橘苷等,通常被称为前苦味物质,主要存在于白皮层、种子、囊衣,是葡萄柚、早熟温州蜜柑的主要苦味物质;属于三萜类化合物的主要有柠檬碱、诺米林、艾金卡等,被称为后苦味物质,是橙类的主要苦味物质,在果汁中表现为“迟发苦味”。可采用以下几种措施来控制:

(1)选择优质原料　选用含苦味物质含量少的种类、品种为原料,果实要充分成熟。

(2)改进取汁方式　压榨取汁时要尽量减少苦味物质的溶入,防止种子被压碎,如有条件,可选用柑橘专用挤压取汁设备,同时要注意缩短悬浮果浆与果汁接触的时间。

(3)酶法脱苦　可采用柚皮苷酶和柠檬碱前体脱氢酶处理,以水解苦味物质,这样可有效地减轻苦味。

(4)吸附或掩蔽脱苦　可采用聚乙烯吡咯烷酮、尼龙 66 等吸附剂,可有效吸附苦味物质;添加蔗糖、β-环糊精、新地奥明和二氢查耳酮等物质,可有效提高苦味物质的苦味阈值,从而达到掩蔽苦味的作用。

(五)微生物引起的败坏

果蔬汁在加工过程中杀菌不彻底或者杀菌后有微生物的再污染,包括灌装时容器、设备、环境的微生物以及密封不严时微生物的重新侵入等,使残留和再污染的微生物在果蔬汁贮藏过程中生长繁殖,引起果蔬汁饮料的败坏。

微生物的侵染和繁殖引起的败坏可表现为变味(馊味、酸味、臭味、酒味和霉味),也可引起长霉、浑浊和发酵。具体的防止措施如下:

(1)用新鲜、完整、无霉烂、无病虫害的果实原料,加工用水及各种食品添加剂必须符合有关卫生标准。

(2)保证果蔬汁质量的前提下,进行充分的杀菌处理,彻底杀灭果蔬汁中的有害微生物。

(3)加工生产过程中,严格控制卫生条件,车间、设备、用具及包装容器都要严格进行消毒,严控加工工艺流程,缩短工艺流程的时间。

(4)严控密封质量,防止泄漏,进行冷却时用水必须符合饮用水标准。

(5)及时进行抽样检查,一旦发现带菌现象,要及时找出原因以指导生产。

复习思考题

1. 果蔬汁是如何分类的?
2. 果蔬汁的加工主要有哪些步骤?
3. 原料取汁前的预处理包括哪些方面?各有什么要求?
4. 榨汁有哪些方式?如何操作?
5. 果汁生产上常用的澄清方法主要有哪些?各有什么要求?
6. 浑浊果蔬汁是如何进行均质和脱气的?
7. 浓缩果蔬汁是如何浓缩与脱水的?浓缩方式有哪几种?

8. 果蔬汁的调整包括哪些方面？各是如何进行的？
9. 果汁的杀菌方式有哪些？各有什么要求？
10. 引起果蔬汁变色的因素有哪些？
11. 酶促褐变主要的控制方法有哪几种？
12. 非酶褐变的控制措施有哪些？
13. 引起浑浊果蔬汁产生分层的原因有哪些？
14. 微生物容易引起哪些败坏现象？应采取哪些措施去控制？

项目八

果蔬糖制品加工技术

学习目标

1. 了解果蔬糖制品的分类。
2. 明确果蔬糖制品加工的基本原理。
3. 掌握果脯、蜜饯、果酱、果冻等果蔬糖制品的加工技术。
4. 明确糖制品在加工过程中常见的质量问题，掌握解决的方法和途径。

工作任务及要求

1. 根据市场需求和当地种植的果蔬品种，选择适宜加工果脯蜜饯的原料，并根据原料的生长特性确定采收期、制订合理的运输方案，以及根据原料的实际情况、成品特点开展分级、洗涤、去皮、切分、切缝、刺孔、划线等准备工作。

2. 根据不同的品种，选择适宜的腌制方法；合适的硬化剂及确定准确的添加量和处理时间；选择熏硫法或浸硫法进行产品护色；采用热烫或漂烫的方法进行预煮。

3. 根据原料的特性选择适宜的糖制方法；区别不同煮制方法的特点；根据原料的性质，采用不同的煮制方法进行加工。

4. 根据产品的特性选择合适的干燥方法；掌握上糖衣用的过饱和糖浆的配制方法、糖粉的制作方法。

5. 根据原料加工处理后选择适当的分级、整形、回软方法改善收缩、破碎、折断等状况；以利于保藏、运输、销售为原则，选择适宜的包装材料及包装方式。

岗位技术知识

知识点一　果蔬糖制品的分类

糖制品是以果蔬为主要原料，利用高浓度糖的保藏作用制作成的一类产品。我国果蔬糖制加工的起源是蜜饯类。早在西周人们就利用蜂蜜熬煮果品蔬菜制成各种加工品，并冠以“蜜”字，称为蜜饯。到了5世纪有蔗糖提取技术后，用蔗糖进行糖制。到了宋代，糖制品的加工方法日臻完善，但“蜜饯”一词沿用至今。以北京、苏州、广州、潮州、福州等地的产品为代表的中国传统蜜饯，品种繁多，风味独特，在市场上享有很高的声誉。

糖制品按其加工方法和状态分为两大类，即果脯蜜饯类和果酱类。果脯蜜饯类属于高糖食品，保持果实或果块原形，大多含糖量在50%～70%；果酱类属高糖高酸食品，不保持原来的形状，含糖量在40%～65%，含酸量可在1%以上。

(一)果脯蜜饯类

根据形态及风味分为：

(1)果脯　又称干态蜜饯，是基本保持果蔬形状的干态糖制品。如苹果脯、杏脯、桃脯、蜜枣以及精制姜片、藕片等。

(2)蜜饯　又称糖浆果实，是果实经过煮制以后，保存于浓糖液中的一种制品，如樱桃蜜饯、海棠蜜饯等。

(3)糖衣果脯　果蔬糖制并经干燥后，制品表面再包被一层糖衣，呈不透明状，如冬瓜条、糖橘饼、柚皮糖等。

(4)凉果　指用盐坯为主要原料的甘草制品。原料经盐腌、脱盐后晒干，加配料蜜制，再晒干而成。制品含糖量不超过35%，属低糖制品，外观保持原果形，表面干燥，皱缩，有的品种表面有层盐霜，味甘美、酸甜、略咸、有原果风味。如陈皮梅、话梅、橄榄制品等。

(二)果酱类

果酱类主要有果酱、果泥、果糕、果冻及果丹皮等。

(1)果酱　呈黏稠状，也可以带有果肉碎块，如杏酱、草莓酱等。

(2)果泥　呈糊状，即果实必须在加热软化后打浆过滤，酱体细腻，如苹果酱、山楂酱等。

(3)果糕　将果泥加糖和增稠剂后加热浓缩而制成的凝胶制品。

(4)果冻　将果汁和食糖加热浓缩而制成的透明凝胶制品。

(5)果丹皮　将果泥加糖浓缩后，刮片烘干制成的柔软薄片。山楂片是将富含酸分及果胶的一类果实制成果泥，刮片烘干后制成的干燥的果片。

知识点二　糖制品加工的基本原理

糖制品本身无生命力，无抗病性和耐贮性，其保藏主要依靠食糖抑制微生物的活动。同时食糖又可提高糖制品的品质，作用非常重要。因此，了解食糖的保藏作用和理化性质以及果胶等植物胶的性质，对于科学调控生产、获得优质耐藏的产品有重要的意义。

(一)食糖的种类

加工糖制品所用的食糖，主要有以下几种：

1. 白砂糖

白砂糖(甘蔗糖、甜菜糖)是加工糖制品的主要用糖。因其纯度高、风味好、色泽淡、取用方便和保藏作用强，在糖制品加工中用量最大。

2. 饴糖

饴糖是用淀粉水解酶水解淀粉生成的麦芽糖和糊精的混合体。其中含麦芽糖53%～60%，糊精13%～23%，其余多为杂质。麦芽糖决定饴糖的甜味，糊精决定饴糖的黏稠度。淀粉水解越彻底，麦芽糖生成量越多，则甜味越浓；反之淀粉水解不完全，糊精偏多，则黏稠度大而甜味小。饴糖在糖制中不单独使用。为防止糖制品晶析，常加用部分饴糖。

3. 淀粉糖浆

淀粉糖浆主要含有葡萄糖和糊精。其中葡萄糖占30%～50%，糊精占30%～45%，非糖有机物占9%～15%。淀粉糖浆一般也不单独使用。为防止精制品返砂，通常会加入部分淀粉糖浆。

4. 蜂蜜

主要成分为转化糖(果糖和葡萄糖)，占66%～70%，还含有0.03%～4.4%的蔗糖和0.4%～12.9%的糊精。中国蜂蜜品种繁多，习惯上按蜜源花种划分，如刺槐蜜、枣花蜜、油菜蜜等，但以浅白色的质量最好。蜂蜜在糖制加工中适量加入，可增进风味，增加营养，防止制品晶析。

(二)食糖的保藏作用

1. 高渗透压作用

食糖本身对微生物无毒。低浓度糖液有利于微生物生长和繁殖。食糖的保藏作用在于其强大渗透压，使微生物的细胞原生质脱水失去活力。因而食糖只是一种食品保藏剂。只有在较高浓度下才能产生足够的渗透压。1%的蔗糖液约有70.9 kPa的渗透压。大多数微生物细胞渗透压为355～1 692 kPa。糖液浓度达65%以上时，远远大于微生物的渗透压，从而抑制微生物的生长，使制品能较长期保存。所以糖制品一般最终糖浓度都在65%以上。如果是中、低浓度的糖制品，则是利用糖、盐的渗透压或辅料产生抑制微生物的作用，使制品得以保藏。

2. 降低水分活度作用

微生物吸收营养要在一定的湿度条件下，要有一定的水分活度。糖可以降低糖制品的水分活度(表8-1)。随着制品中糖浓度的增加，制品的水分活度也下降，新鲜果蔬的水分活度为0.98～0.99，正适合微生物的生长繁殖。经糖制后水分活度为0.80～0.75，微生物可以利用的水分大大减少，从而抑制了微生物的活动。糖浓度越高其水分活度越小，微生物不易获得所需的水分和营养。

表8-1 不同糖浓度与水分活度的关系

糖液浓度/%	a_W 值	糖液浓度/%	a_W 值
8.5	0.995	48.1	0.940
15.4	0.990	58.4	0.900
26.1	0.980	67.2	0.850

3. 抗氧化作用

氧的溶解度随着溶液中糖浓度的增加而下降。20 ℃时，60%的蔗糖溶液的氧溶解度仅为纯水的1/6。因此，糖具有一定的抗氧化作用，这对于糖制品的色泽、风味和维生素等品质和营养成分的保持、阻止需氧菌的生长都有着重要的作用。

(三)食糖的基本性质

食糖的理化性质,包括甜度、溶解度、吸湿性、沸点及蔗糖的转化等对糖制工艺及制品的质量有着重要的影响。

1. 甜度和风味

糖的甜度影响糖制品的甜度和风味。通常用人的味觉来进行判断,即以糖的"味感阈值"(能感受到甜味的最低含糖量)来表示,该值越小,甜度越高。比如果糖为 0.25%、蔗糖为 0.38%、葡萄糖为 0.55%。糖制品加工用糖最多的为蔗糖,以蔗糖为标准计为 100,在相同浓度下与其他种类糖的甜度比较(表 8-2)。

表 8-2　糖的相对甜度

种类	蔗糖	麦芽糖	葡萄糖	果葡糖浆(转化率 40%)	蜂蜜(转化率 75%)	转化糖	果糖
相对甜度	100	50	74	100	120	130	173

不同种类的糖甜度有很大的差别,风味各异,并且在口中留甜的时间长短不同。在不同的温度下甜度也有一定的变化,如 5%的果糖液和 10%的蔗糖液,当温度为 50 ℃时果糖液与蔗糖液的甜度相等;当温度低于 50 ℃时,果糖液甜于蔗糖液;当温度高于 50 ℃时蔗糖液甜于果糖液。

各种糖的甜味风格不同,也能影响制品的风味。蔗糖的甜味纯正,能使人很快感受到,葡萄糖甜中带酸涩,麦芽糖甜味小又带酸。所以糖制品一般常用蔗糖,少用葡萄糖及麦芽糖。

2. 溶解度和结晶

糖的溶解度与结晶对糖制品的保藏性影响很大。糖溶解度是指在一定的温度下,每 100 g 水中能溶解糖的质量(g)。糖的溶解度一般随溶液温度增高而增大(表 8-3)。

表 8-3　不同温度下食糖的溶解度

种类	温度/℃										
	0	10	20	30	40	50	60	70	80	90	100
蔗糖	64.2	65.6	67.1	68.7	70.4	72.2	74.2	76.2	78.4	80.6	82.9
葡萄糖	35.0	41.6	47.7	54.6	61.8	70.9	74.7	78.0	81.3	84.7	
果糖			78.9	81.5	84.3	86.9					
转化糖		56.6	62.6	69.7	74.8	81.9					

此表说明的糖种类不同溶解度有差异。同一种糖液随温度增高,溶解度加大。在常温条件下蔗糖可达到 65%的浓度,所以应用蔗糖时可煮制或蜜制。蔗糖的晶体溶于水中成溶液,浓度达到过饱和状态时,又从溶液中析出的现象称"返砂"。

糖制品加工中,为防止蔗糖的返砂,常加部分饴糖、蜂蜜或淀粉糖浆。因为这些食糖和蜂蜜中含有多量的转化糖、麦芽糖和糊精,这些物质在蔗糖结晶过程中,有抑制晶核生长、降低结晶速度和增加糖液饱和度的作用。此外,糖制时加入少量果胶、蛋清等非糖物质,也同样有效。另外,也可在糖制过程中设法促使蔗糖转化,防止制品中糖的结晶。

3.吸湿性和潮解

糖具有吸收周围环境中水分的特性,即糖的吸湿性,糖的吸湿性对果蔬糖制品的影响主要是吸湿后降低了糖液浓度和渗透压,因而削弱了糖的保藏作用,容易引起制品败坏和变质。

糖的种类不同吸湿性也不同。其中果糖最强,其次是葡萄糖,蔗糖最弱。一般高纯度的白砂糖在空气相对湿度不超过60%的条件下,不会吸湿发潮,但纯度差时其晶体表面有少量的非糖物质,易吸收空气中的水分而潮解,甚至使晶体溶解。

4.糖的沸点

糖液的沸点温度随着糖液浓度的增大而升高(表8-4)。随着气压的降低而降低。可以根据糖液沸点温度的高低来测定糖液的浓度,从而控制煮制时间和制品可溶性固形物总量。

表 8-4 101.325 kPa 下蔗糖溶液的沸点温度

浓度/%	10	20	30	40	50	60	70	80	90
沸点/℃	100.4	100.6	101.0	101.5	102.0	103.6	105.6	112.0	113.8

蔗糖属于双糖,在酸性溶液中或在转化酶的作用下,可水解转化成等量的葡萄糖和果糖,这个过程称为蔗糖的转化。所生成的葡萄糖和果糖的混合物称为转化糖。蔗糖的转化可提高制品中蔗糖溶液的饱和度,抑制蔗糖的结晶,增大制品的渗透压,提高制品的保藏性。增加制品的柔韧性,并增进制品的甜度。

蔗糖在酸作用下的水解速度与酸的浓度及处理温度成正相关,在较低和高温下蔗糖转化较快。蔗糖转化的最适 pH 为 2.5。糖制品中的转化糖量达到 30%~40%时,蔗糖就不会结晶。一般水果都含有适量的酸,糖煮时能转化 30%~35%的蔗糖,并在保藏期继续转化而达到 50%左右。对于含酸量少的原料,可加用少量柠檬酸或酒石酸,以使蔗糖发生转化。对于含酸偏高的原料则避免糖煮时间过长,而形成过多的转化糖,发生葡萄糖结晶或出现流汤。

(四)果胶及其凝胶作用

果胶物质以原果胶、果胶和果胶酸三种形态存在于果蔬中。原果胶在酸和酶的作用下分解为果胶。果胶具有凝胶特性,而果胶酸的部分羧基与钙、镁等金属离子结合时形成不溶性果胶酸钙或果胶酸镁而形成凝胶。

果胶形成凝胶有两种形态:一种是高甲氧基果胶(甲氧基含量在7%以上)的果胶-糖-酸型凝胶,又称为氢键结合型凝胶;另一种是低甲氧基果胶的羧基与钙、镁等离子的凝胶,又称为离子结合型凝胶。

1.高甲氧基果胶的胶凝

果冻的冻胶态,果酱、果泥的黏稠度,果丹皮的凝固态,均是依赖果胶的胶凝作用来实现的。高甲氧基果胶的胶凝原理在于:分散高度水合的果胶束因脱水及电性中和而形成凝胶体。果胶胶束在一般溶液中带负电荷,当溶液 pH 低于 3.5 和脱水剂含量达 50%以上时果胶即脱水并因电性中和而胶凝。在果胶胶凝过程中酸起到消除果胶分子中负电荷的作用,使果胶分子因氢键吸附而相连成网状结构,构成凝胶体的骨架。糖除了起脱水作用外,还作为填充物使凝胶体达到一定强度。果胶胶凝过程是复杂的,受下述多种因素所制约。

(1)pH　pH 能影响果胶所带的负电荷数,当降低 pH,即增加氢离子浓度而减少果胶的负电荷时,易使果胶分子氢键结合而胶凝。当电性中和时,凝胶的硬度最大。产生凝胶的最适

pH 范围是 2.5～3.5，在此范围之外均不能胶凝。当 pH 为 3.1 左右时，凝胶强度最大；pH 为 3.4 时，凝胶比较柔软；pH 为 3.6 时，果胶电性不能中和而相互排斥，就不能形成凝胶，此值即为果胶的临界 pH。

(2)糖浓度　果胶是亲水胶体，胶束带有水膜，食糖的作用是使果胶脱水后发生氢键结合而胶凝。但只有当含糖量达 50%以上时才具有脱水效果，糖浓度越大，脱水作用就越强，胶凝的速度就越快。当果胶含量一定时，糖的用量随酸量的增加而减少。当酸的用量一定时，糖的用量随果胶含量提高而降低。

(3)果胶含量　果胶的胶凝作用强弱取决于果胶含量、果胶分子量以及果胶分子中甲氧基的含量。果胶含量高则易胶凝，果胶分子量越大，多半乳糖醛酸的链越长，所含甲氧基比例越高，胶凝力则越强，制成的果冻弹性越好。甜橙、柠檬、苹果等的果胶均有较好的胶凝力。原料中果胶不足时，可加适量果胶粉或琼脂，或其他果胶含量丰富的原料。

(4)温度　当果胶、糖、酸的配比适当时，混合液能在较高的温度下胶凝，温度越低胶凝速度越快。50 ℃以下对胶凝强度影响不大，高于 50 ℃胶凝强度下降，这是因高温破坏了氢键吸附作用。

根据上述分析，果胶胶凝的基本条件为：在 50 ℃条件下，果胶含量达 1%左右，糖的浓度为 50%或以上，pH 控制在 2～3.5，诸因素相互配合得当。一般认为形成良好果胶凝胶所需的果胶、糖、酸三者的最佳配合条件是糖浓度 65%～70%，pH 2.8～3.3，果胶浓度 0.6%～1%。

2.低甲氧基果胶的胶凝

低甲氧基果胶是依赖果胶分子链上的羧基与多价金属离子相结合而串连起来的，这种凝胶具有网状结构。低甲氧基果胶中有 50%以上的羧基未被甲醇酯化，对金属离子比较敏感，少量的钙离子与之结合也能胶凝。

(1)钙离子(或镁离子)　钙等金属离子是影响低甲氧基果胶胶凝的主要因素，用量随果胶的羧基数而定，每克果胶的钙离子最低用量为 4～10 mg，碱法制取的果胶为 30～60 mg。

(2)pH　pH 对果胶的胶凝有一定影响，pH 在 2.5～6.5 都能胶凝，以 pH 为 3.0 或 5.0 时胶凝的强度最大，pH 为 4.0 时强度最小。

(3)温度　温度对胶凝强度影响很大，在 0～58 ℃范围内，温度越低强度越大。在 58 ℃时强度为零，0 ℃时强度最大，30 ℃为胶凝的临界点，因此果冻的保藏温度宜低于 30 ℃。

一般认为低甲氧基果胶凝胶条件是：低甲氧基果胶 1%，pH 为 2.5～6.5，每克低甲氧基果胶加入钙离子 25 mg。低甲氧基果胶的胶凝与糖用量无关，即使在 1%以下或不加糖的情况下仍可胶凝。生产中加 30%左右的糖仅是为了改善风味。低甲氧基果胶在食品工业上用途很广，可制成低糖和低热量的果酱、果冻等食品。

工作任务

任务一　果脯蜜饯加工技术

(一)工艺流程

原料选择→原料处理→原料预加工→糖制→干制→整理与包装→成品

(二)工艺要点

1.原料的选择与处理

(1)原料选择　原料的种类和品种不同,适合加工的产品各异,根据产品的特性,正确地选择适宜的加工原料,是保证产品质量的基本条件。选择适合加工果脯蜜饯的原料时,应考虑以下两方面:一是原料的品种特性,以水分含量较低、固形物含量较高、果核小、肉厚的品种为佳。要求果实肉质紧密,可食部分大,煮制时不易腐烂,不易变色,糖酸比适宜,色香味较好。二是原料的成熟度。以新鲜饱满、成熟度适宜的果实为佳。果实太生,制成的果脯达不到应有的色泽和风味,产品容易产生干缩现象;果实太熟,则容易煮烂,不便于加工。对原料成熟度的要求,除个别产品如糖枣外,一般应掌握在八九成熟较好。但对制作蔬菜脯饯的原料,如西红柿、冬瓜、胡萝卜、红薯等则以完全成熟为佳。

(2)原料处理

①原料分级　分级多以原料大小为主要依据,目的是达到产品大小相同、质量一致和便于加工,分级标准根据原料的实际情况、成品特点而定。

选择时应剔除病虫和霉烂等不合加工要求的原料,对残次和损伤不严重的原料,要加以修整后分别进行处理。对果实进行大小分级,其方法有手工和机械分级两种,在小型工厂和机械设备较差时采用手工分级,同时也可配以简单的辅助设备以提高生产效率,如圆孔分级板、分级筛及分级尺等。机械分级常用滚筒分级机、振动和分离输送机等。

②原料的洗涤、去皮、切分、切缝、刺孔、划线　这些工序的主要作用是使糖分易于渗入,避免原料失水干缩,缩短煮制的时间。对于块形较大而外皮粗厚的种类,应除去外皮并适当切分;对于不去皮切分的小型果蔬,如枣、李子和梅果等的加工,常在果面刺孔或切缝。

2.原料预加工

(1)腌制　糖制品的加工由于时间和设备的关系,不能过于集中,为了延长加工时间,避免新鲜原料的腐烂变质,常将新鲜原料腌制为果坯保存。果坯是果脯蜜饯的一种半成品,以食盐为主腌制而成,有时加用少量的明矾、石灰使之适度硬化。原料经盐腌制后,所含成分发生很大变化,所以只适用于南方的某些制品(凉果类和甘草类),作用是腌制后可脱除部分水分,使果实收缩、肉质紧密;在腌制过程中会发生轻度的乳酸发酵和酒精发酵,使果胶等物质水解,改善细胞膜的透性,有利于糖煮、糖渍过程中糖分的渗透;由于食盐具有较高的渗透压,可以迅速抑制原料细胞的生命活动,起到保持、固定新鲜原料的成熟度和质地的作用;有利于脱除原料的苦、涩物质,改善制品的品质;腌制的果坯食盐含量高,具有较高的渗透压,可抑制微生物的生命活动,延长原料的保质期。

腌制有干腌法和湿腌法两种:干腌法适用于果汁较多、成熟度较高的原料,用盐量依种类和贮存期长短而异,一般为原料重的14%～18%;湿腌法适于果汁稀少、未熟果或酸涩苦味浓的原料。腌制结束,可作水坯保存或晒制成干坯长期保藏,腌制后要用1∶1的清水脱盐。

(2)保脆硬化　对于结构疏松的原料,为防止在煮制过程中软烂要进行硬化。硬化处理是将原料放在石灰、氯化钙、明矾、亚硫酸钙等硬化剂的水溶液中进行短时间的浸渍,或在腌制过程中同时加入少量硬化剂,其作用是使钙、铝盐类中的钙、铝离子与果实中果胶成分生成不溶性盐类,使组织变得整硬,防止糖煮时软烂,如陈皮、青梅、橄榄、杨梅等的硬化处理主要达到保脆的目的,而枇杷、草莓、樱桃等的硬化处理主要是防止煮制时制品过于软烂和破碎。

硬化剂的选择、用量和处理时间必须适当。用量过大会生成过多的果胶酸钙盐，或引起部分纤维素钙化，从而降低原料对糖的吸入量，使产品粗糙，品质下降。因此硬化后的原料，糖制前应用清水漂洗，除去剩余的硬化剂。常用的硬化剂是0.1%的氯化钙溶液，0.4%～2%的明矾溶液，0.5%左右的亚硫酸氢钙溶液，0.15%的石灰溶液。

(3)硫处理　硫处理的主要作用是护色，特别是对单宁含量高、暴露在空气中易发生变色的原料，可抑制其氧化褐变，原因是亚硫酸及其盐类中的有效成分二氧化硫具有很强的还原性，容易与果蔬原料中有机过氧化物中的氧结合，使过氧化物酶失去氧化作用，从而抑制原料的氧化变色；同时，硫处理还具有保护维生素C不被氧化、增强膜的透性、抑制微生物活动和羰氨反应的作用。

硫处理的方法有熏硫法和浸硫法。熏硫在熏硫室或熏硫箱中进行；浸硫时先配制好含0.1%～0.2% SO_2 的亚硫酸或亚硫酸氢钠溶液，去皮、切分好的原料浸泡10～30 min，取出后立即在流水中冲洗进行脱硫。亚硫酸及其盐类只有在酸性条件下才能释放出二氧化硫，因此硫处理适用于含酸量较高的原料。如果含酸量低，要添加一定量的柠檬酸或盐酸，使溶液呈酸性。亚硫酸和二氧化硫对人体有害，果蜜饯中亚硫酸及其盐类的残留量以二氧化硫计，应小于等于0.05 g/kg。

(4)预煮(热烫或漂烫)　预煮的目的是：①通过预煮可以脱除原料中的部分水分和空气，使原料体积显著缩小，糖渍和糖煮时有利于糖的渗透；②可以破坏原料中氧化酶的活性，阻止氧化变色，减少维生素C的损失；③可以使原料组织中蛋白质凝固，改善细胞膜的渗透性，有利于渗透；减少表面附着的微生物；④可以除去原料中部分辛辣、苦涩等不良滋味；⑤对于干果或干果坯，可以迅速复水回软，有利于糖制；⑥可除去漂白剂、硬化剂等。

3.糖制

糖制是果脯蜜饯加工的主要工序。其作用是使糖分更好地渗透到果实里，使原料“吃饱”糖。糖制过程的长短、加糖的浓度和次数因原料的种类、品种的不同而异。糖制技术直接影响产品的品质和产量。根据加工方法的不同，分为蜜制和煮制两种。

(1)蜜制　蜜制是中国果脯蜜饯加工中一种传统的糖制方法，也叫冷制法。此法适于肉质疏松、不耐煮制的原料。其特点是分次加糖，不加热。由于糖有一定的黏稠度，在常温下渗糖速度慢，生产周期长，但制品能保持原有的色、香、味和完整的外形及质地，营养损失少。

在蜜制期间应分次加糖，逐步提高糖的浓度，使糖分充分均匀地渗透到果肉组织中去。为了逐步提高糖的浓度加强糖的渗透效应，除了分次加糖之外，还应该伴之以日晒或者在糖腌制过程中分期将糖液倒出浓缩，再将热糖液回加到原料中去，一方面提高糖液的浓度；另一方面原料与热糖液接触，加强了糖的渗透作用。

在蜜制过程中，还可应用真空减压方法以降低原料内部压力，然后借放入空气时原料内外压力之差，促使糖液渗入原料组织中。此法可加快渗糖速度，更好地保持新鲜原料的色、香、味和保护维生素C不被破坏，提高产品的质量。

(2)煮制　一般肉质紧密、耐煮的原料较适于煮制法，可迅速完成加工过程，但色、香、味差，并有维生素C的损失。煮制分为敞煮(常压煮制)和真空煮制两类方法，敞煮又有一次煮成法、多次煮成法和速煮法之别。可根据原料的性质，采用不同的煮制方法。

①一次煮成法　将处理过的原料入锅后经一次煮成成品。煮制时，先配好40%～50%的糖液置于锅中，将处理好的果实倒入，加大火使糖液沸腾，果实水分逐渐排出，糖液浓度稀释，

然后逐渐分次加入白砂糖，使糖液浓度缓慢增高至65%以上。分次加糖的目的是保持果实内外糖液浓度差异不至于过大，使糖分逐渐均匀渗透到果肉中，这样煮成的制品才透明饱满。

一次煮成法虽然快速省工，但加热持续时间较长，适用于肉质瓷实、坚韧耐煮的果品。若处理不当，果实易软烂，色香味及维生素损失较多，糖分渗入不易均衡，影响产品品质。

②多次煮成法　即将预处理过的原料经过多次糖煮和浸渍后才成为产品。此法适用于果蔬组织柔软或含水量多、易煮烂的原料，如桃、杏、梨等。将处理过的原料投入30%～40%的沸糖液中，热烫2～5 min，然后连同糖液倒入缸中浸渍10余小时，使糖液缓慢渗入果肉中。再将糖液浓度提高到50%～60%，沸煮几分钟至十几分钟，连同糖液进行第二次浸渍。如需要可将果实捞出烘烤除去部分水分后进行第三次煮制，直到果实透明。这种方法的缺点是加工周期过长。

③速煮法　将果实在糖液中交替加热和冷却，利用温度悬殊的环境，使组织内部的水蒸气分压有增大和减小的变化，由压力差的变化，迫使糖液渗透入组织，加快组织内外糖液的平衡，缩短煮制时间。操作时将原料放在稀糖液中热煮数分钟，随即捞出放入15 ℃左右的糖液中，然后提高糖液浓度。重复此操作4～5次，即可完成煮制过程。

④真空煮制法　其原理是在真空条件下，降低果实内部的压力，然后减压，借放入空气时果实内外压力差，促进糖液渗入果肉。这种煮制和渗糖方法所需温度低、渗糖快，能较好地保持果实的色香味和维生素C等。一般真空煮制时真空度控制在83.5 kPa或更高些，温度为55～70 ℃。需要在真空设备中进行，常采用真空锅或真空罐。用30%～40%浓度的糖液，加热到60 ℃时，开始抽真空减压，使糖液沸腾，同时进行搅拌，沸腾约5 min后可改变真空度，可使糖液加速渗透，最后使糖液浓度达到60%～65%时解除真空，完成糖煮过程，全部时间需1 d左右。

4.烘晒与上糖衣

干态果脯和“返砂”蜜饯制品，要求保持完整和饱满状态，不皱缩、不结晶，质地紧密而不粗糙，水分一般不超过18%～20%，因此要进行干燥处理，即烘干或晾晒。

烘干多用于果脯和“返砂”蜜饯，即将果实从浸渍的糖液中捞出、沥干糖液，放在竹篱或烘盘中送入50～60 ℃的烘房内烘干。烘房内的温度不宜过高，以防糖分结块或焦化。烘烤至手感不黏、不干硬为宜。

晾晒多用于甘草、凉果类制品。晾晒在晒场进行，设有专门的晾架，晒至产品表面干燥或萎蔫皱缩为止。因产品受自然条件影响大，卫生条件较差。

制作糖衣果脯蜜饯，可在干燥后上糖衣。用配制好的过饱和糖液处理干态蜜饯，干燥后使其表面形成一层透明状糖质薄膜。糖衣不仅外观好，并且保藏性强，可以减少蜜饯保藏期中吸湿和“返砂”。上糖衣用的过饱和糖浆一般以三份蔗糖、一份淀粉糖浆和二份水配制而成，混合后煮沸到113～114.5 ℃，离火冷却到93 ℃，将已干燥的蜜饯浸入糖液中1 min，取出散放于筛面上，于50 ℃下晾干既成。

上糖粉，即在干燥蜜饯表面裹上一层糖粉，增强其保存性。糖粉制法：将白砂糖用50～60 ℃烘干磨碎成粉即可使用。操作时，在蜜饯稍冷、糖未收干时，加入糖粉拌匀，筛去多余的糖粉，成品表面有一层糖粉。

5.整型、回软和包装

整型是按原有产品的形状、食用习惯和产品特点进行分级和调整。

回软是许多产品在干燥后，内部含水量不均匀，为使其含水量均匀，产品质量一致，要进行回软。方法是将产品堆放在干燥的环境下回软，时间为 1 周。

果脯和干态蜜饯包装的重要目的是防潮防霉，一般先用塑料薄膜包装，再用其他包装。可用大包装或小包装。

任务二　果酱类产品加工技术

果酱是将水果去皮、去核后（或榨汁后的副产品），加热软化或打浆，然后加入糖、酸，进行浓缩后再灌装的糖制品。其特点是高糖、高酸、固形物（干物质）含量在 68%以上，制品浓而不腻，具有原料的香气。

（一）工艺流程

原料选择→原料处理→加热软化→配制→浓缩→装罐密封→杀菌→冷却→成品

（二）工艺要点

1. 原料选择

生产果酱类产品的原料要求含果胶及酸量多，具有良好的色、香、味，成熟度适宜。一般成熟度过高的原料，果胶及酸含量降低；成熟度过低，则色泽风味差，且打浆困难。

果实中果胶及酸含量对于果酱的胶凝力和品质有很大影响。特别是果冻制品，必须有适宜比例的果胶、糖、酸配合，才能形成软硬适合的胶冻。

果酱类、果泥类制品还要选择柔软多汁、易于破碎的品种，一般在充分成熟时采收；果冻产品的原料要求果胶质丰富，于较生时采收，但不同产品对原料的要求不同。

2. 原料处理

原料需先除霉烂、成熟度低等不合格果实，必要时按成熟度分级，再按不同种类的产品要求，分别经过清洗、去皮、去核芯、切块、修整等处理。去皮、切块时易变色的果实，必须及时浸入食盐水或酸溶液中护色，并尽快加热软化，破坏酶的活性。

3. 加热软化

加热软化的主要目的是：破坏酶的活性；防止变色和果胶水解；软化果肉组织，便于打浆或糖液渗透；促使果肉组织中果胶的溶出，有利于凝胶的形成；蒸发一部分水分，缩短浓缩时间；排出原料组织中的气体，以得到无气泡的酱体。

一般软化用水为果肉重的 20%～50%。若用糖水软化，糖水浓度为 10%～30%。软化时间因品种不同而异，一般为 10～20 min。软化操作正确与否直接影响果酱的胶凝程度。如软化不足，果肉内溶出的果胶较少，制品胶凝不良，仍有不透明的硬块，影响风味及外观；如软化过度，果肉中的果胶因水解而损失，同时果肉经长时间加热，使色泽变深，风味变差；制作泥状酱，果块软化后要及时打浆。

4. 配料

（1）配方　按原料的种类及产品要求而异，一般要求果肉（果浆）占总配料量的 40%～55%，白砂糖占 45%～60%（允许使用占总糖量 20%以下的淀粉糖浆）。果肉与加糖量的比例为 1∶（1～2）。为使果胶、糖、酸形成恰当的比例，有利于凝胶的形成，可根据原料所含果胶及酸的多少，必要时添加适量柠檬酸、果胶和琼脂。柠檬酸的添加量一定要控制在成品含酸量为0.5%。果胶添加量应控制在成品含果胶量为0.4%～0.9%较适宜。

(2)配料准备　果酱配料中所用的白砂糖、柠檬酸、果胶或琼脂，均应事先配成溶液过滤备用。白砂糖配成70%～75%的浓糖液；柠檬酸配成50%的溶液；果胶粉和2～4倍重的白砂糖充分混合均匀，再加入10～15倍粉重的水加热溶解；琼脂用50 ℃的温水浸泡软化，洗净杂质后在夹层锅内加热溶解，加水量为琼脂重量的19～24倍(包括浸泡时吸收的水分)溶解后过滤。

(3)投料次序　果肉先加热软化，时间一般为10～20 min，然后分次加入浓糖液，临近终点时，依次加入果胶液或琼脂液、柠檬酸或淀粉糖浆，充分搅拌均匀。

5.加热浓缩

加热浓缩是果蔬原料及糖液中水分蒸发的过程。通过浓缩可以排除果肉中大部分水分，使白砂糖、酸、果胶等配料与果肉渗透均匀，提高浓度，改善酱体的组织形态及风味；加热浓缩还能杀灭有害微生物，破坏酶的活性，有利于制品的保存；节约包装运输费用。

浓缩方法有常压浓缩和减压浓缩，一般以在减压下(即真空浓缩)进行蒸发浓缩较好。

(1)常压浓缩　主要设备是带有搅拌器的夹层锅，开始时蒸气压较大，为29.4～39.2 kPa，温度也较高，后期因物料可溶性固形物含量升高，极易因高温褐变焦化，蒸气压应降为19.6 kPa左右。浓缩过程中糖液应分次加入，从而有利于水分蒸发，缩短浓缩时间，避免糖色变深，影响制品品质。每锅下料以出成品50～60 kg为宜，浓缩时间以30～60 min为好。时间过长会影响果酱的色、香、味和凝胶力；时间太短会因转化糖不足而在贮藏期发生蔗糖结晶现象。

浓缩过程中要注意不断搅拌，防锅底焦化，出现大量气泡时，可洒入少量冷水或植物油，防止汁液外溢损失。

常压浓缩的主要缺点是：温度高，水分蒸发慢，芳香物质和维生素C损失严重，制品色泽差。欲制优质的果酱，宜选用减压浓缩法。

(2)减压浓缩　减压浓缩又称真空浓缩。分单效、双效浓缩装置。以单效浓缩锅为例，该机是带搅拌器的夹层锅，配有真空装置。工作时，先于锅内通入蒸汽赶走空气，再开动离心泵，使锅内真空。当真空度达0.5 MPa以上时，才能开启进料阀，待浓缩的物料靠锅内的真空吸力被吸入锅中，达到容量要求后，开启蒸汽阀门和搅拌器进行浓缩。蒸气压保持在0.098～0.147 MPa时，锅内真空度为0.086～0.096 MPa，温度为50～60 ℃。浓缩过程中若泡沫上升激烈，可开启锅内的空气阀，使空气进入锅内抑制泡沫上升，待正常后再关闭。浓缩过程应保持物料超过加热面，防止焦锅。当浓缩至接近终点时，关闭真空泵开关，破坏锅内真空，在搅拌下将果酱加热升温至90～95 ℃，然后迅速关闭进气阀出锅。浓缩终点的判断主要靠取样并用折光计测定可溶性固形物浓度。

6.装罐密封

果酱类制品大多用玻璃瓶或防酸涂料马口铁罐包装，容器使用前必须彻底洗刷干净。铁罐以95～100 ℃的热水或蒸汽消毒3～5 min，玻璃罐用95～100 ℃蒸汽消毒5～10 min，而后倒罐沥水。装罐时需保持罐温在40 ℃以上，胶圈经水浸泡脱酸后使用，罐盖以沸水消毒3～5 min。果丹皮等干态制品用玻璃纸包装。果糕类制品包装时内层用糯米纸，外层用塑料糖果纸。

果酱、果膏、果冻出锅后应及时快速装罐密封，一般要求每锅酱分装完毕不超过 30 min，密封时的酱体温度不低于 80～90 ℃，封罐后应立即杀菌、冷却。

7. 杀菌、冷却

果酱在加热浓缩过程中，微生物绝大多数被杀死，加上高糖高酸环境对微生物也有很强的抑制作用，一般装罐密封后，残留于果酱中的微生物是难以繁殖的。在封罐后还要进行杀菌处理(5～10 min，100 ℃)。

铁皮罐包装的果酱在杀菌结束后迅速用冷水冷却至常温，但玻璃罐(或瓶)包装的宜分段降温冷却(85 ℃热水中冷却 10 min→60 ℃热水中冷却 10 min→冷水中冷却至常温)，然后用干布擦去罐(瓶)外的水分和污物，送入库房保存。

(三)成品量计算

1. 按果肉浓缩度计算

成品量(kg)＝[果肉浓缩度(％)－果肉可溶性固形物含量(％)]×
浓缩前果肉重(kg)÷[1－成品可溶性固形物含量(％)]

(1)果肉及成品可溶性固形物含量均以折光计测定(20 ℃)。

(2)果肉浓缩度指果肉浓缩时蒸发掉水分后残留的质量占果肉质量的百分数。如 100 kg 果肉，在浓缩时蒸发掉水分 30 kg，剩余果肉 70 kg，它的浓缩度即为 70％，浓缩度可通过试验或生产经验确定。

2. 按每锅配料含可溶性固形物总量计算

成品量(kg)＝[果肉可溶性固形物总量(kg)＋白砂糖总量(kg)＋果胶或琼脂量(kg)＋
柠檬酸量(kg)]÷成品可溶性固形物含量(％)

(1)果肉可溶性固形物总量＝果肉可溶性固形物含量(％)×每锅配料中果肉量(kg)。

(2)糖纯度以 100％计，如不足需另折算(包括淀粉糖浆)。

(3)果胶或琼脂、柠檬酸等如配方中无添加则不计算；有添加则按含可溶性固形物 100％计，不足者需另折算。

知识拓展

糖制品加工中常见的质量问题及解决途径

在糖制品加工中，由于果实种类和质量的不同、操作上不够严格，会出现一些问题，比较常见的有以下几种。

(一)变色

糖制品在加工过程及贮存期间都可能发生变色，在加工期间的前处理中，变色的主要原因是氧化引起酶促褐变，其控制办法是必须做好护色处理，即去皮后要及时浸泡盐水或亚硫酸盐溶液中，有的含气量高的还需进行抽空处理，在整个加工工艺中尽可能地缩短与空气接触时间，防止氧化；而非酶褐变则伴随在整个加工过程和贮藏期间，其主要影响因素是温度，即温度越高变色越深。因此，控制办法是在加工中要尽可能缩短受热处理的过程，而果脯类加工要配合使用好足量的亚硫酸盐，在贮存期间要控制温度在较低的条件下如 12～15 ℃。对于易变色品种最好采用真空包装，在销售时要注意避免阳光暴晒，减少与空气接触的机会。另外微量的铜、铁等金属的存在也能使产品变色，因此加工用具一定要用不锈钢制品。

（二）返砂和流汤

返砂和流汤的产生主要是由于糖制品在加工过程中，糖液中还原糖的比例不合适或贮藏环境条件不当，引起糖制品出现糖分结晶（返砂）或吸湿潮解（流汤）。控制办法主要是在加工中要注意加热的温度和时间，控制好还原糖的比例；在贮藏时一定要注意控制恒定的温度，且不能低于 12～15 ℃，否则糖液在低温条件下溶解度下降会引起过饱和而造成结晶；对于散装糖制品一定要注意贮藏环境湿度不能过低，即要控制在相对湿度为 70%左右。如相对湿度太低则易造成结晶（返砂），如果相对湿度太高则又会引起吸湿回潮（流汤）。糖制品一旦发生返砂或流汤将不利于长期贮藏，也影响制品外观。

（三）微生物败坏

糖制品在贮藏期间最易出现的微生物败坏是长霉和发酵产生酒精味。这主要是由于制品含糖量没有达到要求的浓度，即 65%～70%。控制办法即加糖时一定按要求浓度添加。但对于低糖制品一定要采取防腐措施如添加防腐剂、采用真空包装，必要时加入一定的抗氧化剂，保证较低的贮藏温度等。对于罐装果酱一定要注意封口严密，以防止表层残氧过高为霉菌提供生长条件，另外，杀菌要充分。

（四）煮烂和干缩问题

果脯加工中，果实种类选择不当、加热温度和时间不准、预处理方法不正确以及浸糖数量不足，会引起煮烂和干缩现象。原料质地较软的果品常发生煮烂现象。解决方法主要有选择理想适宜的成熟度、煮前用 1%食盐水热烫几分钟、注意煮制的温度和时间。干缩现象产生的主要原因是果实成熟度低而引起的吸糖量不足、煮制浸渍过程中糖液的浓度不够等。解决方法是酌情调整糖液浓度和浸渍时间。

（五）果酱类产品的汁液分泌

这是由于果块软化不充分或浓缩时间短或果胶含量低而未形成良好凝胶。解决方法为软化充分，使果胶水解而溶出；对果胶含量低的可适当增加糖量；添加果胶或其他增稠剂增强凝胶作用。

复习思考题

1. 果蔬糖制品是怎样进行分类的？
2. 糖制品加工的基本原理是什么？
3. 食糖有哪些性质？
4. 果脯蜜饯和果酱的一般加工工艺是什么？
5. 分别举出 2～3 种果脯蜜饯和果酱的工艺流程，并叙述其操作要点。
6. 果蔬糖制品生产中容易出现哪些问题？怎么控制？

项目九

果品酿造技术

学习目标

1. 了解果酒的分类。
2. 明确果酒酿造的基本原理，掌握影响果酒发酵的主要因素。
3. 掌握葡萄酒的酿造技术。
4. 掌握果酒生产中常见的质量问题及解决途径。
5. 了解果醋酿造的基本原理及常见果醋的酿造技术。

工作任务及要求

1. 原料的前处理。根据市场需求和当地种植的葡萄品种，选择适宜的酿酒品种，并根据葡萄原料的生长特性确定采收期，制订合理的运输方案，以及发酵前的除梗和破碎等准备工作。

2. 添加 SO_2 与葡萄汁成分调整。根据葡萄酒生产的工艺要求，在葡萄汁发酵前添加适量的 SO_2，选择适宜的添加方法及确定准确的添加量；根据葡萄汁的含酸量，正确计算出酒石酸、柠檬酸或未成熟葡萄压榨汁的添加量，选择适宜的时间及添加方法；根据葡萄汁的含糖量，正确计算出蔗糖或浓缩葡萄汁的添加量，选择适宜的时间及添加方法。

3. 酒母的制备。根据葡萄品种选择合适的酵母菌；对所选择的酵母菌进行正确的试管斜面活化、液体试管培养、三角瓶培养、卡氏罐培养和酒母罐培养扩培操作；活性干酵母的复水活化及一、二、三级扩大培养。

4. 发酵及其管理。常用发酵设备发酵桶、发酵池和发酵罐的清洗、消毒和正确使用；根据红葡萄酒的发酵特点，控制发酵过程中的环境条件。发酵初期，控制品温，注意空气的供给；发酵中期，循环倒池，控制品温，选择合适的方法压帽，防止形成浮渣层；发酵后期，通过检查发酵醪的品温、糖、酸及酒精含量，结束主发酵；选择合适的压榨设备，分离葡萄酒和葡萄皮渣；后发酵，控制品温，隔绝空气；定期测量品温、酒精度和残糖量，并做好记录。

5. 陈酿。根据葡萄酒的品种特性，选择适宜的贮存条件；根据酒质确定换桶次数、时间及方式；根据贮酒桶内的液面下降情况，确定添桶的时间、次数以及用来添加的酒的种类；根据酒的实际情况选择下胶材料，通过小试确定下胶材料用量；根据品种特性合适的冷热处理的温度和时间；不同阶段选择不同的过滤方法及过滤设备。

6. 调配。根据葡萄酒质量的相关国家标准确定葡萄酒的酒度，选择合适的品种和添加量进行调整；确定葡萄酒的含糖量，选择合适的品种和添加量进行调整；确定葡萄酒中酸的含量，通过添加柠檬酸或酒石酸进行适当调整。

7. 包装、杀菌。根据空酒瓶的卫生状况，选择合适的清洗及消毒、杀菌的方法；根据葡萄酒的品种特性及生产工艺确定杀菌时间及杀菌条件。

岗位技术知识

知识点一　果酒的分类

果酒是以新鲜水果或果汁为原料，经发酵酿制调配而成的各种低度饮料酒。我国习惯上按果酒原料果实名称分类，如葡萄酒、猕猴桃酒、苹果酒、山楂酒、枣酒、梨酒等。果酒酒精含量低，保存了果汁中原有的维生素、氨基酸等，营养价值高，而且经过发酵产生酒精，风味更好，是饮料酒中的主要发展品种。

果醋是以新鲜果实、果汁或果渣为原料经过酒精发酵、乙酸发酵、陈酿和调配等工艺酿造而成的含酸饮料。近年来果醋作为一种保健饮料，在美国、加拿大、英国、东南亚、日本发展很快，我国是一个食醋生产和消费大国，随着人们对食醋保健功能的了解，对食醋及其衍生产品的需求越来越大，醋的使用现在已不仅仅局限于传统的烹调中，作为饮品正在日益受到消费者的喜爱。

果酒种类很多，分类方法各异。通常根据酿造方法，成品特点等进行分类。

（一）按果酒制作方法分类

按果酒的制作方法分为发酵果酒、蒸馏果酒、配制果酒、起泡果酒和加料果酒等五种。

1. 发酵果酒

发酵果酒是将果汁（浆）经酒精发酵酿造而成的，与其他果酒的不同之处在于它不需要在酒精发酵前对原料进行糖化处理，发酵醪不需要蒸馏。

2. 蒸馏果酒

果品经酒精发酵后，再通过蒸馏所得到的酒，如白兰地、水果白酒等。

3. 配制果酒

将果实或果皮、鲜花等用酒精或白酒浸泡取露，或用果汁加酒精浸泡提取，再加糖、香精、色素等食品添加剂调配而成。

4. 起泡果酒

含有二氧化碳的果酒。香槟、汽酒属于此类。香槟酒是在上好的发酵白葡萄酒中加糖，经二次发酵产生二氧化碳气体制成的。汽酒则是在配制果酒中人工充入二氧化碳制成的一种果酒。

5. 加料果酒

加料果酒是以发酵果酒为酒基，加入植物性芳香物质或药材等制成的。例如加香葡萄酒，将芳香的花卉或果实用蒸馏法或浸渍法制成香料，加入酒内，赋予葡萄酒独特的香气。

(二)按含糖量分类

按果酒含糖量(以葡萄糖计，g/L)的多少将果酒分为干果酒、半干果酒、半甜果酒、甜果酒四类。

(1)干果酒　含糖量≤4.0 g/L 的果酒。

(2)半干果酒　含糖量在 4.1～12.0 g/L 的果酒。

(3)半甜果酒　含糖量 12.1～50.0 g/L 的果酒。

(4)甜果酒　含糖量≥50.1 g/L 的果酒。

知识点二　果酒酿造基本原理

果酒酿造是利用酵母菌将果汁或果浆中可发酵性糖类经酒精发酵作用变成酒精，再在陈酿澄清过程中经酯化、氧化、沉淀等作用，制成酒液清晰、色泽鲜美、醇和芳香的果酒的过程。

(一)果酒的发酵

1. 果酒酿造微生物

果酒的酿造，主要依赖于微生物的活动，因此，果酒酿造的成败及品质与参与的微生物种类有最直接的关系。酵母菌是酿造果酒的主要微生物，但其类型很多，生理特性各异，必须选择优良菌种用于果酒酿造。

(1)葡萄酒酵母　是酿造葡萄酒的主要酵母，又称椭圆酵母，附生在葡萄果皮上，纯种的葡萄酒酵母主要具有以下特点。

①发酵力强　发酵力即酵母菌将可发酵糖类转化为酒精的能力，通常用酒精度表示，在富含可发酵性糖类的发酵液中，葡萄酒酵母发酵醪的酒精含量能达到 12%～16%，最高达 17%。

②产酒率高　产酒率指酿造出的酒精饮料中，酒精的含量占原料中可转化成酒精的成分的比例。

③抗逆性强　葡萄酒酵母可忍耐 250 mg/L 以上的 SO_2，而其他有害微生物则会全部被杀死。

④生香性强　能产生典型的葡萄酒香型。

巴氏酵母又称卵形酵母，是附生在葡萄果实上的一类野生酵母。巴氏酵母的产酒能力强，抗 SO_2 能力也强，但繁殖缓慢，产酒率低。巴氏酵母多作用于发酵后期，进一步把残糖转化为酒精。

尖端酵母又称柠檬形酵母，广泛存在于各种水果的果皮上，耐低温、耐高酸、繁殖快，但产酒率低。形成的挥发酸多，对发酵不利。对 SO_2 极为敏感，可以用 SO_2 处理来抑制不良作用。

(2)其他微生物

①噗酵母和醋酸菌　噗酵母是空气中的一大类产膜酵母，俗称酒花菌。在果汁未发酵前或发酵势微弱时，噗酵母和醋酸菌通常在发酵液表面繁殖，生成一层灰白色或暗黄色的菌丝膜，同时将糖和乙醇分解为挥发酸、醛等物质，对酿酒危害极大。通常采用减少空气、添加 SO_2

以及接入大量优良果酒酵母等措施来杀灭或抑制其活力。

②乳酸菌　在果酒酿造中具有双重作用。一方面能把苹果酸转化为乳酸，使新葡萄酒的酸涩、粗糙等缺点消失，同时变得醇厚饱满，柔和协调。但乳酸菌在有糖存在时，易将糖分解成乳酸、乙酸等，使酒风味变坏。

③霉菌　一般对果酒酿造有不良影响，用感染了霉菌的葡萄难以酿造出优质的葡萄酒。

2. 酒精发酵过程及其产物

(1)酒精发酵是酵母菌在无氧状态下将葡萄糖分解成乙醇、二氧化碳和少量甘油、高级醛醇类物质，并同时产生乙醛、丙酮酸等中间产物的过程。

(2)酒精发酵的产物　酒精发酵过程除产生乙醇外，还有甘油、乙醛、乙酸、乳酸、高级醇等副产物，它们对果酒的风味、品质影响很大。

①乙醇　乙醇是果酒的主要成分之一，为无色液体，具有芳香和带刺激性的甜味。其在果酒中的体积分数即为酒度，含 1%酒精，即为 1 度。

乙醇的高低对果酒风味影响很大。酒度太低，酒味寡淡，通常 11%以下的酒很难有酒香，而且乙醇必须与酸、单宁等成分相互配合才能产生柔和的酒味。乙醇含量的增加还可以抑制多数微生物的生长，这种抑菌作用能保证果酒在低酸、无氧条件下多年保存。

乙醇来源于酵母的酒精发酵，同时产生二氧化碳并释放能量，因此在发酵过程中，往往伴随有气泡的逸出与温度的上升，特别是发酵旺盛时期，要加强管理。

②甘油　甘油是除水和乙醇外，在干酒中含量最高的化合物。味甜且稠厚，可赋予果酒以清甜味，增加果酒的稠度，使果酒口味清甜圆润。

甘油主要由磷酸二羟丙酮转化而来，少部分由酵母细胞所含卵磷脂分解产生。葡萄的糖含量高、酒石酸含量高，添加二氧化硫等能增加甘油含量，低温发酵不利于甘油的生成，贮存期间，甘油含量会有一定的升高。

③乙醛　乙醛是酒精发酵的副产物，由丙酮酸脱羧产生，也可以由乙醇氧化而来。乙醛是葡萄酒的香味成分之一，但过多的游离乙醛会使葡萄酒有苦味和氧化味。通常，乙醛大部分与二氧化硫结合形成稳定的乙醛-亚硫酸化合物，这种物质不影响葡萄酒的质量，陈酿时，乙醛含量会有所增加。

④乙酸　是葡萄酒中主要的挥发酸，由乙醛及乙醇氧化而来。在一定范围内，乙酸是葡萄酒良好的风味物质，赋予葡萄酒气味和滋味。但含量超过 1.5 g/L 时，会有明显的醋味。

⑤琥珀酸　是酵母代谢副产物，其生成量约为乙醇的 1%，由乙醛生成或由谷氨酸脱氨、脱羧并氧化而来。琥珀酸的存在可增加果酒的爽口感，其乙酯是某些葡萄酒的重要芳香成分。

⑥高级醇　又称杂醇油，指含 2 个以上碳的一元醇。主要有正丙醇、异丁醇、丁醇、活性戊醇等。高级醇是果酒二类香气的主要成分，一般含量很低，过高会使酒具有令人不愉快的粗糙感。主要来源于氨基酸还原脱氨及糖代谢。

3. 影响果酒发酵的因素

(1)温度　温度是影响发酵的最重要因素之一。液态酵母活动的最适温度为 20～30 ℃，在该温度范围内，繁殖速度随温度升高而加快。30 ℃时，酵母的活力最强，34～35 ℃时，繁殖速度迅速下降，至 40 ℃停止活动。一般情况下，发酵危险温度区为 32～35 ℃，这一温度称发酵临界温度。

根据发酵温度的不同，可以将发酵分为高温发酵和低温发酵。30 ℃以上为高温发酵，其发酵时间短，杂醇、乙酸等含量高，口味粗糙。20 ℃以下为低温发酵，其发酵时间长，酒体醇厚芳香，维生素保存率高，果酒风味好。一般认为，红葡萄酒发酵最佳温度为 26～30 ℃；白葡萄酒发酵最佳温度为 18～20 ℃。当发酵温度低于 35 ℃时，温度越高，开始发酵越快；温度越低，糖分转化越完全，生成的酒度越高。

(2)酸度(pH) 酵母菌在 pH 2～7 范围内均可生长，pH 4～6 生长最好，发酵力最强，但一些细菌也生长良好，给发酵安全带来威胁。实际生产中，一般将 pH 控制在 3.3～3.5。此时细菌受到抑制，酵母活动良好。pH＜3.0 发酵受到抑制。

(3)氧气 酵母是兼性厌氧微生物。在氧气充足时，酵母菌大量繁殖，乙醇的产量极少；在缺氧时，酵母菌繁殖缓慢，产生大量酒精。因此，在果酒发酵初期，应适当供给氧气，以达到酵母繁殖所需。在主发酵阶段应密闭发酵。对发酵停滞的葡萄酒通氧气可恢复其发酵力；生产起泡葡萄酒时，二次发酵前轻微通氧，有利于发酵的进行。

(4)糖分 糖浓度影响酵母的生长和发酵。糖度为 1%～2%时，生长发酵速度最快；高于 30%，由于渗透压作用，酵母菌的活动能力降低，出现发酵延滞；60%以上，发酵几乎停止。因此生产中，生产高酒度果酒时，要采用分次加糖的方法，以保证发酵的顺利进行。

(5)乙醇 乙醇是酵母的代谢产物，不同酵母对乙醇的耐力有很大的差异。多数酵母在乙醇浓度达到 2%，发酵就开始受抑制，尖端酵母在乙醇浓度达到 5%时不能生长，葡萄酒酵母可忍受 13%～15%的酒度，甚至 16%～17%。所以，自然酿制不可能生产过高酒度的果酒，必须通过蒸馏或添加纯酒精生产高度果酒。

(6)SO_2 果酒发酵中，添加 SO_2 主要是为了抑制有害菌的生长，因为酵母对其不敏感，是理想的抑菌剂。葡萄酒酵母可耐 1 g/L 的 SO_2，果汁含 10 mg/L SO_2 对酵母无明显作用，但其他杂菌则被抑制。SO_2 含量达 50 mg/L，发酵仅延迟 18～20 h，但其他微生物则完全被杀死。

(二)陈酿

新酿成的果酒浑浊、辛辣、粗糙、不适宜饮用，必须经过一定时间的贮存，以消除酵母味、苦涩味、生酒味和 CO_2 刺激味等，使酒质清亮透明、产生醇和芳香味，这一过程称为果酒的陈酿或老熟。陈酿过程包含一系列物理、化学和生物学变化，保持了产品的果香味，使酒体醇厚完整，并提高酒的稳定性，达到成品果酒的质量标准。

1.陈酿过程

果酒的陈酿包括成熟阶段、老化阶段和衰老阶段。

(1)成熟阶段 经化学或物理化学反应，使果酒中的不良风味物质减少，芳香物质增多，风味改善，口味醇和；蛋白质、聚合度大的单宁、果胶、酒石等沉淀析出，酒体澄清。这一过程需 6～10 个月，甚至更长。此过程中以氧化作用为主，故适当地接触空气，有利于酒的成熟。

(2)老化阶段 从成熟阶段结束一直到成品装瓶阶段，这个过程是在隔绝空气的无氧条件下完成的。经过还原作用，不但使葡萄酒芳香物质增加，同时也逐渐产生陈酒香气，使酒的滋味变得柔和。

(3)衰老阶段 此阶段产品品质开始下降，特殊的果香成分减少，酒石酸和苹果酸相对减少，乳酸增加，使酒体在某种程度上受到一定的影响，故葡萄酒的贮藏期也不能一概而论。

2.陈酿过程中的变化

(1)酯化反应　在陈酿过程中,有机酸和醇反应生成酯。酯类物质都具有一定的香气,是果酒香气的主要来源。

酯化反应速度较慢,在陈酿的前两年,酯的形成速度较快,以后逐渐减慢,直至停止。一般影响酯化反应的因素主要有温度、酸的种类、pH 及微生物等。温度与酯化反应速度成正比,在葡萄酒贮存过程中,温度越高,酯生成量也越高,这是葡萄酒进行热处理的依据;果酒中,有机酸种类不同,其成酯速度也不同,而且成酯芳香也不同,对于总酸在 0.5%左右的葡萄酒来说,如通过加酸促进酯的生成,以加乳酸效果最好,柠檬酸次之,苹果酸又次之,琥珀酸较差,以加 0.1%~0.2%的有机酸为宜;氢离子是酯化反应的催化剂,因此,pH 对酯化反应的影响很大,同样条件下,pH 降低一个单位,酯的生成量增加一倍;微生物种类不同,成酯的种类和数量有一定差异。

(2)氧化还原反应　氧化还原反应与葡萄酒的芳香与风味有关,在成熟阶段,需要氧化作用,促进单宁与花色苷的缩合,促进某些不良风味物质的氧化,使易氧化沉淀的物质氧化沉淀后除去;而在酒的老化阶段,酒处于还原状态,促进酒中芳香物质的形成。

(3)缔合作用　酒精分子与水分子是强极性分子,在液态时,酒精分子与水分子通过氢键作用以不同的缔合结构存在。酒度和贮存期与缔合度有关,酒在一定的贮存期内,酒精分子与水分子才能达到相对稳定的缔合度。缔合度越大,酒精分子的自由度越小,酒的柔和度增强。

(4)苹果酸-乳酸发酵　葡萄酒在发酵后期至贮酒前期,有时出现 CO_2 逸出,且酒呈现浑浊,红葡萄酒色度降低,有时还有不良风味,显微镜检查发现有杆状和球状细菌,这种现象称为苹果酸-乳酸发酵。其实质是乳酸菌将苹果酸分解成乳酸与 CO_2 的过程。苹果酸-乳酸发酵可降低酒的酸度,改善酒的风味,提高酒的细菌稳定性。

知识点三　果醋酿造基本原理

果醋是以水果或果品加工下脚料为主要原料,利用现代生物技术酿制而成的一种营养丰富、风味优良的酸味调味品。它兼有水果和食醋的营养保健功能,是集营养、保健、食疗等功能为一体的新型饮品。

果醋发酵原理

1.发酵过程及物质转化

果醋的发酵,如果以含糖果品为原料,需经两个阶段,即酒精发酵和醋酸发酵。

(1)果醋发酵常用的微生物

①酵母菌　酿醋用酵母菌与生产酒类使用的酵母相同,果酒酒精发酵常用果酒酵母、葡萄酒酵母或啤酒酵母。酵母菌将可发酵性糖转化为酒精和二氧化碳,完成酿造过程中的酒精发酵阶段。酵母菌在酒精发酵过程中,同时生成少量的酯和多种醇、有机酸,对形成醋的风味有一定的作用。

酵母菌生长的最适温度为 28~30 ℃,发酵的最适温度为 30~33 ℃,生长繁殖的最适 pH 为 4.5~5.5。酵母菌在有氧环境下呼吸,将糖彻底分解成二氧化碳和水,而在厌氧条件下将糖分解为酒精和二氧化碳。为了增加醋的香气，采取产醋酵母与酒精酵母混合发酵，提高成品果酸中的酯含量，改善果醋的风味。

②醋酸菌

a. 常用的醋酸菌　醋酸菌是能把酒精氧化为乙酸的一类细菌的总称。大量存在于空气中，种类繁多，对乙醇的氧化速度有快有慢，醋化能力有强有弱。果醋生产用醋酸菌要求菌种要耐酒精，氧化酒精能力强，分解乙酸产生 CO_2 和水的能力要弱。常用的醋酸菌有奥尔兰醋酸杆菌、许氏醋酸杆菌、恶臭醋酸杆菌等。其中许氏醋酸杆菌的产酸能力最强，达 11.5%，且对乙酸没有进一步的氧化作用；恶臭醋酸杆菌产酸能力较强，在缺少酒精的醋醅中，会继续把乙酸氧化成二氧化碳和水；奥尔兰醋酸杆菌产酸能力弱，但能产生少量的酯，能将葡萄糖转化为葡萄糖酸，耐酸能力较强。

b. 醋酸菌的特性　醋酸菌是革兰氏阴性杆菌，好氧，在高浓度的酒精和乙酸环境中，缺氧会造成菌体死亡。醋酸菌最适宜的碳源是葡萄糖、果糖等六碳糖，其次是蔗糖和麦芽糖，酒精也可以，但不能直接利用淀粉等多糖。蛋白质水解产物、尿素、硫酸铵等都适宜作为其氮源。部分果品中的蛋白质含量少，通常添加硫酸铵、碳酸铵或磷酸铵以补充氮源。

醋酸菌生长的最适温度为 30 ℃左右，发酵的最适温度 28 ℃左右，生长繁殖的最适 pH 为 3.5～6.5。醋酸菌的耐酸浓度为 1.5%～2.5%；耐酒精浓度为 5%～12%；耐食盐浓度为 1%～1.5%，醋酸发酵完毕后添加食盐，不但可以调节食醋的滋味，而且可以防止乙酸过度氧化。

(2)发酵过程中的物质转化

①酒精发酵　在无氧的条件下、可发酵性糖在酒精酵母的作用下转化为酒精和 CO_2 的过程。

$$C_6H_{12}O_6 \longrightarrow 2C_2H_5OH + 2CO_2 + 2ATP$$

理论上，16.3 g/L 糖可发酵生成 1%的(体积分数)酒精，考虑酵母呼吸消耗以及发酵过程中生成甘油、酸、醛等，实际 17 g/L 的糖生成 1%的酒精。

②乙酸发酵　在有氧的条件下，乙醇在醋酸菌作用下氧化为乙酸和水。

$$CH_3CH_2OH + O_2 \longrightarrow CH_3COOH + H_2O$$

理论上，一分子乙醇能生成一分子乙酸，即 46 g 乙醇生成 60 g 乙酸，但实际产率低得多，只是理论值的 85%左右。减低的原因一部分是乙酸生产中的挥发损失；一部分是醋酸发酵过程中，生成了其他产物如高级脂肪酸、琥珀酸等，这些物质在陈酿时与乙醇生成酯类，赋予果醋芳香；一部分乙酸被再氧化生成二氧化碳和水。生产上，可以通过灭菌防止乙酸的进一步氧化损失。

③淀粉水解　利用果渣酿制食醋时，果渣中含有较多的纤维素和淀粉，酒精发酵前必须将原料糖化。先将原料蒸熟，使其中淀粉全部糊化，然后加曲，曲中霉菌分泌的淀粉酶逐步将淀粉转变为葡萄糖和麦芽糖。在糖化曲中，不仅含有曲霉，而且还含有根霉、毛霉等其他微生物，其中酶系极为复杂，故液化和糖化过程不能分开，而且糖化和酒精发酵、乙酸发酵混合进行，这种糖化和发酵同时进行的操作方法称为双边发酵。

2. 食醋陈酿过程中的变化

食醋品质的优劣取决于色、香、味，而色、香、味的形成是十分错综复杂的，除了在发酵过程中形成的风味外，很大一部分还与陈酿后熟有关。食醋在陈酿期间，主要发生以下物理化学变化。

(1)色泽变化　果醋贮存期间，由于醋中的糖分和氨基酸结合(称为羰氨反应)，生成类黑素等物质，使食醋色泽加深。色泽深浅与醋的成分和酿造工艺有关，含糖(己糖和戊糖)、氨基酸与肽较多的醋容易变色，固态发酵醋醅中的糖和氨基酸较多，因而色泽也比液态发酵醋的色泽深。醋的贮存期越长，贮存温度越高，则色泽也越深。此外，食醋在制醋容器中接触了铁锈后，经长期贮存变为黄色、红棕色。原料中的单宁属于多元酚类的衍生物，也能被氧化缩合而呈黑色。

(2)风味变化　食醋在贮存期间与风味有关的主要变化有氧化反应、酯化反应和缔合作用。

①氧化反应　醋酸菌能氧化酵母菌产生的甘油，生成二酮，具有淡薄的甜味，使食醋更为醇厚。

②酯化反应　酵母菌和醋酸菌在代谢过程中产生的一些有机酸如葡萄糖酸、琥珀酸等与醇缩合生成酯类。食醋的陈酿时间越长，形成的酯也越多。酯的生成还受温度、前体物质的浓度等因素的影响，气温越高，形成酯的速度越快；醋中含醇越多，形成的酯也越多。固态发酵的醋醅中，酯的前体物质浓度比液体醋中的高，因此固态发酵法生产的食醋中酯的含量也较液态发酵的高。

③缔合作用　食醋在贮存过程中，水和乙酸的分子间产生缔合作用，减少了乙酸分子的活度，使食醋风味变得醇和。

工作任务

任务一　红葡萄酒酿造技术

(一)工艺流程

原料采收→破碎、除梗→添加 SO_2→葡萄汁成分调整→发酵→陈酿→澄清、过滤→调配→装瓶、杀菌

(二)工艺要点

1. 原料的前处理工作

(1)原料选择　原料的选择与处理包括原料品种的选择及其采收、运输。

①品种选择　干红葡萄酒要求葡萄色深，含糖量高(21 g/100 mL 以上)，酸度适中(0.6～1.2 g/100 mL)，单宁丰富，风味浓郁，果香典型，主要品种有赤霞珠、梅鹿辄、品丽珠等。

②采收与运输　葡萄最适采收期根据酿制的酒种而定，酿制红葡萄酒的葡萄要求完全成熟，糖分、色素达到最高且酸度适宜时采收。采摘的葡萄放入木箱、塑料箱或编织筐内，不能过满，以防挤压，也不宜过松，以防运输途中颠簸而破碎。

(2)破碎、除梗　红葡萄酒的发酵是带葡萄皮与种子的葡萄浆液混合发酵的,所以发酵前葡萄要除梗、破碎。将果粒压碎使果汁流出的操作称为破碎。破碎要求只破碎果肉,不伤及种子及果梗,防止增加果酒的苦涩味。破碎的目的是便于榨汁和氧的溶入;利于红葡萄酒色素的浸出;有利于 SO_2 均匀地分散于果汁中,增加酵母与果汁的接触机会。破碎的葡萄不能与铁铜接触,防止这些金属溶于酒中引起破败病。

破碎后的原料要立即将果浆与果梗分离,这项操作称为除梗。除梗可防止果梗中的青草味和苦涩物质溶出;还可减少发酵醪体积,便于运输;防止果梗固定色素而造成色素的损失。可在破碎前除梗,也可在破碎后除梗,或破碎、除梗同时完成。

2. 添加 SO_2 与葡萄汁成分调整

(1)添加 SO_2　在葡萄汁发酵前添加适量的 SO_2,具有杀菌、澄清、抗氧化、增酸等作用,促进色素和单宁的溶出,改善酒的风味。但用量过高,可使葡萄酒具有怪味,且对人体产生毒害,并可推迟葡萄酒的成熟。

SO_2 的添加量与葡萄品种及其状况、葡萄汁的成分、温度、微生物及其活力、酿酒工艺及时期等有关。葡萄酒中化合态的 SO_2 含量小于 250 mg/L,游离态的 SO_2 含量小于 50 mg/L。

添加的 SO_2 可为气体、液体和固体,通常添加液体或固体。添加液体的方法是将浓度为5%～6%的亚硫酸试剂按用量要求添加到葡萄浆液中;添加固体的方法是将偏重亚硫酸钾配成浓度为 10%的溶液(其中 SO_2 的含量约 5%),然后按用量要求添加到葡萄浆液中。

酿制红葡萄酒时,SO_2 应在葡萄破碎除梗后、果浆入发酵罐前加入,并且一边装罐,一边加入 SO_2,装罐完毕后进行一次倒罐,使 SO_2 与发酵基混合均匀。切忌在破碎前或破碎除梗时对葡萄原料进行 SO_2 处理,否则 SO_2 不易与原料混合均匀,且 SO_2 挥发或被果梗固定而造成损失。

(2)葡萄汁的成分调整　为了克服原料因品种、环境、栽培管理等原因造成的糖、酸、单宁等成分含量不符合酿酒要求的问题,确保葡萄酒质量,发酵前需要对葡萄汁进行成分调整。

①糖分调整　通过添加浓缩葡萄汁或蔗糖调整葡萄汁的含糖量。

a. 加糖　常用纯度为 98%～99%的白砂糖,在酒精发酵刚开始时添加。用少量果汁将糖溶解,再加到大批果汁中,搅拌均匀。酵母在含糖量高于 20 g/100 mL 的糖液中发酵和繁殖会被抑制,因此,在生产高酒度果酒时,要分次加糖,以不影响酵母的正常活动为适宜。加糖量以发酵后的酒精含量作为主要依据,理论上,16.3 g/L 糖可发酵生成 1 度酒精,考虑酵母的呼吸消耗以及发酵过程中生成的产物,实际按 17 g/L 计算。

例如,利用含糖约 13.8%(潜在酒精含量为 7.6%)的葡萄汁 4 000 L,发酵成酒精含量为13%的葡萄酒,则需添加的白砂糖为:

$$(13-7.6)\times17\times4\,000=367\,200\text{ g}=367.2(\text{kg})$$

b. 添加浓缩葡萄汁　在主发酵后期添加,添加时注意酸度,若浓缩葡萄汁的酸度不高,加入后不影响原葡萄汁酸度,可不做任何处理;若浓缩葡萄汁的酸度太高,则在浓缩汁中加适量的碳酸钙中和,降酸后使用。添加量以发酵后的酒精含量作为主要依据。添加浓缩葡萄汁调整糖度前,首先要了解葡萄汁的含糖量、浓缩葡萄汁的含糖量以及调整后葡萄汁的含糖量,然后按十字交叉法计算。

例如,利用含糖约 13.8%(潜在酒精含量为 7.6%)的葡萄汁 4 000 L,发酵成酒精含量为

13%的葡萄酒，已知浓缩葡萄汁的潜在酒精含量为45%，则浓缩葡萄汁的添加量计算如下：

$$4\,000\times(13-7.6)\div(45-13)=675(\text{L})$$

②酸度调整　酸在葡萄酒酿造过程中起重要作用，它可抑制细菌生长繁殖使发酵顺利进行；使红葡萄酒颜色鲜明；酒味清爽，并使酒有柔软感；与醇生成酯，增加酒的芳香；增加酒的贮藏性和稳定性。一般将酸度调整到6～10 g/L，即pH 3.3～3.5。在该酸度下，最适宜酵母菌的生长繁殖，又可抑制细菌繁殖，使发酵顺利进行。

a.添加酒石酸和柠檬酸　一般添加酒石酸对葡萄汁直接增酸，酒石酸最高用量不能超过1.5 g/L；因葡萄酒的质量标准要求葡萄酒的柠檬酸含量小于1.0 g/L，所以柠檬酸的用量一般小于0.5 g/L。对于红葡萄酒，酒精发酵前添加少量酒石酸，有利于色素浸提；若添加柠檬酸，应在苹果酸-乳酸发酵后再加。加酸时，先用少量的葡萄汁将酸溶解，缓慢倒入葡萄汁中，同时搅拌均匀。加酸量以葡萄汁液的含酸量以及调整后葡萄汁所要求的含酸量为主要依据。

例如，葡萄汁的滴定酸度为6.1 g/L(以酒石酸计)，要求调整后的酸度为9.2 g/L(以酒石酸计)，每4 000 L葡萄汁需添加酒石酸的量是多少？

$$(9.2-6.1)\times4\,000=12\,400(\text{g})=12.4(\text{kg})$$

即4 000 L葡萄汁需添加12.4 kg酒石酸。1 g酒石酸相当于0.935 g的柠檬酸，若选用柠檬酸调整葡萄汁的酸度，应添加12.4×0.935=11.594(kg)的柠檬酸。

b.添加未成熟葡萄压榨汁　添加未成熟葡萄压榨汁调整葡萄汁的酸度，首先要了解原葡萄汁的酸度、未成熟葡萄压榨汁的酸度以及调整后葡萄汁的酸度，然后按十字交叉法计算。

例如，原葡萄汁的滴定酸度为6.1 g/L(以酒石酸计)，要求调整后的酸度为9.2 g/L，未成熟葡萄压榨汁的酸度为38 g/L，每4 000 L葡萄汁需添加未成熟压榨葡萄汁的量是多少？

需添加未成熟压榨葡萄汁的量为：

$$4\,000\times(9.2-6.1)\div(38-9.2)=430.6(\text{L})$$

3.酒母的制备

葡萄酒生产常用的酵母有天然葡萄酒酵母、试管斜面培养的优良纯种葡萄酒酵母和活性干酵母。最常用的是后两种，发酵时，酵母的用量为1%～10%。

(1)纯种酵母的扩大培养　纯种酵母的扩大培养包括试管斜面活化、液体试管培养、三角瓶培养、卡氏罐培养和酒母罐培养

①试管斜面活化　长时间低温保藏的菌种已衰老，需转接于5波美度的麦芽汁制成的斜面培养基上，在25 ℃恒温培养1～2 d。

②液体试管培养　于发酵开始前10～15 d进行，取新鲜、澄清果汁，分装于洁净的干热灭菌试管中，每管装10 mL，在0.1 MPa下灭菌20 min，冷却后接入上述斜面试管活化后的酵母菌种，摇动果汁分散菌体。在25 ℃恒温培养。

③三角瓶培养　500 mL三角瓶干热灭菌后，装入250 mL新鲜果汁，在0.1 MPa下灭菌20 min，冷却后接入上述2支液体试管培养的酵母菌种，在25 ℃恒温培养24～30 h。

④卡氏罐培养　取洁净、消毒的10 L卡氏罐，装入6 L新鲜澄清的葡萄汁，常压杀菌1 h，冷却后加入亚硫酸，使SO_2含量为80 mg/L，放置4～8 h。接入上述培养好的三角瓶酵母菌种，摇匀，20～25 ℃恒温培养2～3 d。

⑤酒母培养　可用200～300 L带盖木桶或不锈钢桶培养。将2只容器洗净后用SO_2消毒后，在其中一只装入容量为80%的新鲜葡萄汁，添加亚硫酸，使SO_2含量为100～150 mg/L。静置过夜，取上清液置于另一只酒母桶内，接入上述两罐培养好的卡氏罐酒母，于25 ℃下，培养2～3 d，其间用木耙搅拌1～2次，即可作为生产用酒母。此酒母一般用量为2%～10%。

(2)活性干酵母的使用　酒母制备费工费时，易染杂菌，可采用活性干酵母。此种酵母活细胞含量高，贮藏性好，常温保质期可达2年以上，使用方便。活性干酵母不能直接投入葡萄浆液中进行发酵，需复水活化或扩大培养后使用。

①活性干酵母的复水活化　活性干酵母加至5%新鲜葡萄汁中配成10%的酒母液，在35～42 ℃条件下静置复水20～30 min将酵母活化。

②活性干酵母的扩大培养　复水活化后的酵母需要进行一、二、三级扩大，各级扩大培养的扩大倍数均为5倍，培养基均为新鲜葡萄汁，其中含SO_2 80～100 mg/L，培养条件均为20～25 ℃、2～3 d。

4.发酵及其管理

(1)发酵方法　果酒的发酵方法有开放式与密闭式两种。开放式发酵是将破碎、SO_2处理、成分调整或不调整的浆(汁)在开口式容器内进行发酵的方法。密闭式发酵是将制备的葡萄浆(汁)在密闭的容器内进行发酵的方法。密闭式发酵桶或罐上装有发酵栓，使发酵产生CO_2的能经发酵栓逸出，而外界的空气则不能进入。

(2)发酵设备　发酵设备要能控温，易于洗涤、排污、通风换气良好。使用前应进行清洗，发酵容器一般为发酵与贮酒两用，要求不渗漏、能密闭、不与酒液起化学反应。常用的发酵设备有发酵桶、发酵池和发酵罐。

①发酵桶　一般用橡木、山毛榉木、栎木或栗木制作。圆筒形，上部小、下部大，容积1 000～4 000 L，靠桶底15～40 cm的桶壁上安装出酒阀，桶底开一排渣阀，有开放式和密闭式两种发酵桶。

②发酵池　用钢筋混凝土或石、砖砌成，形状有棱柱形或圆柱形，大小不受限制。池内安放温控设备，池壁、池底用防水粉涂布，也可镶瓷砖。能密闭，池盖略带锥度，以利于气体排出而不留死角。盖上安有发酵栓、进料孔等。池底稍有倾斜，安有酒阀及废水阀。

③发酵罐　目前国内外一些大型企业普遍采用不锈钢、玻璃钢等材料制成的专用发酵罐，如旋转发酵罐、连续发酵罐、自动连续循环发酵罐等。

(3)发酵容器的消毒　葡萄酒发酵容器在使用前必须消毒，防止外界污染。容器消毒可用硫黄熏蒸，硫黄的使用量为8～10 g/m^3。也可用生石灰水浸泡、冲洗，10 L水加生石灰0.5～10 kg，溶解后倒入容器中，搅拌洗涤，浸泡4～5 h，将石灰水放出，再用冷水冲洗干净。木桶杀菌可用SO_2，但不能用SO_2或亚硫酸溶液对未涂涂料的金属罐进行杀菌处理。

(4)开放式发酵过程及其管理　红葡萄酒的发酵采用开放式发酵，发酵过程可分为主发酵(前发酵)和后发酵，即葡萄浆带皮进行主发酵，然后进行皮渣分离，分离皮渣后的醪液进行后发酵。

①主发酵　从将葡萄汁送入发酵容器到新酒出桶的过程为主发酵(前发酵)，主要作用是酒精发酵以及浸提色素和芳香物质。根据发酵过程中发酵醪的变化，主发酵分为发酵初期、发酵中期和发酵后期。

a.发酵初期　将经预处理后的葡萄浆送入发酵设备中，充满系数以80%为宜，接入酒母即开始发酵，接种量为2%左右。发酵初期为酵母繁殖阶段，液面最初平静，随后有微弱CO_2气泡产生，发酵开始。之后，酵母繁殖速度加快，CO_2逸出增多，品温升高，发酵进入旺盛期。此时管理上要控制品温，温度宜在30 ℃以下，不低于15 ℃，最适宜温度为25～28 ℃，同时注意空气的供给，促进酵母繁殖，可将果汁从桶底放出，用泵呈喷雾状返回桶中，或通入过滤空气。

b.发酵中期　为酒精生成期。此时品温升高，要求品温不超过30 ℃。高于35 ℃，醋酸菌容易活动，挥发酸增多，发酵作用也要受阻碍。因此，发酵过程中应注意控制品温，通常采用循环倒池、池内安装盘管式热交换器或外循环冷却等方法控制品温。循环倒池是将发酵醪从桶底放出，用泵循环喷洒回原发酵池的过程。

发酵中期有大量CO_2逸出，甜味渐减，酒味渐增，皮渣上升至液面结成浮渣层（酒帽），酒帽会阻止CO_2排出，热量不易散出，影响酵母菌的正常生长和酒的品质，所以应避免发酵时形成浮渣层。为了保证葡萄酒的质量、使葡萄的色素与芳香成分能浸提完全，有时将酒帽压入发酵醪中，这一操作称为压帽。采用发酵醪循环喷淋、压板式或人工搅拌等方法压帽。压帽可促进果皮与种子中色素、单宁以及芳香成分的浸提；加快热量散失，有利于控温；抑制杂菌侵染；避免CO_2对酵母正常发酵的影响。

c.发酵后期　发酵逐渐变弱，CO_2放出渐少，液面趋于平静；品温逐渐下降，并接近室温；汁液开始澄清，皮渣、酵母开始下降，表明主发酵结束。

主发酵时间因温度而异，一般在25 ℃下发酵5～7 d，在20 ℃下发酵2周，在15 ℃下发酵2～3周。发酵过程中，经常检查发酵醪的品温，糖、酸及酒精含量等。发酵后的酒液呈深红或淡红色，有酒精、CO_2和酵母味，不得有霉、臭、酸味；酒精含量为9%～11%，残糖在0.5%以下，挥发酸在0.04%以下。

②压榨　主发酵结束后，残糖降至5 g/L时，进行皮渣分离。采用特定的压榨设备将葡萄酒和葡萄皮渣分离的操作称为压榨。压榨前，将酒从发酵池或桶的出酒口排出，所得酒称为自流酒。放净后，清理出皮渣进行压榨，得压榨酒。自流酒液的成分与压榨酒液相差很大，若酿制高档酒，应将自流酒单独贮存。压榨可诱发苹果酸-乳酸发酵，起到降低酸度、改善产品口味的作用。

常用的压榨设备有卧式双压板式压榨机、螺旋连续式压榨机和气囊压榨机。

③后发酵　在酒液从发酵池（罐）流出并注入后发酵桶的过程中，空气溶于酒中，酒液中休眠的酵母菌复苏，使发酵作用再度进行，直至将酒液中剩余的糖分发酵完毕，该发酵过程称为后发酵。后发酵的主要目的是将残糖转化为酒精；将发酵原酒中残留的酵母及其他果肉纤维等悬浮物逐渐沉降，使酒液逐渐澄清；促使醇、酸的酯化，起到陈酿的作用。

后发酵桶（罐）应尽可能在24 h内下酒完毕，每桶中留5%～10%空间，安装发酵栓进入后发酵。后发酵要将酒液品温控制在18～25 ℃，注意隔绝空气。每天测量品温、酒精度和残糖2～3次，并做好记录。经2～3周，已无CO_2放出，残糖在0.1%左右，或相对密度下降至0.993～0.998时表示后发酵完成，将发酵栓取下，用同类酒添满，加盖严密封口。待酵母、皮渣全部下沉后，及时换桶，分离沉淀，转入陈酿。

(5)密闭式发酵　果浆（汁）与酒母注入密闭式发酵桶（罐）至八成满，用装有发酵栓的盖密封后发酵。

密闭式发酵的进程与管理和开放式发酵相同。其优点是芳香物质不易挥发，密闭式发酵的酒精浓度比开放式的高约 0.5 ℃，游离酒石酸较多，挥发酸较少。不足之处是散热慢，温度易升高，但在气温低或控温条件下，易于操控。

5.陈酿

新酿成的葡萄酒浑浊、辛辣、粗糙、不适宜饮用。必须经一定时间贮存，以消除酵母味、生酒味、苦涩味和 CO_2 刺激味等，使酒质清晰透明，醇和芳香。这个过程称为酒的陈酿或老熟。

(1)贮酒环境条件　葡萄酒的陈酿在密闭的容器内进行，要求容器不能与酒起化学反应，无异味。贮酒的容器置于贮酒室或酒窖中，以地窖为佳。随着冷却技术的发展，葡萄酒的贮存向半地下、地上或露天贮存方式发展。干红葡萄酒的适宜贮藏温度为 8～11 ℃，相对湿度以85%～90%较为适宜，既防止酒的挥发，又可减少霉菌的繁殖。要定期通风，保持空气新鲜，无异味和 CO_2 的积累。保持室内卫生，定期熏硫，每年用石灰浆加 10%～15%硫酸铜喷刷墙壁。

(2)贮酒期管理

①添桶、换桶

a.换桶　也称倒桶。即将酒液从一个容器倒入另一个容器的过程。目的是清除酒脚，释放 CO_2，吸入一定量的 O_2，促进发酵作用的完成，对葡萄酒的成熟和稳定起着重要作用；通过换桶操作将亚硫酸添加到酒液中，调节酒液中的 SO_2 含量为 100～150 mg/L。换桶的方法有虹吸法和泵吸法。

换桶次数和时间因酒质而定，酒质较差应提早换桶并增加换桶次数。一般发酵结束后8～10 d 第一次换桶，当年 12 月再换桶一次，翌年 2—3 月第三次换桶，8 月换第四次，以后根据情况每年换一次或每 2 年换一次。

b.添桶　由于酒中 CO_2 逸出，酒液蒸发、渗透及收缩，造成贮酒容器内液面下降，酒桶内有大量空气，导致酒液出现氧化和需氧菌侵染，影响酒品质，必须及时添桶。添桶能预防酒的氧化和败坏。

添桶最好是用同批葡萄酒重新添满，最后用高度白兰地或精制酒精轻轻添在液面，以防杂菌感染。一般在春、秋或冬季进行添桶。在第一次换桶后的一个月内，应每周添桶一次，以后在整个冬季，每两周添桶一次。葡萄酒通常在春季和夏季因热膨胀而溢出，要及时检查，并从桶内抽出少量酒液，以防溢酒。

②澄清　葡萄酒是一种胶体溶液，其中的胶体颗粒有由小变大的趋势，颗粒越大，溶液也就越显浑浊，同时导致葡萄酒不稳定；葡萄酒是复杂的液体，其主要成分是水和酒精，还含有有机酸、单宁、糖、蛋白质等，新酒中还含有悬浮状态的酵母、细菌、凝聚的蛋白质等物质，这些都是产生浑浊的原因。

为了保证葡萄酒具有一定的稳定性，且透明度高，在陈酿期间，将新酿制的葡萄酒采取适当的措施处理，固形物沉淀析出。自然澄清的速度慢，时间长。为了加快澄清速度，通常采用下胶或离心处理，除去酒中的大部分悬浮物。

a.下胶澄清　在酒中添加一种有机或无机的不溶性成分，使它与酒液中的悬浮物相互作用而沉淀，下降到容器底部，这种澄清方法称为下胶澄清。

明胶-单宁絮凝法：明胶与单宁作用能形成不溶性的明胶单宁酸酸络合物，此络合物沉降的同时，可使酒中的悬浮颗粒被缠绕而随之沉降。依据下胶试验确定明胶和单宁的具体用量。先将单宁溶解在少量葡萄酒中，用倒池的方法，在 0.5 h 内加入酒池中，静置 24 h，再将明胶用冷水浸泡 12 h，倒去冷水，加入一定量清水，在 70～80 ℃下搅拌溶化，加入酒池中，搅拌均匀。

静置 2～3 周，再除去酒脚。

下胶时，如果明胶用量过多，与单宁用量不相适应，则酒液澄清不好。有时即使酒完全透明，但其中仍存在单宁和蛋白质，若与空气接触，装瓶后会由于温度变化而发生浑浊沉淀。下胶过量的葡萄酒中必须加入适量单宁，将酒中过量的胶沉淀除去；也可加入皂土，这种胶质黏土具有吸附作用，能除去过剩的明胶。

添加鸡蛋清法：每 100 升红葡萄酒添加 2～4 个鸡蛋的蛋清。将蛋清搅拌至起泡，然后加入葡萄酒中，搅拌均匀。其澄清作用快，适于红葡萄酒的下胶处理，但处理不当会使酒带异味。静置一定时间，再去除酒脚。

添加皂土法：皂土的添加分两次进行，在调配前添加 0.03%，调配后，在冷处理时的酒桶中再加 0.01%，同时连续搅拌一定时间，静置后去除“酒肚子”。一般用于澄清蛋白质浑浊、金属浑浊或微生物感染的葡萄酒。

b. 离心澄清　高速离心机可以将酒中的杂质与微生物在极短的时间内沉淀。离心法效率高，可有效去除微生物细胞，预防葡萄酒在贮存中的败坏。

③过滤

a. 过滤方法的选择　要获得清亮透明的葡萄酒，必须将下胶处理与冷热处理后的葡萄酒过滤，不同阶段采用不同的过滤方法。第一次过滤，在下胶澄清或调配后，采用硅藻土过滤机进行过滤。第二次过滤，葡萄酒经冷处理后，在低温下利用棉饼过滤机或硅藻土过滤机过滤。第三次过滤，葡萄酒装瓶前，采用纸板过滤或超滤膜精滤。

b. 常用的过滤方法

硅藻土过滤：硅藻土的密度小，是多孔性物质，比表面积大；硅藻土的吸附和渗透性强，能滤除 0.1～0.01 μm 的粒子，且化学性质稳定。

硅藻土的过滤包括硅藻土的添加、涂膜和过滤等操作。硅藻土的添加：过滤前，先将一部分硅藻土混入葡萄酒中，根据酒液浑浊程度，每 100 L 葡萄酒中加硅藻土 40～120 g，搅拌均匀。涂膜、过滤：用泵使添加硅藻土的酒液在过滤机中循环处理，直至过滤后的酒液清亮，则可进行连续的过滤处理。

薄板过滤：过滤用薄板是精制木材纤维、石棉和硅藻土压制而成的。配料影响薄板的过滤性能，石棉用量加大时，薄板的吸附作用强，过滤能力弱；硅藻土的用量较大时，薄板的通透性强，过滤能力强。所以精滤板中石棉的比例偏大，粗滤板中石棉的比例偏小。

薄板上沉积过多酒中的微粒时，用反冲法清洗。热水逆流而入，然后用 85～95 ℃蒸汽杀菌，降至与酒液相同的温度才能用于过滤。

微孔滤膜过滤：微孔滤膜是采用合成纤维、塑料和金属制成的孔径很小的薄膜。薄膜厚度仅 130～150 μm，孔径 0.5～14 μm，抗酸碱，耐热。微孔过滤一般用于精滤，选择孔径 0.5 μm 以下的薄膜过滤，可有效除去酒中的微生物，滤出无菌酒液，配合无菌灌装，产品可以不进行装瓶后杀菌。

④冷热处理　葡萄酒在自然条件下的陈酿时间很长，一般在 2～3 年及以上。酒液经澄清处理后，透明度还不稳定。为了提高稳定性，需对葡萄酒进行冷热处理。冷处理主要是加速酒中胶体物质沉淀，促进有机酸盐的结晶沉淀，低温使氧气溶入酒中，加速陈酿；热处理使酒的风味得到改善，有助于增强酒的稳定性，杀灭并除去酵母、细菌与氧化酶等有害物质。冷热交互处理，兼有两种处理的优点，并能克服单独使用的弊端。

a.冷处理　不同的酒冷处理的温度不同，一般是将葡萄酒置于高于冰点温度 0.5 ℃的环境下，放置 4～5 d，最多 8 d。对于酒度低于 13%的葡萄酒，其冰点约为酒精度值的一半。冷处理要求降温迅速，才会有理想的效果，但不得使酒液结冰，酒液结冰会导致变味。冷处理后，在相同的温度下过滤。

b.热处理　在密闭容器内将葡萄酒间接加热至 50～52 ℃处理 25 d 效果最理想。

6.调配

为了获得质量稳定的葡萄酒，出厂前需要对酒进行调配。调配的目的是使同品种酒保持其固有特点并达到各自的质量标准，提高酒质，改良酒的缺点。

成品调配包括勾兑和调整两项内容。勾兑是选择原酒，并按适当比例混合，目的是使不同品质的酒互相取长补短。调整是对勾兑酒的某些成分进行调整或标准化。调整的指标主要有：

(1)酒度　原酒的酒精度若低于产品标准，用同品种高度酒调配，或同品种葡萄蒸馏酒或精制食用酒精调配。

(2)糖分　糖分不足，用同品种浓缩果汁或精制白砂糖调整。

(3)酸度　酸度不足，加柠檬酸补充，1 g 柠檬酸相当于 0.935 g 酒石酸。酸度过高，用中性酒石酸钾中和。

(4)颜色　红葡萄酒若色调过浅，可用深色葡萄酒或糖色调整。

7.包装、杀菌

(1)包装　葡萄酒常用玻璃瓶包装。空瓶先用 30～50 ℃、2%～4%的碱液浸泡，再用清水冲洗，最后用 2%亚硫酸溶液冲洗消毒。优质葡萄酒配软木塞封口，要求木塞表面光滑，弹性好，大小与瓶口吻合。

(2)杀菌　杀菌有装瓶前杀菌和装瓶后杀菌。装瓶前杀菌是将酒经快速杀菌器 90 ℃、1 min 杀菌后迅速装瓶密封；装瓶后杀菌是将酒先装瓶适量，再经 60～70 ℃、10～15 min 杀菌。另外，对酒精度在 16%以上的干葡萄酒及含糖 20%以上、酒精度在 11%以上的葡萄酒，可不杀菌。

装瓶、杀菌后的葡萄酒，再经一次光检，合格品即可贴标、装箱、入库。软木塞封口的酒瓶应倒置或卧放。

(三)红葡萄酒的产品质量标准

干红葡萄酒质量标准：呈紫红色，澄清透明。具有醇正、清雅、优美和谐的果香及酒香。有洁净、醇美、幽雅爽干的口味，和谐的果香味和酒香味。酒精度为 7%～13%(体积分数)，总糖(以葡萄糖计)≤4 g/L，总酸(以酒石酸计)5～7.5 g/L，挥发酸(以乙酸计)≤1.1 g/L。

任务二　果醋的酿造技术

果醋酿造方法根据发酵过程中发酵醪的形态不同分为液态发酵法、固稀发酵法和固态发酵法。在实际生产过程中，应根据不同原料的特性选择相应的酿造方法和工艺流程。

(一)工艺流程

液态发酵法果醋酿造工艺流程如图 9-1 所示。

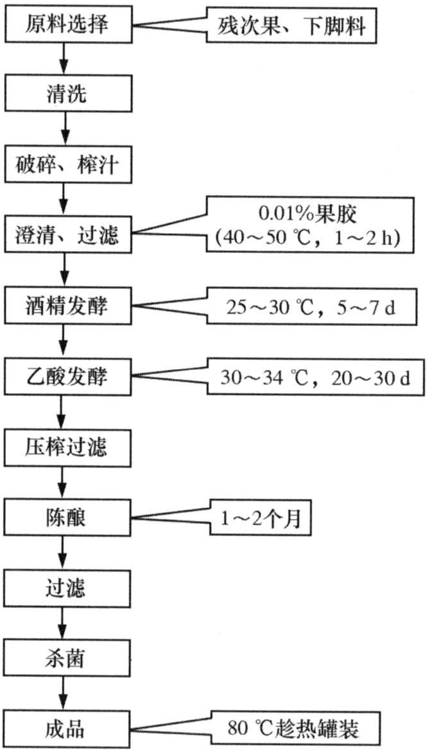

图 9-1 液态发酵法果醋酿造工艺流程

(二)工艺要点

1. 原料的选择与处理

要求无腐烂变质、无酒精发酵、无污染的成熟原料。可用残次裂果及果渣等下脚料进行果醋的酿造。将原料充分冲淋洗涤。为了减少农药污染,可用一定浓度的盐酸或氢氧化钠溶液浸泡洗涤。将果实去杂,切去病斑、烂点与果柄,然后用自来水清洗,切分后去心。

2. 破碎、榨汁

用破碎机破碎处理,果实的种类不同采用的破碎方法和破碎的粒度也不同。采用磨浆机破碎汁液丰富、带种子或核果实,磨浆机可将种子、果核、果皮与果浆分离;用打浆机破碎无核果实或经前处理后去核的果实。有些果实破碎前需软化和护色。如果热处理对产品的风味影响不大,一般采用热处理实现护色和软化。热处理可以提高榨汁率。为了提高榨汁率,破碎的果浆用果胶酶处理。

3. 果汁调配

理论上 17 g/L 的糖约可生成 1.04%(体积分数)或 1.09%(质量浓度)的乙酸。实际转化率较低,一般只能达到理论值的 85%左右,即 17 g/L 的糖实际上约可生成 0.884%(体积分数)或 0.92%(质量浓度)的乙酸。我国食醋质量标准规定,一级食醋的乙酸含量为 5.0 g/100 mL,

二级食醋的乙酸含量为3.5 g/100 mL。生产一级醋要求果汁的含糖量为92.4 g/L，生产二级醋要求果汁的含糖量为64.7 g/L。根据生产的食醋等级调整果汁的含糖量，特别是含糖量不足时，要求添加糖、浓缩果汁或糖浆来调整果汁的含糖量，确保产品中乙酸的含量达到质量标准要求；如果果汁中糖含量达到或超过潜在发酵力的要求，果汁的糖含量可不予调整。一般果汁中的氮源不足，不能满足酵母和醋酸菌生长繁殖的要求，所以，发酵前在果汁中添加铵盐，一般添加120 g/1 000 L的硫酸铵和磷酸铵。酒精发酵前，在果汁中添加150～200 g/1 000 L的SO_2，防止酒精发酵过程中杂菌的侵染，确保酒精发酵的顺利进行。

4.酒精发酵

(1)酒母的制备　酒母的制备同葡萄酒的加工，也可用活性干酵母代替酒母。活性干酵母使用前要活化，活化的方法同果酒的加工。

(2)酒精发酵　果汁在发酵前添加酒母，酒母的添加量为3%～5%，若用活性干酵母代替酒母，则活性干酵母的添加量为150 g/1 000 L。同时向果汁中添加果胶酶，使果胶分解，有利于成品果醋的澄清与过滤。

在发酵罐或发酵池中进行酒精发酵，酒精发酵的温度为25～30 ℃，时间为5～7 d，果汁酒精度为5～8度，发酵醪中的残糖降至0.5%以下，表示酒精发酵结束。

(3)粗滤　酒精发酵后，发酵醪采用压榨过滤机或硅藻土过滤机过滤，也可用离心分离机分离，然后将酒液放置1个月以上，促进澄清。

5.乙酸发酵

(1)醋母的制备

①固体斜面活化　培养基：1.4%豆芽汁或6度酒液100 mL，葡萄糖3 g，酵母膏1 g，琼脂2～2.5 g、碳酸钙2 g，混合，加热熔化，分装于干热灭菌的试管中，于1 kg/cm^2压力下灭菌15 min，取出，未凝固前加入50%酒精0.6 mL，摆斜面，无菌操作接原种，26～28 ℃恒温培养2～3 d即可。

②液体扩大培养　取果酒100 mL、葡萄糖0.3 g、酵母膏1 g、装入干热灭菌的500～800 mL三角瓶中，灭菌，接种前加入75%酒精5 mL，接入斜面固体培养的菌种1～2针，于26～28 ℃恒温，培养2～3 d，要采取振荡培养或每天摇瓶6～8次，即成。培养成熟的菌种，再接入准备乙酸发酵的酒液或固体酒醅中，再扩大20～25倍，在26～28 ℃的条件下培养3～4 d，成熟的醋母供生产用。液态培养的醋母用于液态乙酸发酵，固态培养的醋母用于固态和固稀发酵法。醋母质量要求：总酸(以乙酸计)1.5%～1.8%，革兰氏染色阴性，无杂菌，形态正常。

(2)发酵醪的调配　酒精发酵结束后，若不能及时进行乙酸发酵，在发酵醪中加入10%的新鲜果醋，降低pH，预防有害菌的侵染，可贮存1个月，在醋酸发酵前，将酒精含量调整为7%～8%，再添加120 g/100 L的铵盐。

(3)乙酸发酵　可采用液体发酵法。保持果酒酒度为5～8度，装入醋化器中，装入量为容器的1/3～1/2，接种醋母液5%～10%，搅匀，保持发酵液品温30～34 ℃，进行静止发酵，经2～3 d，液面有薄膜出现，证明醋酸菌膜已形成，乙酸发酵开始。发酵期间每天搅拌1～2次，经20～30 d，经化验，酸度不再升高，即告发酵结束。取出大部分果醋，留下醋膜及少量果醋再补充果酒继续醋化。

6. 粗滤、陈酿

为进一步提高果醋色泽、香气、滋味等的形成，提高果醋品质和澄清度，乙酸发酵结束后，用压榨机或硅藻土过滤机将乙酸发酵醪过滤，然后将产品泵入木桶或不锈钢罐内陈酿。陈酿时间为1～2个月。未经过滤的乙酸发酵醪也可直接陈酿，陈酿结束后吸取上清液，沉淀部分进行压榨提取，将上清液与压榨提取液混合。

7. 精滤、调配

为了避免醋在装瓶后发生浑浊，将充分陈酿的苹果醋用水稀释到要求的浓度，然后精滤。精滤的方法有添加澄清剂法和超滤膜过滤法。

在陈酿后的5 000 L醋液中添加1 kg明胶和2 kg的膨润土，搅拌均匀，然后静置1周以上，取上清液过滤。硅溶胶与明矾法是一种快速澄清法。在5 000 L的醋液中添加浓度为30%的硅溶胶，然后再添加2 kg的明矾，搅拌均匀，在数小时内澄清，且在容器的底部形成一层紧密的沉淀物，取上清液过滤。

超滤膜法的过滤效果更好。用泵将陈酿后的醋液泵入膜分离设备，透过膜的部分为成品，酵母菌、细菌和高分子成分被阻留而分离出来。超滤膜法将酵母菌、细菌和高分子成分滤去，起到过滤和杀菌的双重作用，所以超滤后的醋液采用无菌灌装，可免于杀菌。

8. 杀菌、包装

精滤后的醋液用板式热交换器杀菌，杀菌温度在65～85 ℃。杀菌后趁热灌装。包装容器有玻璃瓶、塑料瓶或塑料袋。塑料瓶（袋）有聚乙烯塑料瓶（袋）、复合塑料瓶（袋）或PET塑料瓶（袋）。玻璃瓶可采取杀菌后趁热灌装，而塑料瓶（袋）则要求冷却后灌装。聚乙烯塑料瓶（袋）有一定的透气性，所以灌装于聚乙烯塑料瓶（袋）内的苹果醋会出现浑浊。复合塑料或PET塑料的阻气性好，所以灌装于复合塑料瓶（袋）或PET塑料瓶（袋）的醋不易发生浑浊现象。

（三）果醋的质量标准

感官指标：具有果醋特有的香气，无其他不良异味。正常色泽为琥珀色或红棕色。酸味柔和，稍有甜味，不涩。体态澄清，浓度适当。无悬浮物、沉淀物，无霉花浮膜，无“醋鳗”“醋虱”。

理化指标：总酸（以乙酸计）≥3.5%，游离矿酸不得检出，砷（以As计）≤0.5 mg/L，铅（以Pb计）≤1 mg/L，黄曲霉毒素B_1≤5 μg/kg，食品添加剂按GB 2760规定执行。

细菌指标：细菌总数≤5 000个/mL，大肠菌群≤3个/100 g，致病菌（肠道致病菌）不得检出。

知识拓展

葡萄酒加工中常见的质量问题及解决途径

（一）生膜

1. 生膜的原因及其对酒质的影响

生膜又称生花，是果酒表面生长一层灰白色或暗黄色、光滑而又薄的膜，随后逐渐增厚、变硬，膜的表面起皱纹，膜将酒面全部盖满。震动使膜破碎成小块，使酒浑浊，且酒呈现令人不愉快的气味。

生膜是酒花菌类繁殖造成的。它们的种类很多，主要是膜蹼酵母菌。该菌在酒度低、空气充足、24～26 ℃时最适宜繁殖，当温度低于 4 ℃或高于 34 ℃时停止繁殖。

2. 处理方法

①防止酒液表面与空气过多接触；②贮酒容器应经常添满，密闭贮存；③在酒面上加一层液体石蜡隔绝空气；④在酒液表面上层经常充满一层二氧化碳或二氧化硫气体；⑤在酒液表面上层经常保持一层高浓度酒精；⑥要保持周围环境及容器内外的清洁卫生。若已经生膜，则需用漏斗插入酒中，加入同类酒，充满贮酒容器，使酒花溢出而除去，不可将酒花冲散。生膜严重时，采用过滤法除去酒花后继续保存。

(二)果酒的变味

1. 变味的原因及其对酒质的影响

常见的果酒变味有酸味、霉味、苦味、硫化氢味和乙硫醇味，可能是微生物引起的变味，也可能是其他原因，其中酸味、霉味、硫化氢味和乙硫醇味是微生物引起的变味。苦味多由种子或果梗中的糖苷物质的浸出而引起，有些微生物的侵染也可使果酒呈苦味。

(1)变酸的原因及其对酒质的影响　果酒变酸主要是醋酸菌发酵引起的。醋酸菌将酒精氧化成乙酸，使果酒具有刺舌感。若乙酸含量超过 0.2%就会感觉有明显的刺舌感，不宜饮用。有时醋酸菌繁殖时，在酒液表面生出一层淡灰色薄膜，最初是透明的，以后逐渐变暗，有时变成一种玫瑰色薄膜，出现皱纹，并沿器壁生长而高出酒的液面。影响果酒的外观质量。此外，乳酸杆菌污染也可导致果酒变酸，且酒中出现丝状浑浊，酒桶底部产生沉淀，有轻微气体产生，具有酸白菜或酸牛奶味。

(2)霉味的产生及其对酒质的影响　使用长霉的盛器或清洗除霉不严器具以霉烂的原料未能除尽等都会使酒产生霉味。

(3)苦味的产生及其对酒质的影响　苦味多由种子或果梗中的糖苷物质的浸出而引起，有些病菌的侵染也可使果酒呈苦味，常在陈酿的红葡萄酒中发生。

(4)硫化氢味和乙硫醇味的产生及其对酒质的影响　酒中的固体硫被酵母菌还原为硫化氢和乙硫醇，使酒呈臭皮蛋味或大蒜味。

2. 处理方法

(1)防止果酒变酸的方法　防止果酒变酸的方法与防止果酒生膜的方法相同。对已感染醋酸菌的果酒，只能采取加热灭菌，即在 72～80 ℃保持 20 min。对于贮存微生物引起变味果酒的容器要用碱水洗泡，刷洗干净，用硫黄杀菌后方可使用。

(2)防止果酒产生霉味、硫化氢味和乙硫醇味的方法　对于生霉的盛器，应彻底清洗除霉；尽可能除去所有霉烂的原料。用活性炭处理有霉味的果酒，可减轻或去除其中的霉味。硫处理时切勿将固体硫混入果汁时，利用加入过氧化氢等方法可有效预防和去除硫化氢味和乙硫醇味。

(3)防止果酒产生苦味的方法　因葡萄种子或果梗中的糖苷物质的浸出而引起的果酒变苦，可通过加糖苷酶分解，或提高酸度使其结晶，然后过滤除去。因微生物侵染而引起的果酒变苦，换桶时防止果酒与空气接触，并及时采用二氧化硫杀菌，或进行加热杀菌，杀菌后的苦味果酒经分离沉淀、纯种酵母培养或新鲜葡萄皮渣浸渍等处理,可有效去除酒中的苦味。

(三)变色

引起果酒变色的因素很多,果酒中含有的某些矿物质会导致果酒变色,酶促褐变、微生物的作用均可导致果酒变色。

1. 矿物质元素引起的变色及其处理

由于土壤、肥料的原因,使能够引起果酒变色的矿物质元素在原料中富集,然后进入果酒,生产设备及容器所含金属元素也可能溶解到酒中。其中铁或铜及其磷酸盐引起的果酒变色最常见。

(1)铁元素引起的变色及其处理　果酒中铁的含量超过 10 mg/L,在有氧条件下,会生成蓝色不溶性化合物,使酒产生蓝色浑浊,称为蓝色破败病或铁破败病。铁与磷酸盐化合物则会生成白色沉淀,称为白色败坏。

生产果酒时应尽可能避免使用铁器,防止设备或容器中的铁溶解到酒中;如果果酒中的铁是从原料进入酒中的,可在发酵前的果汁中添加明矾、单宁,生成不溶性含铁化合物,滤除沉淀物。此外,防止酒过分接触空气,保持一定的二氧化硫含量,可预防铁破败病。对已产生铁破败病的酒,可采取添加明矾、单宁法;也可采用下胶的方法将不溶性含铁化合物除去。

(2)铁元素引起的变色及其处理　铜元素进入果酒中的途径与铁元素相同。铜进入果酒中,生成蓝绿色的含铜化合物,并出现沉淀,称为铜破败病。通过防止铜进入酒中来预防此病,进入酒的铜可用硫化钠除去。

2. 氧化酶引起的变色及其处理

在果酒生产过程中,果汁或果酒与空气接触过多时,氧化酶在有氧条件下将酚类化合物氧化,形成褐色或棕色物质,称为褐色败坏。预防措施:做好原料分选工作,除去霉烂果实;果汁中添加一定量的二氧化硫、维生素 C 或单宁等;将果汁热处理,破坏酶的活性。

3. 微生物引起的变色及其处理

果酒中侵染了丙酸菌,发酵产生丙酸和乙酸,使红色酒变为黄褐色,酒液浑浊,失去芳香滋味,出现苦涩味。提高酒的酸度可以防止丙酸菌发酵。

(四)浑浊

果酒浑浊的原因包括生物因素和非生物因素。

1. 生物因素

果酒在发酵完成后,以及澄清后分离不及时,由于酵母菌体的自溶或被腐败性细菌分解而产生浑浊;由于再发酵或醋酸菌等的繁殖而引起浑浊。

2. 非生物因素

有机酸盐的结晶析出,色素单宁物质析出,以及蛋白质沉淀等导致酒液浑浊;下胶不适当引起的浑浊。

非生物因素导致的浑浊以及酵母菌体自溶或被腐败菌所分解而产生浑浊,可采用下胶过滤法除去。由于再发酵或醋酸菌等的繁殖而引起的浑浊,需先巴氏杀菌,再下胶处理。

复习思考题

1.葡萄酒与果醋发酵的原理有何区别?

2.根据加工工艺不同将果酒分为哪几类?其加工工艺上的主要区别是什么?

3.发酵果酒常见质量问题有哪些?不同质量问题产生的原因是什么?其相应的预防措施有哪些?

4.果醋酿造方法有哪几种?

项目十

蔬菜腌制品加工技术

学习目标

1. 了解蔬菜腌制品的分类和各种腌制品的特点。
2. 掌握蔬菜腌制品色、香、味形成的机理。
3. 掌握蔬菜腌制品的保藏原理。
4. 理解蔬菜腌制过程中生物的发酵作用及蛋白质的分解对腌制品质量的影响。
5. 掌握蔬菜腌制品原料选择及不同制品的加工工艺。

工作任务及要求

1. 原料的前处理。选择适宜的蔬菜品种，并根据蔬菜的生长特性确定采收期、制订合理的运输方案，以及腌制前的挑选、清洗、切分等准备工作。

2. 泡菜盐水的制备。准确计算食盐、白糖、调料的添加量，根据质量及使用时间的不同配制成不同的泡菜盐水。

3. 泡制及管理。根据加工量选择适宜的入坛泡制方法。定期检查，添加坛沿水，并防止泡菜劣变；能根据泡菜变质的情况，采取正确的补救措施。

4. 酱汁的配制。准确计算醋、食盐、白糖、调料的添加量，配制酱汁。

岗位技术知识

知识点一　腌制品的分类

蔬菜腌制是利用食盐以及其他物质添加渗入蔬菜组织内，降低水分活度，提高结合水量及渗透压或脱水等作用，有选择地控制有益微生物活动和发酵，抑制腐败菌的生长，从而防止蔬菜变质，保持其食用品质的一种保藏方法。

蔬菜腌制在我国有悠久的历史，其加工方法简单，成本低，容易保存，并具有独特的色、香、味是人们餐桌上和烹饪中不可缺少的加工制品。在各地有不少的著名产品，如北京冬菜、扬州镇江酱菜、四川榨菜、云南大头菜、浙江萝卜条、广东酥姜，均畅销国内外。长期以来，加工方法不断改进，产品质量不断提高。低盐、增酸、适甜是蔬菜腌制品发展的方向。

蔬菜腌制品的种类繁多。根据腌制工艺和食盐用量的不同，以及是否有发酵作用等的差异，可分为发酵性腌制品和非发酵性腌制品两大类。

1. 发酵性腌制品

腌制时食盐用量较低，在腌制过程中有显著的乳酸发酵现象，并伴有轻微的酒精发酵，利用乳酸菌发酵所产生的乳酸与加入的食盐及香辛料等的综合作用达到改善质量和增进风味的目的。根据腌制方法和产品状态，可分为半干态发酵的和湿态发酵的两类。

(1)半干态发酵腌制品　先将菜体经风干或人工脱去部分水分，然后进行盐腌，自然发酵后熟而成，如榨菜、冬菜。

(2)湿态发酵腌制品　用低浓度的食盐溶液浸泡蔬菜或用清水发酵白菜而成的一种带酸味的蔬菜腌制品，如泡菜、酸白菜。

2. 非发酵性腌制品

腌制时不经发酵或仅有微弱的发酵，主要是利用高浓度的食盐、糖、香辛料等的综合作用进行保藏并改善风味。制品依据所含配料及风味不同，分为三类。

(1)盐渍品　用较高浓度的食盐溶液腌制而成，如咸菜。

(2)酱渍品　蔬菜经盐渍成咸坯后，再经过脱盐、酱渍过程制成，如酱菜。

(3)糖醋渍品　将蔬菜制成坯并脱盐后，再经糖醋渍而成，如糖醋蒜。

知识点二　腌制品加工的基本原理

蔬菜腌制主要是利用食盐的高渗透性、微生物的发酵作用、蛋白质的分解作用及其他一系列的生物化学作用，抑制有害微生物的活动和改善产品的色香味、增强制品的保藏性能。

(一)盐在蔬菜腌制中的作用

1. 食盐的脱水作用

食盐溶液具有较高的渗透压，1%的食盐可产生 1.8×10^4 Pa 的渗透压，腌制时食盐用量在 4%～15%，能产生 2.5×10^5～9.3×10^6 Pa 的渗透压。大多数微生物细胞渗透压为 3.5×10^5～1.7×10^6 Pa。食盐溶液渗透压大于微生物细胞渗透压，微生物细胞内的水分会外渗产生生理脱水，造成质壁分离，从而使微生物活动受到抑制，甚至会由于生理干燥而死亡。不同种类的微生物耐盐的能力不同，一般对蔬菜腌制有害的微生物对食盐的抵抗力较弱(表 10-1)。所以蔬菜腌制时，常用 10%以上的食盐溶液，相当于产生 6.1×10^6 Pa 以上的渗透压，来抑制微生物活动，达到保存的目的。

表 10-1 几种微生物能忍耐的最大食盐浓度

菌种名称	食盐浓度/%	菌种名称	食盐浓度/%
植物乳杆菌	13	肉毒梭菌	6
短乳杆菌	8	变形杆菌	10
发酵菌	8	醛酵母菌	25
甘蓝酸化菌	12	霉菌	20
大肠杆菌	6	酵母菌	25

2. 食盐的防腐作用

食盐分子溶于水后发生电离，并以离子状态存在，溶液中的 Na^+、K^+、Ca^{2+}、Mg^{2+} 等在浓度较高时会对微生物产生生理毒害作用。食盐的防腐效果随浓度的提高而加强，但浓度过高会延缓有关的生物化学作用，当盐浓度达到 12%时，会使制品咸味过重且风味不佳，因此用盐量必须适合。

3. 食盐溶液对酶活力的影响

酶是一种由蛋白质构成的生物催化剂。其作用依赖于特有的构型，食盐溶液中 Na^+、Cl^- 与酶蛋白质分子的中肽键结合，破坏了酶的空间构型，使其催化活性降低，使微生物的生命活动受到抑制。

4. 食盐溶液降低微生物环境的水分活度

食盐溶于水就会电离成 Na^+ 和 Cl^-，每个离子都迅速和周围的自由水分子结合成水合离子，随着溶液中食盐浓度的增加，自由水的含量会越来越少，水分活度会下降，大大降低微生物利用自由水的程度，使微生物生长繁殖受到抑制。

5. 食盐溶液中氧气的浓度下降

食盐能降低水中氧的溶解度，形成缺氧环境，从而抑制需氧微生物的活动。

(二)腌制过程中微生物的发酵作用

在腌制品加工中有不同程度的微生物发酵作用，有利于保藏的发酵作用有乳酸发酵，微量的酒精发酵和乙酸发酵，不但能抑制有害微生物的活动，同时使制品形成特有风味。也有不利于保藏的有害发酵作用，如丁酸发酵等，腌制中要尽量抑制。

1. 乳酸发酵

乳酸发酵是乳酸菌利用单糖或双糖作为基质积累乳酸的过程。一般认为，凡是能产生乳酸的微生物都称为乳酸菌。任何蔬菜腌制品在腌制过程中都存在乳酸发酵，但有强弱之分，这是腌制过程中最主要的发酵作用，根据发酵机理和产物可分为两类。

(1)正型乳酸发酵　正型乳酸发酵又称同型乳酸发酵，即乳酸菌将单糖、双糖发酵成乳酸，不产生其他物质，产酸量高，在适宜条件下可积累乳酸量达 1.5%～2.0%，此种发酵作用在腌制中占主导地位。

$$C_6H_{12}O_6\text{(单糖)} \longrightarrow 2CH_3CHOHCOOH\text{(乳酸)}$$

(2)异型乳酸发酵　异型乳酸菌除将单糖、双糖发酵成乳酸外，还可以产生其他物质(酒精、二氧化碳）。

$$C_6H_{12}O_6 \longrightarrow CH_3CHOHCOOH + C_2H_5OH + CO_2\uparrow$$

蔬菜腌制前期，由于蔬菜中含有空气，并存在大量微生物，异型乳酸发酵占优势，中后期以正型乳酸发酵为主。异型乳酸发酵会在腌制品的表面产生黏性物质，使产品变软，当食盐浓度达到10%或乳酸含量达到0.7%以上，其便会受到抑制。

2. 酒精发酵

酵母菌将蔬菜中的糖分解成酒精和二氧化碳。酒精发酵生成的乙醇，对于腌制品后熟期中发生酯化反应而生成芳香物质起到很重要的作用。

$$C_6H_{12}O_6 \longrightarrow 2C_2H_5OH + 2CO_2\uparrow$$

3. 乙酸发酵

在蔬菜腌制过程中醋酸菌能氧化乙醇而生成微量的乙酸。极少量的乙酸无害，可累积量增加就会对品质产生影响。醋酸菌是好气性菌，隔离空气可防止乙酸的产生。

$$C_2H_5OH + O_2 \longrightarrow CH_3COOH + H_2O$$

制作泡菜、酸菜需要利用乳酸发酵，而制作咸菜、酱菜则必须控制乳酸发酵，否则咸菜、酱菜制品变酸，成为产品败坏的象征。

(三)蛋白质的分解及其他生化作用

蛋白质的分解作用及其产物氨基酸的变化是腌制过程中的生化作用，它是腌制品色、香、味的主要来源。蛋白质在蛋白酶作用下，逐步分解为氨基酸而氨基酸本身具有一定的鲜味和甜味。如果氨基酸进一步与其他化合物作用可形成复杂的产物。蔬菜腌制品色、香、味的形成都与氨基酸的变化有关。

1. 鲜味产生

蔬菜腌制品鲜味的来源是蛋白质水解所生成的各种氨基酸，其中主要是由谷氨酸与食盐作用生成的谷氨酸钠。

$$COOHCH_2CH_2CH(NH_2)COOH + NaCl \rightarrow HCl + COONaCH_2CH(NH_2)COOH$$

除了谷氨酸钠外，天冬氨酸、甘氨酸、丙氨酸、丝氨酸等均可生成相应的盐，使腌制品鲜味增强。此外乳酸等本身也能赋予产品一定的鲜味。

2. 香气的形成

香气是评定蔬菜腌制品质量的一个指标。产品中的风味物质，有些是蔬菜原料和调味辅料本身所具有的，有些是在加工过程中经过物理变化、化学变化、生物化学变化和微生物的发酵作用形成的。如氨基酸和乙醇作用生成氨基丙酸乙酯。乳酸和乙醇作用生成乳酸乙酯，氨基酸还能与戊糖的还原产物4-羟基戊烯醛作用，生成含有氨基类的烯醛类香味物质，都为腌制品增添了香气。此外，乳酸发酵过程除生成乳酸外，还生成具有芳香味的双乙酰，十字花科蔬菜中所含的芥子苷在酶的作用下分解产生的芥子油，也给腌制品带来芳香。

3. 色泽的形成

在蔬菜腌制加工过程中，色泽的变化和形成主要通过下列途径。

蔬菜中含有多酚类物质、氧化酶类，所以蔬菜在腌制加工中会发生酶促褐变。对于深色的酱菜、酱油和醋腌制的产品来说，褐变反应所形成的色泽正是这类产品的正常色泽。

蔬菜腌制品在发酵后熟期，蛋白质水解生成的氨基酸能与还原糖作用发生非酶褐变形成黑色物质；酪氨酸在酪氨酸酶的作用下，生成一种深黄褐色或黑褐色的物质，称为黑色素，使腌制品具有光泽。腌制品的后熟时间越长，温度越高，制品颜色越深。另外，腌制过程中叶绿素也会发生变化而逐渐失去鲜绿色泽，特别是在酸性介质中叶绿素发生脱镁呈现黄褐色，也使腌制品色泽改变。

蔬菜腌制品中的辅料酱油、酱、食醋、红糖等，在腌制过程中，蔬菜组织细胞吸附辅料中的色素与风味物质，使腌制品呈现某种色泽。此外腌制原料本身含有或在腌制过程中添加的食用色素，也可使腌制品具有相应色泽。

（四）香料与调味料的防腐作用

一些香料和调味品，如大蒜、生姜、酱、醋、红糖液等，在制品中起着调味作用，同时还具有不同程度的防腐能力。如大蒜组织中含有蒜氨酸，在细胞破碎时，蒜氨酸在蒜氨酸酶的作用下分解为具有强烈杀菌作用的挥发性物质，即蒜素。又如十字花科蔬菜芥菜等组织中含有芥子苷，在芥子分解酶的作用下，能分解为芥子油，也具有很强的防腐能力，而豆蔻、芫荽等所含的精油防腐能力相对较弱。另外，醋可以降低环境的 pH，有利于杀菌。

（五）腌制蔬菜的护绿与保脆

1. 护绿

酱菜在腌制过程中失绿的原因主要是蔬菜中的叶绿素在酸性介质中容易脱镁，形成脱镁叶绿素，变成黄褐色而使其绿色无法保存。非发酵性的腌制品，如咸菜类在其后熟过程中，也会逐渐变成黄褐色或黑褐色。

蔬菜在腌制中为了保持绿色，常采取的措施有：先将原料经沸水烫漂，以钝化叶绿素酶，防止叶绿素被酶催化而变成叶绿醇（绿色褪去），可暂时的保持绿色；在烫漂液中加入微量的碱性物质如碳酸钠或碳酸氢钠，使叶绿素变成叶绿素钠盐，也可使制品保持一定的绿色。

2. 保脆

蔬菜在腌制和保存过程中如处理不当，可造成组织软化现象。蔬菜的脆性主要与鲜嫩细胞的膨压和细胞壁的原果胶变化有密切关系，其失脆的原因主要有：蔬菜失水萎蔫致使细胞膨压降低，脆性减弱；腌制前原料过熟，原果胶被蔬菜自身的果胶酶水解，或在腌制中某些微生物分泌的果胶酶，水解生成果胶酸，失去黏结作用，导致腌制品的硬度下降，甚至软烂。

蔬菜腌制品加工中常用的保脆措施有：晾晒和盐渍用盐量必须恰当，使产品保持一定含水量，以利于保脆；蔬菜成熟适度、无损伤，加工过程中注意抑制有害微生物活动；腌制前将原料放入溶有钙盐的溶液中短时间浸泡，钙离子能与果胶酸作用生成果胶酸钙的凝胶。

常用的保脆剂是氯化钙或石灰水，其用量以菜重的 0.05% 为宜。

（六）影响腌制的因素

蔬菜腌制工艺中影响腌制的因素有食盐浓度、酸度、温度、气体成分、香料、蔬菜含糖量、质地等。

1. 食盐浓度

高浓度食盐对微生物有抑制作用，对腌制品的风味有一定影响，更会影响乳酸菌的活动能力。实验证明，随食盐浓度增加，乳酸菌的活动能力下降，产生乳酸量减少。盐水浓度在3%～5%时，发酵产酸最为迅速，乳酸生成量多；浓度在10%时乳酸发酵作用大为减弱，乳酸生成较少；浓度达15%以上时，发酵作用几乎停止。腌制发酵性制品一定要把握好食盐的用量。

2. 酸度

微生物的生长繁殖均要求在一定的pH条件，pH在4.5以下时能抑制大多数有害微生物活动。蔬菜腌制中，pH对原料中的果胶酶和蛋白酶的活性有影响，当pH为4.3～5.5时，果胶酶的活性最弱，而蛋白酶在pH为4.0～5.0时活性最强，所以一般pH为4.0～5.0时对于保脆和提高风味有利，但人们的味觉会感到过酸（表10-2）。

表10-2　几种主要微生物生长的最低pH

种类	腐败菌	丁酸菌	大肠杆菌	乳酸菌	酵母	霉菌
最低pH	4.5～5.0	4.5	5.0～5.5	3.0～4.4	2.5～3.0	1.2～3.0

乳酸菌较耐酸，在pH为3时不能生长，霉菌和酵母虽耐酸，但缺氧时不能生长。因此发酵前加入少量酸，并注意密封，可使正型乳酸发酵顺利进行，减少制品的腐败和变质。

3. 温度

乳酸菌的生长适宜温度是26～30 ℃，在此温度范围内，发酵快，产酸多。但此温度也有利于腐败菌的繁殖。为了控制腐败菌的活动，发酵温度最好控制在15～20 ℃，使乳酸发酵更安全。

4. 原料的组织结构

原料体积过大，致密坚韧，有碍渗透和脱水作用。为了加快细胞内外溶液渗透平衡速度，可采用切分、搓揉、重压、加温来改变表皮细胞的渗透性。

5. 气体成分

蔬菜腌制中有益的乳酸发酵和酒精发酵都是在厌氧条件进行的，这种条件能抑制霉菌等需氧腐败菌的活动，也能防止原料中维生素C的氧化。所以在腌制时，要压实密封，并使盐水淹没原料以隔绝空气。酒精发酵以及蔬菜本身的呼吸作用会产生二氧化碳，造成有利于腌制的厌氧环境。

工作任务

任务一　泡菜加工技术

泡菜是世界三大名腌菜之一。在中国历史悠久，泡菜具有制作简便，经济实惠，营养卫生，风味美好，食用方便，不限时令，易于贮存等优点，又具有咸、甜、酸及开胃解腻的特点，以前只能家庭作坊式生产,随着工艺技术研究已可工厂化生产。

(一)工艺流程

泡菜加工工艺流程如图 10-1 所示。

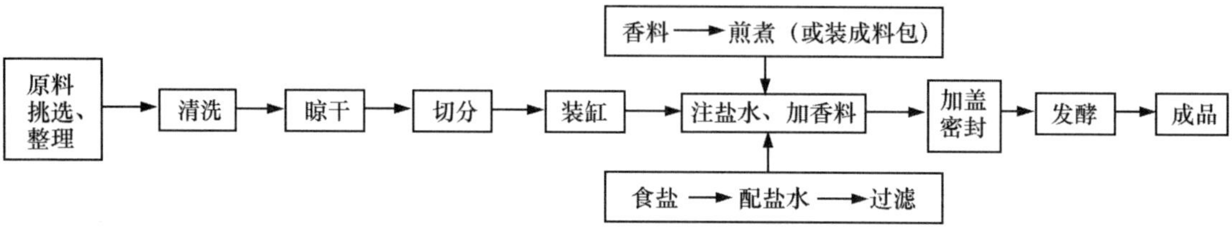

图 10-1 泡菜加工工艺流程

(二)操作要点

1. 泡菜的品质规格

优质泡菜应清洁卫生,色泽鲜亮,咸酸适度,组织细嫩,有一定的甜味及鲜味,并带有原料的本味。

2. 原料选择

凡组织紧密,质地嫩脆,肉质肥厚,不易发软,富含一定糖分的幼嫩蔬菜均可作泡菜原料,根据原料的耐贮性可分为 3 类:

(1)可贮泡 1 年以上的——子姜、薤头、大蒜、苦薤、茎蓝、苦瓜、洋姜。

(2)可贮泡 3~6 个月的——萝卜、胡萝卜、青菜头、草食蚕、四季豆、辣椒。

(3)随泡随吃,只能贮泡 1 个月左右的——黄瓜、莴笋、甘蓝。

叶菜类如菠菜、苋菜、小白菜等,由于叶片薄,质地柔嫩,易软化,不适宜作泡菜原料。

3. 容器选择

泡菜坛以陶土为原料制成,也可用玻璃、涂料铁等不与泡菜盐水和蔬菜起化学反应的材料制作。泡菜坛应放置于通风、阴凉、干燥、不直接被日光照射,不在火源附近。从产品的质量来说,陶土比玻璃要好,使用前要进行清洗,再用白酒消毒。

4. 原料预处理

对原料进行整理,去掉不可食及病虫腐烂部分,洗涤晾晒。一般原料晾干明水即可,对含水量较高的原料,也可让其晾晒至表皮蔫萎后再入坛泡制。

原料晾晒后入坛泡制的方法有两种:量少时,多为直接泡制;工厂化生产时,应先出坯后泡制,即利用 10%食盐水先将原料盐渍几小时或几天再泡制。

出坯的目的主要在于除去过多水分,增强渗透效果,同时也可去掉一些原料中的异味;防止泡制过程中坛内食盐浓度降低,从而更好地阻止腐败菌的滋生。但出坯也会造成原料中可溶性固形物的流失,出坯时间越长,营养成分损失越大。

另外对于一些质地柔软的原料,为了增加硬度,可在出坯水中加入 0.2%~0.3%的氧化钙。

5. 泡菜盐水的配制

(1)陈泡菜水　经过 1 年以上使用,甚至几十年或世代相传,保管妥善,用的次数多,质量好，可以作为泡菜的接种水。

(2)洗澡泡菜水　用于边泡边吃的盐水，这种盐水多是咸而不酸，缺乏鲜香味，由于泡制中要求时间快，断生则食，所以盐水浓度较高。

(3)新配制盐水　水质以井水或矿泉水为好，硬度在16°以上，但水质应澄清透明，无异味。自来水硬度在25°以上，可不必煮沸，以免硬度降低。软水、塘水、湖水均不适宜作泡菜用水。盐以井盐或巴盐为好，海盐含镁较多，应先炒制。

配制盐水时，按水量加入6%～8%食盐。为了增进色、香、味，还可以加入2.5%黄酒、0.5%白酒、1%米酒、3%白糖或红糖、3%～5%鲜红辣椒，直接与盐水混合均匀。香料如花椒、八角、甘草、草果、橙皮、胡椒，按盐水量的0.05%～0.1%加入，或按喜好加入，香料可磨成粉状，用白布包裹或做成布袋放入。为了增加盐水的硬度还可加入0.05%～0.1%氯化钙。

配制盐水时应注意：浓度的大小决定于原料是否出过坯，未出坯的用盐浓度高于已出坯的，以最后平衡浓度在2%～4%为准；为了加速乳酸发酵可加入3%～5%陈泡菜水以接种。糖的使用是为了促进发酵、调味及调色，一般成品的色泽为白色就用白糖，为了调色可改用红糖。香料的使用也与产品色泽有关，因而使用中也应注意。

6.泡制与管理

(1)入坛泡制　先将预处理原料装入坛内一半，要装得紧实，放入香料，再装入原料至离坛口6～8 cm，用竹片将原料卡住，加入盐水淹没原料至离坛口3～5 cm。切忌使原料露出液面，否则原料会因接触空气而氧化变质。经1～2 d原料因水分的渗出而下沉，可再补加原料。

(2)泡制发酵过程　蔬菜原料入坛后所进行的乳酸发酵过程也称为酸化过程，根据微生物的活动和乳酸积累量多少，可分为3个阶段：

①发酵初期　异型乳酸发酵为主，此期的含酸量为0.3%～0.4%，时间2～5 d，是泡菜初熟阶段。

②发酵中期　正型乳酸发酵为主。乳酸积累可达0.6%～0.8%，pH降至3.5～3.8，厌氧状态，大肠杆菌、腐败菌等死亡，酵母、霉菌受抑制，时间5～9 d，是泡菜完熟阶段。

③发酵后期　正型乳酸发酵继续进行，乳酸量积累可达1.0%以上。当乳酸含量达1.2%以上时，乳酸菌也受到抑制，发酵速度缓慢乃至停止。此时不属泡菜阶段，而属于酸菜阶段。

乳酸含量达0.4%～0.8%时，泡菜的食用品质最佳。如果在发酵初期取食，成品咸而不酸，有生味；在发酵末期取食，则含酸过高。

(3)泡菜的成熟期　原料的种类，盐水的种类及气温对成熟都有影响。在夏季气温较高，用新盐水一般叶菜类需泡3～5 d，根菜类需泡5～7 d，而大蒜、薤头要半个月以上，冬天则需延长一倍的时间。用陈泡菜水则可大大缩短成熟期，而且使用陈泡菜水的产品比用新盐水的品质更佳，色香味更好。

(4)泡制中的管理

①水槽的清洁卫生　用清洁的饮用水或10%的食盐水，注入坛沿槽3～4 cm深。发酵后期易造成坛内的部分真空，会让坛沿水倒灌入坛内。虽然槽内为清洁水，但常时暴露于空气中，易感染杂菌甚至滋生蚊蝇，如果被带入坛内，一方面可增加杂菌，另一方面也会降低盐水浓度。因此以加入盐水为好。如使用清洁的饮用水，应注意经常更换。在发酵期间应每天轻揭盖1～2次，以防坛沿水的倒灌。

②经常检查　生产中由于某些环节疏忽会造成泡菜劣变，如盐水变质，杂菌大量繁殖，外

观可见连续性急促的气泡，开坛时甚至有热气冲出，盐水浑浊变黑，起旋、长膜生花乃至生蛆，有时盐水还出现明显胀缩，产品质量极差。这些现象主要是微生物污染及盐水浓度、pH 及气温等条件不稳定造成的。

发生以上情况，可采用如下的补救措施：变质较轻的，倒出盐水过滤沉淀，洗净坛内壁，只使用滤清部分，再配入新盐水，还可加入白酒、调味料及香料；变质严重应完全废弃。坛面有轻微的长膜生花，可缓慢注入白酒，由于酒精的密度小，可浮在表面，起杀菌作用。在泡菜的制作中，可加入大蒜、苦瓜、红皮萝卜、红皮甘蔗、丁香、紫苏等含有抗生素的蔬菜、香料或中药材，对防止长膜生花有一定的作用。

泡菜成品会出现咸而不酸或酸而不咸的现象，主要是食盐浓度不适宜造成的。前者是用盐过多抑制了乳酸菌活动；后者是用盐太少，乳酸累积过多。产品咸而发苦主要是由于盐中含镁，可倒出部分盐水更换，盐也可进行适当处理。

③泡菜中切忌带入油脂以防杂菌感染　如果带入油脂，杂菌分解油脂，易产生臭味。

(5)成品管理　只有较耐贮的原料才能进行保存，且在保存中不同原料分别装坛，不要混装。要适量多加盐，在表面加酒，宜咸不宜淡，坛沿槽内要经常注满清水，便可短期保存，随时取食。

(三)产品质量标准

清洁卫生、色泽美观、香气浓郁、质地清脆、组织细嫩、咸酸适度；含盐量为 2%～4%，含酸量(以乳酸计)为 0.4%～0.8%。

任务二　酱菜类加工技术

中国酱菜历史悠久，各地有不少名优产品，如浙江绍兴贡瓜、酱黄瓜，陕西潼关酱笋，扬州什锦酱菜，北京甜酱八宝菜。北方酱菜多用甜酱进行酱渍，成品略带甜味，南方多用酱油和豆酱，咸鲜味重。

(一)工艺流程

原料选择→盐腌→脱盐→酱渍→成品

(二)操作要点

1. 盐腌

原料经充分洗净后削去其粗筋、须根、黑斑烂点，根据原料的种类和大小形态可对剖成两半或切成条状、片状或颗粒状。对于小型萝卜、小嫩黄瓜、大蒜头、薤头、苦薤头及草石蚕(甘露子)等可不切分。

原料准备就绪后即可进行盐腌处理。盐腌的方法分干腌和湿腌两种：

(1)干腌法　就是用占原料鲜重 14%～16%的干盐直接与原料拌和或与原料分层撒腌于缸内或大池内。此法适合于含水量较大的蔬菜，如萝卜、莴苣及菜瓜等。

(2)湿腌法　用 25%的食盐溶液浸泡原料，盐液的用量约与原料量相等。适合于含水量较少的蔬菜，如大头菜、薤头及大蒜头等。

盐腌处理的时间因蔬菜种类不同而异，一般为 7～20 d。

无论进行酱渍或糖醋渍，原料必须先用盐腌，只有少数蔬菜如草石蚕、嫩姜及嫩辣椒可以不先用盐腌而直接进行酱渍。在夏季果菜原料太多，加工不完需要长期保存时，则用盐腌使其含盐量达到 25%或者达到饱和并置于烈日之下，由于水分蒸发表面会自然形成一层食盐结晶的薄膜，这层盐膜（或称为盐盖）把表面密封起来可以隔离空气和防止微生物的侵入。同时日晒时菜缸内的温度可以达到 50 ℃左右，可抑制某些有害微生物的生长。

2. 酱渍

酱渍是将盐腌的菜坯脱盐后浸渍于甜酱、豆酱或酱油中，使酱料中的色香味物质扩散到菜坯内，也即是菜坯、酱料中各物质的渗透平衡的过程。酱菜的质量取决于酱料的好坏，优质的酱料酱香突出，鲜味浓，无异味，色泽红褐，黏稠适度。

盐腌的菜坯食盐含量很高，必须用清水浸泡经脱盐处理后才能进行酱渍。采用流动的清水浸泡，则脱盐较快，夏季浸泡 2～4 h，冬季浸泡 6～7 h 即可。脱盐至用口尝尚能感到少许咸味而又不太显著时为宜。脱盐处理完毕即可取出菜坯，沥干明水后进行酱渍。

酱渍的方法：一是直接将处理好的菜坯浸没在豆酱或甜面酱的酱缸内即可；二是在缸内先放一层菜坯再加一层酱，层层相间地进行酱渍；三是将原料如草石蚕、嫩姜等先装入布袋内，然后用酱覆盖。酱的用量一般与菜坯用量相等，当然酱的比例越大越好，最少也不得少于 3∶7，如酱为 30 kg、菜坯为 70 kg。

在酱渍的过程中要进行搅动，使原料能均匀地吸附酱色和酱味，同时使酱的汁液能顺利地渗透到原料的细胞组织中，表、里均具有与酱同样鲜美的风味和同样的色泽和芳香，成熟的酱菜不但色香味与酱完全一样而且质地嫩脆，色泽酱红，呈半透明状。

在酱渍的过程中，菜坯中的水分也会渗出到酱中，直到菜坯组织细胞内外汁液的渗透压力达到平衡时才停止，至此酱菜即已成熟。酱渍时间的长短随菜坯种类及大小而异，一般需半个月左右。在酱渍期间，应经常翻拌，可以使上、下层菜坯吸收酱液比较均匀。如果在夏天酱渍，由于温度高，酱菜的成熟时间可大大缩短。

由于菜坯中仍含有较多的水分，入酱后菜坯中的水分会逐渐渗出使酱的浓度不断降低。为了获得品质优良的酱菜，最好连续进行三次酱渍，即第一次在第一个酱缸内进行酱渍，1 周后取出转入第二个酱缸内，再用新鲜的酱再酱渍 1 周，随后又取出转入第三个酱缸内继续酱渍 1 周，至此酱菜才算成熟。已成熟的酱菜在第三个酱缸内继续存放，可以长期保存。

第一个酱缸内的酱重复使用两三次后即不适宜再用，可供榨取次等酱油之用，榨取后的酱渣再用水浸泡，脱去食盐后，还可作饲料用。第二个酱缸内的酱在使用两三次后可改作为下一批的第一次酱渍用，第三个酱缸内的酱使用两三次后可改作为下一批的第二次酱渍用，下一批的第三个酱缸则另配新酱。如此循环更新即可保证酱菜的品质始终维持在同一个水平上。

在常压下酱渍时间长，酱料耗量也大。新型工艺采用真空酱渍菜，将菜坯置密封渗透缸内，抽至一定程度真空后，随即吸入酱料，并压入净化的压缩空气，维持适当压力及温度十几小时到 3 d，酱菜便制成，较常压渗透平衡时间缩短 10 倍以上。

在酱料中加入各种调味料，则酱制成花色品种。如加入花椒、香料、料酒等制成五香酱菜；加入辣椒酱制成辣酱菜；将多种菜坯按比例混合酱渍或已酱渍好的多种酱菜按比例搭配包装制成八宝酱菜、什锦酱菜。

任务三　糖醋菜类加工技术

(一)糖醋菜加工工艺流程

糖醋菜加工工艺流程如图 10-2 所示。

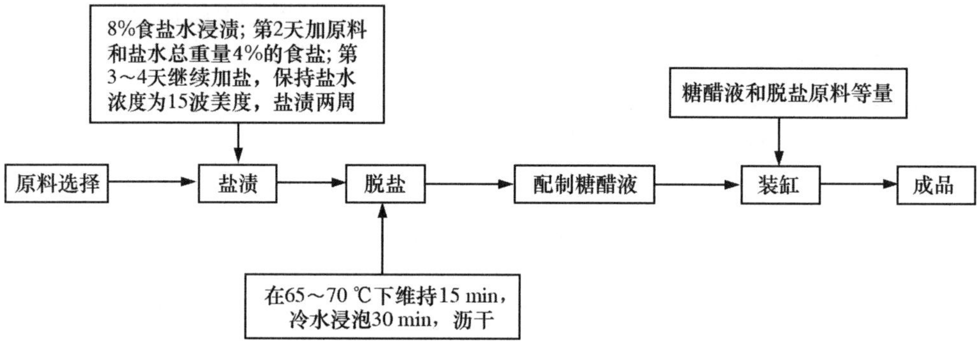

图 10-2　糖醋菜加工工艺流程图

(二)糖醋菜加工操作要点

1. 原料选择及盐渍

选择幼嫩质脆的黄瓜、萝卜等原料洗涤干净，沥干明水，称重后置于菜坛中，加入 8%食盐水，使原料全部浸入盐液；第二天加入占原料和盐水总重量 4%食盐；第三天再加入占原料和盐总重量 3%的食盐；第四天起只加入占全部重量 1%的食盐，直至盐浓度经常保持在 15 波美度，盐渍两周，使原料呈半透明(注意盐水浓度要均匀)。

2. 脱盐

取盐渍后的菜坯，用等量的热水浸泡原料，在 65～70 ℃下维持 15 min，使原料的含盐量大大减少，再用冷水浸泡 30 min，沥干，使原料尚有少许咸味。

3. 糖醋液的配制

配制糖醋液的原料：2.5%～3%乙酸溶液 1 000 mL，盐 7～14 g，白糖或红糖 200～250 g，丁香 0.5 g、豆蔻粉 0.5 g、生姜 2 g、桂皮 0.5 g、白胡椒 1 g，称好各种香料后用布包好。

配制方法：将 1 000 mL 乙酸液和香料袋一起放入瓷盆或铝锅中，要加盖防止挥发，加热至 80～82 ℃，维持 1 h，使乙酸液吸收香料，待香料袋取出后，即可加入白糖或红糖(按要求的糖醋液)。

4. 装罐或装坛

在糖醋液中加入等量的脱盐原料，加热至 80～82 ℃，维持 5～10 min，即可装罐密封，冷却后保存 25～60 d，即可食用。也可将冷却后的糖醋液与等量的脱盐原料混合后，装入泡菜坛内保存，要注意泡菜坛的管理。

(三)产品质量标准

成品应吸饱糖、醋、香科，甜酸适度，又嫩又脆，清香爽口，带有本品种固有的色泽。

知识拓展

蔬菜腌制品加工中常见的质量问题及解决途径

(一)蔬菜腌制品的质量劣变与原因

1. 变黑

腌制品一般为翠绿色或黄褐色，如果变成了黑褐色(冬菜和芽菜除外)，就是一种劣变。其原因有：一是腌制时食盐的分布不均匀；二是腌制品暴露于腌制液面之上；三是使用了铁质器具；四是有些原料中氧化酶活性较高。

2. 变红

当腌制品未被盐水淹没并与空气接触时，红酵母菌得以繁殖，会使酱腌菜制品的表面变成桃红色以至深红色。

3. 变软

变软是蔬菜中不溶性果胶被分解为可溶性果胶的结果。原因有：一是腌制时用盐量太少，乳酸形成快而多；二是腌制初期温度过高；三是器具不洁，兼以高温，有害微生物的活动使酱腌菜制品变软；四是腌菜表面有酵母和有害菌的繁殖。

4. 变黏

植物乳酸杆菌和某些霉菌及酵母菌在较高温度时迅速繁殖，形成一些黏性物质，使酱腌菜制品变黏。

5. 酸败现象

装坛后熟的榨菜有时候失去鲜味而变成酸味，香气也差。这是由于菜块太湿，加盐总量不够，或者在第一、第二道菜池中停留的时间过久，以致产酸菌大量繁殖使菜块的总酸含量增多而变成酸味。因此菜块下架的干湿度及用盐量是决定榨菜是否会酸败的关键。

(二)腌制品质量控制与安全性

1. 减少腌制前的微生物含量

腌制品的劣变很多都与微生物的污染有关，而减少腌制前的微生物含量对于防止腌菜制品的劣变具有极为重要的意义，要减少腌制前的微生物含量，可采取以下设施：①要使用新鲜嫩脆、成熟度适宜、无损伤且无病虫害的原料；②腌制前要将原料认真清洗，以减少原料的带菌量；③使用的容器、器具必须清洁，同时要搞好环境卫生，尽量减少腌制前的微生物含量。

2. 腌制用水必须清洁卫生

腌制用水必须符合国家生活饮用水的卫生标准，沟、塘、河、堰的不洁之水以及含硝酸较多的水都不宜使用。使用不洁水，会使腌制环境中微生物数量大大增加，使得腌制品极易劣变；使用含硝酸盐较多的水，则会使腌制品的硝酸盐、亚硝酸盐含量过高，严重影响产品的卫生质量。

3. 注意腌制用盐的质量

用于腌制的食盐，应符合国家食用盐的卫生标准，最好用精制盐。不纯的食盐会影响腌制品的品质，使产品发苦，组织硬化或产生斑点。若使用工业用的次品盐，还可能因盐中含有较多的对人体健康有害的化学物质，如钡、氟、硒、铅、锌等而降低腌制品的卫生安全性。

4. 使用的容器要适宜

供制作腌菜的容器应符合下列要求：便于封闭以隔离空气，便于洗涤和杀菌消毒，对制品无不良影响并无毒无害。常用的容器有陶质的缸、坛和水泥池等，由于乳酸和水泥易发生作用，使靠近水泥的部分菜容易变坏，所以使用水泥池腌制时，应在池壁和池底加一层不为乳酸所影响的隔离物，如涂上一层抗酸涂料等。

5. 严格控制腌制的小环境

在腌制过程中会有各种微生物的存在，对于发酵性腌制品乳酸菌为有益菌，而大肠杆菌、丁酸菌、酵母及霉菌等则为有害菌，在腌制过程中要严格控制腌制小环境，促进有益的乳酸菌的活动，抑制有害菌的活动。对酵母和霉菌主要利用隔绝氧措施加以控制，对于耐高温又耐酸，不耐盐的腐败菌（如大肠杆菌、丁酸菌）则利用较高的酸度以及控制较低的腌制温度或是提高盐液浓度来加以控制。乳酸菌的特点是厌氧或兼性厌氧，能耐较高的盐（一般可达 10%），较耐酸（pH 3.0～4.0），生长适宜温度为 25～40 ℃；而有害菌中的酵母和霉菌则属于需氧微生物，腐败菌中的大肠杆菌、丁酸菌等的耐盐、耐酸性能均较差。

6. 防腐剂的使用

防腐剂是既可抑制微生物活动，又有利于延长食品保藏期的一类食品添加剂。由于微生物的种类繁多，且腌制过程基本为开放式，仅靠食盐来抑制有害微生物的活动就必须使用较高的食盐浓度，如今“低糖、低盐、低脂肪”的三低化趋势已成为食品发展的主流，高盐自然不适合当今的这一潮流。为了弥补低盐腌制带来的自然防腐不足，在集约化生产中常使用食品防腐剂以保证制品的卫生安全，目前中国允许在酱腌菜中使用的食品防腐剂主要有山梨酸钾、苯甲酸钠、脱氢乙酸钠等，制作酱腌菜制品时的使用量一般为 0.05%～0.3%。

复习思考题

1. 简述蔬菜腌制的基本原理。
2. 影响腌制的因素有哪些？
3. 蔬菜腌制过程中微生物的发酵作用及蛋白质的分解对腌制品质量有哪些影响？
4. 腌制品如何护绿与保脆？
5. 蔬菜腌制品在生产中常见的质量问题及解决途有哪些？

项目十一

速冻制品加工技术

学习目标

1. 掌握果蔬速冻的原理。
2. 了解果蔬速冻的过程。
3. 理解果蔬速冻的方法及设备。
4. 掌握果蔬速冻制品的加工工艺。

工作任务及要求

1. 原料的前处理。选择适宜的果蔬品种,并根据原料的生长特性确定采收期、制订合理的采收后预冷方案,以及速冻前的清洗、去皮、切分、整理、烫漂等准备工作。

2. 原料的速冻。根据原料的特性选择适宜的速冻方法;能正确使用速冻设备。

3. 果蔬的解冻。根据果蔬的特性选择适宜的解冻方法。

岗位技术知识

知识点一　速冻原理

速冻是将新鲜的果品、蔬菜经过一定的加工处理后,以很低的温度在极短的时间内进行均匀的冻结,并在低温条件下贮藏。其目的是保持新鲜果蔬的色泽、风味和营养价值。产品特点是保持原有食品的色、香、味及营养;新鲜度高,食用卫生、方便、省时;保存时间长,调节淡旺季供应。

目前国内生产的速冻果蔬品种有马铃薯、豌豆、菜豆、菠菜、甜玉米、青刀豆、蒜苗、蘑菇、芦笋、洋葱、白菜等,速冻产品主要用于出口。

(一)速冻原理

引起果蔬产品腐烂变质的主要原因是微生物的作用和酶的催化作用,而这些作用的强弱与温度紧密相关，一般来讲，温度降低均使上述作用减弱，从而阻止和延缓果蔬产品腐烂。

速冻制品的保藏原理是将产品中的热量迅速排出，使水分变成固态的冰晶，抑制微生物的生长繁殖和酶的活性，从而使产品得以长期保存。

果蔬产品速冻要求在极低的温度下，在最短的时间内将新鲜原料的中心温度降至冻结点以下，使原料中 80%以上的水分快速冻结成固态的冰晶，然后在−18 ℃下贮藏。这一过程能极大地抑制微生物活动和酶的活性，可以在很大程度上防止腐烂和生化反应对速冻制品的影响，从而使产品得以长期保存。

1. 冷冻对微生物的影响

微生物的生长与活动有适宜的温度范围，它们生长繁殖最快的温度称为最适温度，超过或低于这个温度，它们的活动就逐渐减弱直至停止或被杀死。大多数的微生物在低于 0 ℃的温度下生长活动或被抑制。根据微生物对温度的耐受程度，将其划分为 4 类，即嗜冷菌、适冷菌、嗜温菌和嗜热菌(表 11-1)。温度对微生物生长繁殖影响很大，温度越低，它们的生长与繁殖速度也越低(表 11-2)。当处在它们的最低生长温度时，其新陈代谢活动已减弱到极低的程度，并出现部分休眠状态。

防止微生物繁殖的临界温度是−12 ℃。一般酵母菌和霉菌比细菌耐低温的能力强，有些霉菌和酵母菌能在−9.5 ℃未冻结的基质中生活，有些嗜冷菌也能在低温下缓慢活动。它们的最低温度活动范围：有些嗜冷菌可耐−8 ℃，有些霉菌可耐−12～−8 ℃，所以一般冷冻制品的贮藏温度通常都采用−18 ℃或更低一些。

表 11-1 根据生长温度对微生物的分类 ℃

项目	嗜冷菌	适冷菌	嗜温菌	嗜热菌
最低生长温度	<0～5	<0～5	10	40
最适生长温度	12～18	20～30	30～40	55～65
最高生长温度	20	35	45	>80

表 11-2 不同温度下微生物繁殖时间

温度/℃	繁殖时间/h	温度/℃	繁殖时间/h	温度/℃	繁殖时间/h
33	0.5	10	3.0	0	20.0
22	1.0	5	6.0	−3	60.0
12	2.0	2	10.0		

冷冻食品中微生物的存在有两个方面的影响：一方面是造成产品的质量败坏或全部腐烂；另一方面是产生有害物质，危及人体健康。

微生物在食品冻结后存活率迅速下降，但冷冻对微生物的作用主要是抑制而不能杀死所有微生物，而且长期处于低温条件下的微生物会产生新的适应性，一旦条件适宜，微生物会迅速恢复活动，会重新引起冷冻食品败坏。

速冻制品一旦解冻，腐败菌就会迅速繁殖，致使速冻制品发生腐败变质，甚至产生相当数量的毒素，食用不安全。保证速冻制品安全的关键是避免加工品和原料的交叉污染；加工生产中坚持卫生高标准，缩短食品原料在准备处理到冷冻之间的时间，保证速冻制品在适宜温度下贮藏。

速冻制品加工是利用人工制冷技术降低食品的温度，从而使制品达到长期保存的一种方法。其特点是能较好地保持制品原有的色香味和营养价值，且贮藏期长，因此是一种较先进且理想的加工方法。

2.冷冻对酶的影响

果蔬产品中存在着各种酶，催化各种生化反应的发生，导致冷冻果蔬产品的色泽、风味、营养等变化，影响果蔬产品的质量。多数酶活动的适宜温度范围是 30～40 ℃，冷冻低温能降低酶的活性，起到一定的抑制作用，有利于产品质量的保持。但冷冻并不能完全抑制酶的活性，一般－18 ℃以下会显著抑制酶的活性。因此在冷冻条件下，果蔬产品体内的生化反应只是进行得非常缓慢，但并没完全停止，所以冷冻贮藏的果蔬产品经过一段时间贮藏后仍会出现质量上的不良反应。尤其是在产品解冻时，酶活性会显著增强，加速产品的质量劣变。

为了保证果蔬产品在冷冻时质量变化不大，果蔬产品冷冻前往往采取抑制或钝化酶活性的措施，如热烫处理等，减少酶引起的制品品质劣变。

基质浓度和酶浓度对催化反应速度影响也很大。例如，在食品冻结时，当温度降至－5～－1 ℃，有时会出现催化反应速度比高温时快的现象，其原因是在这个温度下，食品中的水分有 80％变成冰，而未冻结溶液的基质浓度和酶浓度都相应增加。因此，快速通过这个冰晶带能减少冰晶对果蔬的机械损伤，同时也减少酶对果蔬产品的催化作用。

3.低温防止氧化损失

果蔬冷冻保藏中由微生物和酶的作用所造成的变质主要是维生素 C、番茄红素和花青素的氧化。维生素 C 很容易被氧化成脱氢维生素 C，脱氢维生素 C 继续分解，失去维生素 C 的生理功能；番茄红素是由 8 个异戊二烯结合而成的，由于其中有较多的共轭双键，所以容易被空气中的氧所氧化而变色。冷冻的果蔬产品采取塑料薄膜袋密封包装，可以隔绝空气，对控制上述氧化变质十分有效。

(二)速冻过程

果蔬速冻加工就是将新鲜果蔬经加工处理后，以迅速结晶的理论为基础，采用各种方法加快热交换，在 30 min 或更少的时间内，将其于－35 ℃以下速冻，使果蔬快速通过冰晶体最高形成阶段而冻结，包装后储藏于－18 ℃以下冷冻库中，达到长期保存的目的过程。

1.冻结过程及冻结温度曲线

(1)果蔬的冻结点　冻结点就是冰结晶开始出现的温度，水的冰点是 0 ℃，一般水果含水量在 73％～90％，蔬菜含水量在 65％～96％。由于果蔬中的水分不是纯水，而含有有机物和无机物，包括糖类、酸类和更复杂的有机分子及盐类，是一种复杂的胶体悬浮溶液，所以果蔬的冰点总是低于 0 ℃，一般在－4～－1 ℃。

(2)冰晶的形成　果蔬中的水分不会像纯水一样在同一温度下结成冰，由于其中的水是以悬浮溶液形式存在的一部分水结成冰后，余下的水溶液浓度升高，使剩余溶液冰点不断下降，即使温度低于初始冰结点，仍会有部分水不结冰。只有当温度降至低共熔点时，才会全部凝结成冰。但食品的低共熔点大致范围在－65～－55 ℃。速冻果蔬的温度一般最低为－35 ℃，冻藏温度多为－18 ℃。因此，通常冻藏果蔬中的水分并不能全部冻结成冰。一般只要有 80％的水分结成冰，在感觉上便认为已呈冻结状态。

(3)冻结温度曲线　冻结包括两个过程:降温和结晶。首先,果蔬产品由原始温度降至冰点,接着果蔬产品中的水分由液态变为固态,形成冰晶。冻结温度曲线图反映了食品冻结过程温度与时间之间的关系(图 11-1)。冻结曲线分为三个阶段。

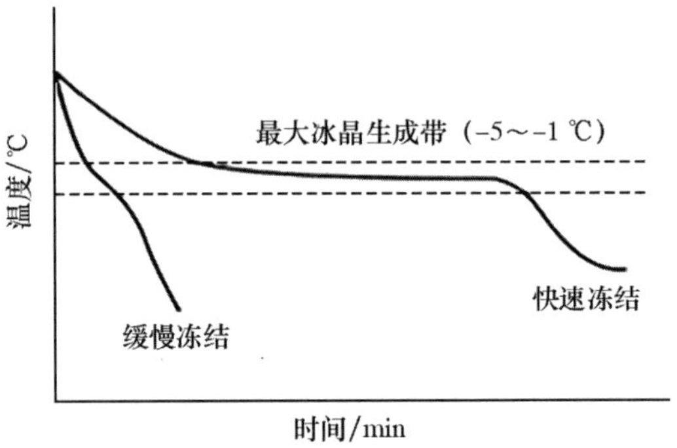

图 11-1　冻结温度曲线

①初阶段　从出初温至冻结点,放出食品自身的显热,放出的热量占总放出热量最小,故降温快,曲线陡。

②中阶段　即结冰阶段,从冻结点至－5 ℃,80%的水分结冰。因为冰的潜热是显热的 50~60 倍,整个冻结过程中绝大部分热量在此阶段放出,降温慢,曲线平坦。

③终阶段　从－18~－5 ℃,此时放出的热量,一部分来自冰的降温,另一部分来自余下的水继续结冰,曲线不及初阶段陡。

冻结速度取决于中阶段(结冰阶段)。冷冻介质与传热快慢关系很大。

快速冻结途径:降低冻结温度,提高冷冻介质与果蔬初温的温差;加快冷冻介质流经果蔬的相对速度,增加冷冻介质与果蔬的接触面,以提高果蔬表面的放热效果;减小果蔬的体积和厚度,增大果蔬与冷冻介质的热交换率和缩短冷冻介质与果蔬中心的距离。

2. 冻结速度对产品质量的影响

(1)冷冻与速冻　冷冻是将产品中的产热能排出去,使水分变成固态的冰晶结构。速冻即快速冻结,指以最快速度通过最大冰晶生成区,使果蔬中 80%以上的水分变成微小的冰结晶的过程。

(2)冻结速度的表示方法　目前冷冻速度的表示方法有 3 种:

①按时间划分　果蔬的中心温度从－1 ℃降至－5 ℃所需要的时间,在 30 min 内为快速冻结,超过 30 min 为慢速冻结,选择 30 min 作为分界点,是因为在这样的冷冻速度下冰晶对组织影响最小。

②按距离划分　单位时间内果蔬－5 ℃的冻结层从果蔬表面深入内部的距离(cm)。快速冻结,5~20 cm/h;中速冻结,1~5 cm/h;慢速冻结,0.1~1 cm/h。

③以比果蔬冻结点低 10 ℃的冻结层移动速度表示　即以果蔬表面与中心温度点间的最短距离与果蔬表面达到 0 ℃后果蔬的中心温度降到比果蔬冻结点低 10 ℃所需时间之比来表示果蔬冻结速度(cm/h)。如果蔬的中心与表面的最短距离为 10 cm,果蔬的冻结点为－2 ℃,果蔬中心温度降至比冻结点低 10 ℃(即－12 ℃)时所需要时间为 15 h,其冻结速度(v)为:

$$v=\frac{10\ \text{cm}}{15\ \text{h}}\approx 0.67\ \text{cm/h}$$

目前使用的各种冻结设备中，果蔬的冻结速度一般为 0.2～100.0 cm/h。其中通风冷库的冻结速度为 0.2 cm/h，送风冻结器为 0.5～3.0 cm/h，流化床冻结器为 5.0～10.0 cm/h，液氮冻结器为 10.0～100.0 cm/h。

3. 冻结速度对质量的影响

缓冻时，由于细胞内和细胞间隙的溶液浓度不同，间隙水先结成冰晶，细胞内水分向细胞间隙已形成的冰晶迁移聚集，使细胞间隙的冰晶体不断增大，直到冻结温度降到足以使细胞内所有水形成冰晶为止。食品组织内形成的冰晶体积大，数目少，且分布不均匀，易使组织细胞被庞大的冰晶体挤压而遭受机械损伤，同时由于水分迁移而造成细胞浓度增加，使其解冻后流汁、风味变劣等。

速冻时，细胞内水分几乎同时在原地结成冰晶。冰晶体积小(其直径应小于 100 μm)，数量多，分布均匀，对组织结构不会造成机械损伤，可最大限度地保持冻结食品的可逆性和质量。解冻时冰晶融化的水分能迅速被细胞吸收，不会产生汁液流失，基本保持原有的色泽、风味和营养。

快速冻结，可将温度迅速降至微生物生长活动及酶活力的温度以下，有利于抑制微生物的活动和酶促生化反应，使食品更利于保藏。

知识点二　速冻方法及设备

速冻方法及食品速冻装置多种多样，分类方式不尽相同，按冷冻介质与食品接触的方式，可分为空气冻结法、间接接触冻结法和直接接触冻结法三种。

空气冻结法中主要有静止空气冻结法、鼓风冻结法，其中鼓风冻结法中主要有隧道式冻结、传输带式连续冻结、螺旋带式连续冻结、流态化冻结等四种冻结装置。

直接冻结法中有液氨喷淋、液态二氧化碳喷淋和氟利昂喷淋冻结。

从速冻要求来讲，静止空气和半鼓风冻结方法冻结果蔬产品时间太长，一般需要 5～10 h，属于典型的慢冻，不适于果蔬产品冻结。而液态冷媒直接冻结方法虽可以速冻果蔬产品，但成本较高，也不实用。因此仅就最适合果蔬产品速冻的冻结方法及装置介绍如下。

(一)空气冻结法

在冻结过程中，冷空气以自然对流的方式与果蔬产品换热。由于空气的导热性差，与果蔬产品间的换热系数小，故所需的冻结时间较长，但是空气资源丰富，无任何毒副作用，其热力性质早已为人们熟知，所以，用空气作为介质进行冻结仍是应用较为广泛的一种方法。

1. 隧道式冻结装置

隧道式冻结装置共同的特点是冷空气在隧道中循环，食品通过隧道时冻结。食品通过隧道的方式可分为传送带式、吊篮式、推盘式冻结隧道等几种。其中推盘式连续冻结隧道较适宜果蔬产品速冻。产品用网带携带通过隧道，与冷风逆流而行，冷空气的温度为－34～－18 ℃。

这种装置主要由隔热隧道室、冷风机、液压传动机构、货盘推进和提升设备构成。

货盘推进设备有推头装置。货盘底部焊有两条扁钢，放在两道扁铁组成的滑道上，每对滑道上有两个推动装置。在液压系统的作用下，推头顶住底盘的扁钢，将货盘向前推进。当推头后退复位时，被货盘后端的扁钢压下，滑过后，由于偏心作用，推头自动抬起复位并进入推进状态。通过推头的反复动作，货盘便向前移动。另外，还有两个提升装置将货盘分层提升。

冻结时间可通过改变货盘的传送速度进行调整，可调范围为 40～60 min。这种冻结装置可以根据具体情况做成多层或多排输送结构。冷风机放在旁侧吹风，效果也好。

果蔬产品装上货盘后，在货盘进口油液压推盘结构推入隧道，每次同时进盘 2 只，货盘到达第一层的末端后，被提升装置提升到第二层轨道，如此反复经过 3 层，在此过程中，冷冻品被冷风机强烈吹风冷却，不断降温冻结，最后经出口推出，每次出盘也是 2 只。

这种装置的特点是连续生产、冻结速度快、构造简单、造价低、设备紧凑、隧道空间利用充分。

2. 传送带式连续冻结装置

其主体装置是钢带连续输送机。通常物料随不锈钢网带或板带在－40～－35 ℃的冷风下移动，风的流向可与物料平行、垂直、顺向或逆向。传送带移动速度可根据冻结时间进行调节，蒸发器有融霜装置。冷风机在装置的上部。一般传送带下部冷风温度为－40 ℃，上部温度为－35 ℃，厚度 15 cm 的物料在 12 min 内即可冻结好；厚度 40 cm 的物料则需 41 min 才能冻结好。

3. 流态化冻结装置

鼓风冷却法中，让空气从传送食品的输送带的下方向上鼓送，流经放置于有孔眼的网带上的产品，将产品吹起但不带走，增加了食品与冷空气的接触面积，加速冷冻，此方法称为流态化冷冻法。流态化冷冻装置，按其机械传送方式可分为斜槽式流态化冻结装置、带式流态化冻结装置和振动流态化冻结装置。其中带式流态化冻结装置又可分为一段带式和两段带式流态化冻结装置。振动流态化冻结装置包括往返振动和直线振动流态化冻结装置两种。按流态化形式可分为全流态化和半流态化冻结装置。

流态化冻结装置是利用强制循环的高速空气把被冻结产品吹起，形成悬浮状态（流态化），从而获得快速冻结。其由多孔槽、空气净化器、喷淋头、蒸发管、鼓风机、丙二醇贮槽、振动筛等组成。冷冻时，将产品铺放在多孔槽内的网带上或盘子上，冷空气由网带下方向上方强制送风，形成流化状态。此法冷冻迅速而均衡，一般 10 min 左右即可冻结。

流态化冻结装置适用于冻结小型球状颗粒物料或各种切分成小块的果蔬产品原料。尤其适于果蔬产品类单体的冻结，如青豌豆、甜玉米、草莓、菜豆等，冻结时间仅需几分钟到十几分钟，避免了颗粒食品的黏合现象。

流态化冻结装置具有冻结速度快、耗能低和易于实现机械化连续生产等优点。

（二）间接接触冻结法

间接接触冻结法，指的是把食品放在由制冷剂或低温介质（如盐水）冷却的空心金属板、盘、带或其他冷壁上，用冷壁与食品直接接触、食品与制冷剂间接接触而使食品冻结的方法。对于固态食品，可将食品加工成平坦表面的形状，使冷壁与食品的一个或两个平面接触；对于液态食品，则用泵送方式使食品通过冷壁热交换器，冻成半融状态。间接接触冻结包括平板冻结装置、回转式冻结装置、钢带式冻结装置，其中回转式冻结装置适用于冻结果蔬产品，主要装置是在绝热的箱橱内装置可以移动的空心金属板，制冷剂在平板的空心内部流动，产品则放置在上下两空心平板之间紧密接触，进行热交换。冷冻温度−45 ℃，由于冻结品是上下两面同时降温冻结，故冻结速度较快。但分批间歇操作，劳动强度大，日产量低。

(三)直接接触冻结法

直接接触冻结法要求食品(包装或不包装)与不冻液直接接触，食品在与不冻液换热后迅速降温冻结。食品与不冻液接触的方法有喷淋法、浸渍法，或两种方法同时使用。相应的直接接触冷冻法有浸渍冷冻法和低温冷冻法两种类型。浸渍冷冻法即产品直接浸在液体制冷剂中，液体是热的良导体，在浸渍冷冻中与产品接触面积最大，冷冻速度快。低温冷冻法是产品在一种沸点很低的制冷剂进行相变的条件下(液态变为气态)获得迅速冷冻的方法。常用的制冷剂有液态氮，沸点是−195.81 ℃，其次是二氧化碳，沸点是−78.5 ℃。这种方法比前几种制冷速度快，效果好。

低温液体冻结装置，同一般的冻结装置相比，这类冻结装置的冻结温度更低，所以常称为低温冻结装置或深冻结装置。其共同点特点是没有制冷循环系统，在低温液体与食品接触的过程中实现冻结。

果蔬产品常用的冻结介质(低温液体)分两大类：一类是用制冷剂间接接触冷却的低冻结点液态介质，如冷盐液、糖液等；一类是蒸发时本身能产生制冷效应的超低温制冷剂，如压缩液态氮、液氨、液态二氧化碳、液态氟利昂等。

喷淋式液氮冻结装置，由隔热隧道式箱体、喷淋装置、贯穿于隧道的不锈钢丝网格传送带、传动装置、减速器、搅拌机、离心排风机、电磁阀和电器控制箱等部件组成。产品在一个循环传送带上通过隔热的冷冻室，整个冷冻室分为预冷区(A)、冻结区(B)、均温区(C)三个部分，产品与冷氮气以相对的方向行进，使产品在前进中不断降温。风机将冻结区内温度较低的氮气输送到预冷区，并吹到传送带送入的食品表面上，经充分换热，食品预冷。传送带携带产品前进到B室中时，上面的液氮向下喷淋在产品上，此时液态氮气化，产品受到雾化管喷出的雾化液氮的冷却而被急速冷冻，经过一定时间，由传送带将产品带进C室，使产品温度均匀一致，再从另一端送出。冻结温度和冻结时间，可根据食品的种类、形状，调整储液罐压力及改变液态氮喷射量，以及通过调节传送带速度来加以控制，以满足不同食品的工艺要求。由于食品表面和中心的温度相差很大，所以完成冻结过程的食品需在均温区停留一段时间，使其内外温度趋于均匀。液氮的气化潜热为1.989 kJ/kg，定压比热容为1.034 kJ/(kg·K)，沸点为−195.81 ℃。从沸点到−20 ℃冻结终点所吸收的总热量为383 kJ/kg。其中−195.81 ℃的氮气升温到−20 ℃时，吸收的热量为182 kJ/kg，几乎与汽化潜热相等，这是液氮的一个特点，在实际应用中，应注意不要浪费这部分冷量。

对于5 cm厚的食品，经过10～30 min时可完成冻结，冻结后的食品表面温度为−30 ℃，中心温度达−20 ℃，冻结每千克食品的液氮耗用量为0.7～1.1 kg。

知识点三　速冻制品加工基本技术

(一)原料选择

选择新鲜、幼嫩，无病虫害、成熟度达到鲜食标准，适合速冻的品种。要求原料品种优良、成熟度适当、规格整齐、无农药和微生物污染等。原料品质是决定速冻果蔬品质的重要因素，因此要注意选择适宜速冻加工的品种。水果、蔬菜的品种不同，对冷冻的承受能力也有差别。一般含水分和纤维多的品种，对冷冻的适应能力较差，而含水分少、淀粉多的品种，对冷冻的适应能力较强。

(二)原料预冷

一般果蔬产品采收后到速冻期间，要对放一段时间。此间必须预冷，预冷的终温以原料不结冰为限(0 ℃以上)。

(三)清洗

原料应充分清洗干净，目的是除去附在果蔬产品表面的尘土、泥沙、异物和农药；减少微生物的数量，以符合卫生标准。

一般采用人工和机械清洗。要注意水的卫生，加工所用的冷却水要经过消毒，并注意及时更换。工作人员、工具、设备、场所的清洁卫生的标准较高，加工车间要加以隔离。对喷施过农药的果蔬产品，需要用化学药品清洗，一般使用 0.5%～1.5%的盐酸溶液或 0.01%～0.03%的高锰酸钾溶液等，在常温下浸泡数分钟，再用清水冲洗干净。

(四)去皮、切分、整理

有些果蔬产品需要进行去皮切分及整理，制成合适的规格形状(条、块、段、片、丝等)，以便于速冻前包装。为防止原料在去皮或切分后变色，可用清水浸泡或浸泡在含 0.2%亚硫酸氢钠、1%食盐、0.5%柠檬酸的溶液中。速冻果蔬产品，首先去除须根及不能使用部分，如青椒去籽、菠菜去根等。速冻后会减弱果蔬的脆性，可以将原料浸入 0.5%～1%的碳酸钙(或氯化钙)溶液中，浸泡 10～20 min，以增加其硬度和脆性。有些蔬菜如花椰菜、西兰花、菜豆、豆角等要在 2%～3%的食盐水中浸泡 15～30 min，以驱除内部的小虫，浸泡后再漂洗，盐水和原料的质量比不低于 2∶1，浸泡时随时调整盐水浓度，若浓度太低，则虫不能被驱逐出来；若浓度太高，虫会被淹死。

(五)烫漂

烫漂主要用于蔬菜的速冻加工，目的是破坏酶的活性，防止褐变，软化纤维组织，去掉辛、辣、涩等味，便于烹调加工。

果蔬产品烫漂方法主要有热水和蒸汽两种。热水漂烫是把水加热到一定温度(90～100 ℃)，将果蔬产品迅速放入热水中几十秒至几分钟后，迅速捞出。蒸汽烫漂是把果蔬产品放在蒸汽中进行加热。热烫过程要保持水温稳定。为加强护色效果。沸水热烫还可加入 0.2% 的碳酸氢钠或 0.1%的柠檬酸等。热烫时间可根据果蔬种类、形状、大小等确定，以钝化酶的活性为目的，尽量缩短时间。原料热烫后应迅速冷却，一般有水冷和空气冷却，可以用浸泡、喷淋、吹风等方式，最好能冷却至 5～10 ℃，最高不应超过 20 ℃。

(六)沥干

经过烫漂和冷却的原料带有水分，可采用振动筛或离心机脱水，沥干水分，以免产品在冻结时黏结成堆。

(七)预冷与速冻

经过前处理的原料，可预冷至 0 ℃，这样有利于加快冻结。许多速冻装置设有预冷设施，或者在进入速冻前先在其他冷库预冷，然后陆续进入冻结。冻结速度往往由于果蔬品种、块形大小、堆料厚度、品温、冻结温度等不同而有差异，故必须在工艺条件上及工序安排上考虑紧凑配合。

经过前处理的果蔬应尽快冻结。速冻温度在－35～－30 ℃，风速应保持在 3～5 m/s，这样才能保证冻结以最短的时间通过最大冰晶生成区，使冻品的中心温度尽快达到－18～－15 ℃。只有这样才能使 90%以上的水分在原来位置上结成细小冰晶，均匀分布在细胞内，从而获得品质新鲜、营养和色泽保存良好的速冻果蔬。

(八)包装

包装是贮藏好速冻果蔬产品的重要条件。其作用是控制贮藏过程中冰晶升华干燥；防止贮藏中接触空气而氧化变色，便于运输销售和食用；防止产品污染，保证卫生。冻结后的产品经包装后入库冻藏，为加快冻结速度，多数果蔬冻品采用先冻结后包装的方式，但有些产品如叶菜类，为避免破碎可先包装后冻结。包装前，应按批次进行质量检查及微生物指标检测。为防止产品氧化褐变和干耗，在包装前对某些产品进行处理，如蘑菇应镀冰衣，即将产品倒入水温低于－5 ℃的镀冰槽内，入水后迅速捞出，使产品外层镀包一层薄薄的冰衣。

速冻果蔬的包装有大、中、小各种形式，包装材料有纸、玻璃纸、聚乙烯薄膜及铝箔等。为避免产品干耗、氧化、污染而采用透气性能低的包装材料，还可以采用抽真空包装或抽气充氮包装，此外还应有外包装。

(九)贮藏

速冻果蔬的长期贮存，要求将贮藏温度控制在－18 ℃以下，冻藏过程应保持稳定的温度和相对湿度。若在冻藏过程中库温上下波动，会导致重结晶增大冰晶体，这些大的冰晶体对果蔬组织细胞的机械损伤更大，解冻后产品的汁液流失增多，严重影响产品品质。并且不应与其他有异味的食品混藏，最好采用专库贮存。速冻果蔬产品的冻藏期一般为 10～12 个月，如贮藏条件好则可达 2 年。

(十)运输销售

在运输时，要应用有制冷及保温装置的汽车、火车、船、集装箱等专用设施，运输时间长的要将温度控制在－18 ℃以下，销售时也应有低温货架或货柜。整个商品供应程序采用冷链系统，使冻藏、运输、销售及家庭贮存始终处于－18 ℃以下，才能保证速冻果蔬品质。

(十一)速冻制品的解冻

解冻是速冻果蔬在食用前或进一步加工前的必经步骤。对于小包装的速冻蔬菜和水果，家庭中常用结合烹调和自然条件下融化两种典型的解冻方式。解冻过程不仅直接关系解冻原料的组织结构，而且对加工后产品的品质和风味等都有直接影响。

解冻是指冻结时食品中形成的冰晶还原融化成水，所以可视为冻结的逆过程。一般解冻食品在－5～0 ℃停留的时间越长，越会使食品变色、产生异味，所以解冻时希望能快速通过此温度带。解冻的终温由解冻食品的用途所决定，用作加工原料的冻品，半解冻即至中心温度达－5 ℃就可以了，以能用刀切割为准，此时汁液流失也少。一般解冻介质的温度不宜过高，以 10～15 ℃及以下为宜。通常低温缓慢解冻比高温快速解冻时汁液流失少，但蔬菜和调理冷冻食品的快速解冻比缓慢解冻要好。

1. 解冻方法

目前有两类解冻方法，即外部加热法和内部加热法。

（1）外部加热法　外部加热法是指由温度较高的物质向冻结品表面传送热量，热量由表面逐渐向中心传送的解冻方法。

常用的外部加热解冻法有：空气解冻法，一般采用 25～40 ℃空气和蒸汽混合介质解冻；水解冻法，一般采用 15～20 ℃的水介质浸渍解冻；水蒸气凝结解冻法；热金属表面接触解冻法。

（2）内部加热法　内部加热法是指在高频或微波场中使冻结品各部位同时受热的解冻方法。常用的内部加热解冻法有欧姆加热（电解冻）、高频或微波加热、超声波加热、远红外辐射加热等。在实践中也可将上述几种方法组合进行解冻。

冷冻果蔬产品解冻后，可根据品种形状和消费习惯，不必再清洗、切断，可直接烹调加工，烹调时间以短为好，一般不宜过分进行热处理，否则影响质地，口感不佳。冷冻的果蔬产品在运输和市场零售期间，应当保持其接近于冻藏的温度条件，使产品处在冻结的状态，不能使其冰晶融化。

2. 冻结食品解冻的要求

不管采取哪一种解冻，都要遵循以下的基本原则：在使用前解冻；尽可能快速而均匀地解冻；解冻之后温度以低温为宜；解冻后尽快进行烹调；在贮存解冻食品时，若贮藏温度低于 5 ℃，不可放置过久；不与空气接触，带包装解冻；利用解冻时流出的汁液进行调理；解冻终温视解冻后用途而定，植物性食品如青豆等为防止淀粉转化，宜采用蒸汽、热水等高温解冻。

工作任务

任务一　速冻蘑菇加工技术

蘑菇又名双孢蘑菇、白蘑菇等，通常与平菇、草菇和香菇并称为对人体有益的常用“四大食用菌”，且肉厚脆嫩，香味浓郁，品质最佳。速冻蘑菇是将新鲜的蘑菇急骤降温而速冻成的蘑菇，保持了新鲜蘑菇的许多营养成分。

（一）工艺流程

原料采收→护色→热烫→冷却→沥干→速冻→分级→复选→镀冰衣→包装

（二）工艺要点

1. 原料选择与采收

蘑菇原料要求新鲜、色白、带柄，形态完整、近似圆形，菌伞无畸形，可以稍薄，但菌褶不发黑、无斑点，无鳞片。菌柄不超过 15 mm，不带泥根、无空心、无变色。蘑菇原料品质的好坏、产量高低与品种、栽培条件、技术管理、采收方法、贮运条件等有直接关系。

采菇应在开伞前 2 h、菌膜尚未破裂为宜，此时不可喷水，以免菇而发黏、其毛变色。菌盖直径在 20～40 mm 为宜。采摘后的蘑菇后熟作用强，极易变色，应在避风处迅速削去菇根，注意要轻拿轻放，尽量做到快装快运并严防机械伤，采后 1～4 h 运往工厂立即加工，为保证加工蘑菇的优良品质，严禁使用钢、铁等金属容器，以免蘑菇发黑变色。

2. 蘑菇的变色及护色

将刚采的蘑菇置于空气中，一段时间后在菌盖表面即出现褐色的采菇指印及机械伤痕。控制方法如下：

(1)食盐溶液　蘑菇采摘后浸入浓度 0.6%～0.8%、温度 13 ℃以下的食盐溶液中再运往工厂，要求从浸泡到工厂加工，不得超过 6 h。

(2)亚硫酸盐溶液　常用的有亚硫酸钠、焦亚硫酸钠等。将刚采摘的蘑菇浸入 300 mg/kg 的亚硫酸钠溶液或 500 mg/kg 的焦亚硫酸钠溶液中浸泡 2 min 后，立即将蘑菇浸没在 13 ℃以下的清水中运往工厂，或浸泡焦亚硫酸钠溶液 2 min 后捞出沥干，再装入塑料薄膜袋，扎好袋口放入木箱或竹篓运往工厂，到工厂后立即放入温度 13 ℃以下的清水中浸泡 30 min，脱去蘑菇体上残留的护色液。

(3)半胱氨酸溶液　将刚采摘的蘑菇浸入 0.4 mol/L 半胱氨酸溶液中 30 min 后取出，也有良好的护色效果。此法护色的蘑菇经 4～6 h，菇色仍为白色，基本上保持了蘑菇的本色。

(4)柠檬酸溶液　将蘑菇侵入 1%的柠檬酸水溶液后，同时加入少量维生素 C，抽真空并使真空桶中保持真空度 0.53 MPa，维持 3 min 后，再把空气放入。

(5)薄膜气调包装　将刚采摘的蘑菇立即放入厚 0.06～0.08 mm 的聚乙烯袋，每袋可放 20 kg，并将袋口扎紧。包装时间必须严格控制在 6 h 以内，若超过这一时间，由于袋内缺氧，蘑菇无法维持最低限度的呼吸作用而可能导致金黄色葡萄球菌滋生。

3. 热烫

蘑菇热烫的目的主要是破坏多酚氧化酶的活力，抑制酶促褐变。同时赶走蘑菇组织中的空气，使组织收缩，保持固形物的要求，此外，还可增加弹性，减少脆性，便于包装。当利用亚硫酸盐护色时，利用热烫还可以脱硫。为了减轻非酶褐变，常在热烫液中添加适量的柠檬酸，以增加热烫液的还原性，改进菇色。

一般热烫水中加入 0.1%的柠檬酸溶液调整酸度来抑制褐变反应，热烫的时间根据菌盖大小控制在 4～6 min，热烫时间不宜过长，以免组织太老、失水、失去弹性。为了防止菇色变暗，热烫溶液酸度应经常调整并注意定期更换热烫水。

4. 冷却

热烫后迅速将蘑菇放入冷却水池中冷透，以防过度受热影响品质。冷却水含余氯 0.4～0.7 mg/kg。

5. 沥干

蘑菇速冻前还要进行沥干。否则蘑菇表面含水分过多会冻结成团，不利于包装，影响外观。而且过多的水分还会增加冷冻负荷。沥干可用振动筛、离心机或流化床预冷装置进行。

6. 速冻

蘑菇速冻宜采用流化床速冻装置。将冷却、沥干的蘑菇均匀地放入流化床传送带上，传送带的蘑菇层厚度为 80～120 mm。流化床装置内空气温度要求－35～－30 ℃，冷气流速 4～6 m/s，速冻时间 12～18 min，至蘑菇中心温度为－18 ℃以下。

7. 分级

速冻后的蘑菇应立即进行分级，按菌盖大小可分为特大、大、中、小四级(表 11-3)。

表 11-3 蘑菇大小分级

级别	代号	菌盖横径/mm	级别	代号	菌盖横径/mm
特大级	LL	36～40	中级	M	21～27
大级	L	28～35	小级	S	15～20

8. 复选

剔除不符合速冻蘑菇标准的畸形、斑点、锈渍、空心、脱柄、开伞、变色、薄以及带泥根、菌褶发黑的蘑菇。

9. 镀冰衣

为了保证速冻蘑菇的品质，防止产品在冷藏过程中干耗及氧化变色。蘑菇在分级、复选后需要镀冰衣。具体操作法是把 5 kg 蘑菇放入有孔塑料筐或不锈钢丝篮中，再浸入 1～2 ℃的水中 2～3 s，拿出后左右振动摇均沥干水即可。冰水要求清洁干净，含余氯 0.4～0.7 mg/kg。

10. 包装

包装工作场地必须保证－5 ℃以下低温，温度在－4 ℃以上时速冻蘑菇会发生重结晶现象。包装间在包装前 1 h 必须开紫外灯灭菌，所有包装用具，工作人员的工作服、帽、鞋、手均要定时消毒。工作场地及其工作人员必须严格执行食品卫生标准，非操作人员不得随意进入，以防止污染，确保卫生。

内包装可用厚 0.06～0.08 mm 的聚乙烯薄膜袋。外包装用纸箱，每箱净重 10 kg。纸箱表面必须涂油，防潮性良好，内衬清洁蜡纸，外用胶带纸封口，所有包装材料在包装前必须在－10 ℃ 以下低温预冷。

速冻蘑菇包装前应按规格抽检，人工封袋时应注意排出空气，防止氧化。用热合式封口机封袋，有条件的可用真空包装机包装。装箱后整箱进行复称重。合格品立即入冷藏库贮存。

(三)产品质量标准

具有本品种固有的天然白色或淡黄色斑点；经热烫后具有本品种应有的滋味及无风味、无异味；整粒蘑菇组织脆嫩，略有弹性，形态完整良好，不开伞；菌柄无空心，切削整齐，柄长不超过 6 mm，菌柄、菌褶不变黑；无严重畸形菇、病斑菇、无有害杂质存在。细菌总数不超过 1.0×10^5 个/g，大肠菌群、葡萄球菌、沙门菌均为阴性。

任务二 速冻青刀豆加工技术

青刀豆，又名荷兰豆、菜豆等，以其嫩荚供人们鲜食或加工用。青刀豆富含维生素、氨基酸和矿物质，风味独特，营养价值高，在国内外市场上十分走俏。

(一)工艺流程

原料选择→原料前处理→浸泡盐水→漂洗→烫漂→冷却→滤水→快速冻结→包装→贮藏

(二)工艺要点

1. 原料选择

选用白籽青刀豆或细青刀豆作为原料。原料采摘要适时，过生、过熟都会影响速冻品品质。临近地面豆荚多数畸形、品质较粗，不宜采用。当日采摘的宜当日加工，来不及加工的应放入冷低温库贮存或放在阴冷通风处，厚度要薄。

2. 原料前处理

用于速冻的青刀豆应保证鲜嫩、色泽亮绿，条形均匀、细长、无斑点、无病虫害、无其他污染。凡有病虫害、擦伤、畸形的则一律剔除；无侧筋的品种应剪去两端尖；带侧筋的品种要除去侧筋、剪去两端尖。

3. 浸泡盐水

将剪去两端尖的青刀豆荚，置于2%的盐水中浸泡10 min，以驱除小虫。浸泡时要随时调整盐水浓度。

4. 漂洗

用清水漂洗浸过盐水的青刀豆荚，以便将盐分、小虫、黏附的杂质和微生物漂洗干净，清洗3～4次。清洗前可将原料在含有效氯浓度5～10 mg/L的水中适当浸泡。

5. 烫漂

将漂洗干净的青刀豆荚在93～100 ℃的热水中漂烫1.5～2 min，使青刀豆变绿且不呈花斑状。漂烫时间及漂烫程度要严格掌握，漂烫时要不断搅动，以便漂烫均匀。漂烫工具以不锈钢网、编织筐为宜。烫漂的作用是破坏果蔬中氧化酶、过氧化物酶的活性，以保持果蔬的色泽和营养成分；防止在冷藏过程中和速冻后褐变及变质；杀灭原料表面的微生物和虫卵；除去果蔬组织内的空气，使维生素C和胡萝卜素损失减少，除去豆类蔬菜的腥味等。

6. 冷却

将漂烫后的原料先用自来水或符合卫生要求的地下水冷却，然后置入冷水温度为5 ℃以下的冷却槽内冷却，使原料冷却至10 ℃以下，再将原料表面的水分沥干。

7. 滤水

将青刀豆表面的水分滤掉，以保证快速冻结。一般采用柔性振动和吹风结合。

8. 快速冻结

速冻时制冷水流的蒸发温度为－45～－40 ℃，冷冻机室温在－33 ℃以下。流化床冻结时间最长不能超过15 min，隧道冻结要一次装满，待中心温度低于－18 ℃时出货。

9. 包装

在低温条件下包装(－10 ℃)，防止因包装温度过高，青刀豆表面结霜，同时包装过程中应剔除机械损伤及其他劣质品，称量计算，装入塑料袋内封口，及时入冷库贮藏。

10. 贮藏

冷藏温度要求－18 ℃以下，分层堆货，防止挤压。尽量使温度保持恒定。冷藏按品种和日期的不同，专库分别堆放。

(三)产品质量要求

产品呈现鲜绿色，色泽均匀一致；具有本品种应有的风味、无异味；豆荚鲜嫩，食之无粗纤维感；豆粒无明显鼓起，无病虫害、畸形等不合格的青刀豆，不存在杂质。细菌总数不超过1.0×10^5个/g，大肠菌群、葡萄球菌、沙门菌均为阴性。

知识拓展

速冻制品加工中常见的质量问题及解决途径

(一)干耗

制品在速冻过程中,热量被带走的同时,部分水分也被带走,从而造成制品干耗。通常空气流动越快,干耗越大;另外,在制品冻藏中也有干耗的产生,这是水的升华现象造成的,制品的贮藏期越长,干耗越严重。在产品加工中,可以通过上冰衣来降低或避免干耗对速冻制品品质的影响。

(二)变色

因为酶的活性在低温下不能被完全抑制,所以常温下发生的变色,在长期冻藏中同样发生,只是速度减慢而已。为防止此类变色的发生,在速冻前应对原料进行护色处理。

(三)流汁

缓慢冻结易造成植物组织受机械损伤,解冻后,融化的水不能重新被吸收,从而造成大量汁液的流失,组织软烂、口感、风味、品质严重下降。提高冻结速度可以减少流汁现象的发生。

(四)龟裂

由于水变冰的过程体积约增大9%,造成含水量多的果蔬冻结时体积膨胀,产生冻结膨胀压,当冻结膨胀压过大时,容易造成制品龟裂。龟裂的产生往往是冻结不均匀、速度过快造成的。

复习思考题

1. 为什么要对制品进行快速冻结?生产中如何提高结冻速度?
2. 果蔬产品速冻方法有哪些?
3. 怎样进行果蔬速冻品的解冻?
4. 说明速冻工艺中的关键操作要点。

参考文献

[1] 祝战斌. 园艺产品贮藏与加工[M]. 北京:中国农业出版社,2019.

[2] 张清丽,苑智华,段伟伟. 园艺产品贮藏与加工[M]. 北京:机械工业出版社,2019.

[3] 张志强,杨清香. 果蔬加工技术[M]. 北京:化学工业出版社,2018.

[4] 王丽琼. 果蔬加工技术[M]. 北京:中国轻工业出版社,2020.

[5] 刘新社,聂青玉. 果蔬贮藏与加工技术[M].北京:化学工业出版社,2018.

[6] 王育红,陈月英. 果蔬贮藏技术[M]. 北京:化学工业出版社,2021.